高职高专"十一五"规划教材

AutoCAD 2010(中文版)工程绘图教程

主　编　贾　芸　张信群

副主编　刘　媛　秦华生

参　编　吴永鑫　南　昀　刘　辉

合肥工业大学出版社

内容提要

本书介绍了 AutoCAD 2010(中文版)的使用方法和使用技巧。本书在内容编写和结构安排上采用了理论联系实际以及由浅入深、循序渐进的方式,这种编排方式既可以使读者从总体上迅速了解 AutoCAD 2010 的全貌,又能让读者结合典型实例掌握其最基本的绘图命令和绘图技巧,进而为读者深入掌握和应用 AutoCAD 2010 打下坚实的基础。本书是广大读者快速掌握 AutoCAD 2010(中文版)用法的一本较为实用的教材。

图书在版编目(CIP)数据

AutoCAD 2010(中文版)工程绘图教程/贾芸,张信群主编. —合肥:合肥工业大学出版社,2010.5
(2024.1重印)
ISBN 978 - 7 - 5650 - 0192 - 5

Ⅰ.A… Ⅱ.①贾…②张… Ⅲ. 工程制图:计算机制图—应用软件,AutoCAD 2010—高等学校—教材 Ⅳ.TB237

中国版本图书馆 CIP 数据核字(2010)第 087162 号

AutoCAD 2010(中文版)工程绘图教程

主编 贾 芸 张信群   责任编辑 汤礼广

出 版	合肥工业大学出版社	版 次 2010 年 5 月第 1 版
地 址	合肥市屯溪路 193 号	印 次 2024 年 1 月第 5 次印刷
邮 编	230009	开 本 787 毫米×1092 毫米 1/16
电 话	理工编辑部:0551 - 62903087	印 张 17.25
	市场营销部:0551 - 62903198	字 数 419 千字
网 址	press. hfut. edu. cn	印 刷 安徽联众印刷有限公司
E-mail	press@hfutpress. com. cn	发 行 全国新华书店

ISBN 978 - 7 - 5650 - 0192 - 5   定价:38.00 元

如果有影响阅读的印装质量问题,请与出版社发行部联系调换

前　言

本书为《AutoCAD 工程绘图教程》（安徽省高职高专规划教材，见安徽省教育厅教秘商[2005]95 号批复）的修订版本。本次修订工作由安徽水利水电职业技术学院贾芸和滁州职业技术学院张信群两位老师主持。修订后的本书具有以下特点：

（1）按照利用 AutoCAD 进行工程设计的方法与顺序，从基本绘图设置入手，循序渐进地介绍了用 AutoCAD 2010 绘制和编辑二维图形、标注尺寸、零件图的绘制、装配图的绘制、三维实体造型、图形输出等知识点。书中涵盖了用 AutoCAD 2010 进行工程设计时所涉及的主要内容，并且在编写风格上充分考虑到教师的授课方式和学生与自学者的学习习惯。此外，本书在各章中还配有精心选择的实例和习题。这些实例和习题可以使读者进一步加深对知识的理解，准确掌握及灵活使用 AutoCAD 2010 的基本绘图命令、作图方法以及应用技巧，从而能够快速、全面、准确地运用 AutoCAD 2010 解决工程实际中的问题。

（2）以能力为本位，加强实践环节的训练，体现“教”、“学”、“做”合一的职业教育特色，突出职业技能培养的内容和重视内容的实际可操作性，贯彻新的机械制图国家标准和机械工程 CAD 制图规则。

　　全书由贾芸、张信群任主编，刘媛、张业敏任副主编。参加编写的人员及分工为：第一章由安徽水利水电职业技术学院贾芸编写，第二章由安徽电子信息职业技术学院刘媛编写，第三章由安徽广播影视职业技术学院张业敏编写，第四章由阜阳职业技术学院吴永鑫编写，第五章由安徽机电职业技术学院程飞编写，第六章由安徽工业职业技术学院秦华生和安徽广播电视大学刘辉编写，第七章由滁州职业技术学院张信群编写。

　　由于编写时间和作者水平有限，书中缺点和错误在所难免，敬请专家、同仁和广大读者批评指正。

编　者

2010 年 5 月

目　　录

第一章　AutoCAD 2010 基础知识

AutoCAD 是由美国 Autodesk 公司开发研制的通用计算机辅助绘图软件包,是被当今设计领域广泛使用的绘图工具之一。为适应计算机技术的不断发展和用户的设计需要,AutoCAD 自 1982 年诞生以来,先后进行了一系列的升级,且每次升级都伴随着软件性能的大幅度提高:从初级的基本二维绘图发展成为当今集二维绘图、三维绘图、渲染显示及数据库管理为一体的通用计算机辅助设计软件包。现在,Autodesk 公司又推出新版本——AutoCAD2010,使得 AutoCAD 的功能得到了进一步的提高与完善。AutoCAD 2010 的主要功能有以下几个方面:

1. 二维绘图与编辑

利用 AutoCAD 2010 可以方便地创建各种基本二维图形对象,如直线、射线、构造线、圆、圆环、圆弧、椭圆、矩形、等边多边形、样条曲线、多段线及云线等;可以向指定的区域填充图案;可以用渐变色填充指定的区域或对象;可以将常用图形创建成块,当需要这些图形时直接将其插入即可。

AutoCAD2010 提供的二维编辑功能有:删除、移动、复制、旋转、缩放、偏移、镜橡、阵列、拉伸、修剪、延伸、对齐、打断、合并、倒角及创建圆角等。将绘图命令与编辑命令结合使用,可以快速、准确地绘制出各种复杂图形。

2. 创建表格

与其他文字处理软件类似,利用 AutoCAD 2010 可以直接创建或编辑表格(如合并单元格、插入表格列或行等);还可以设置表格的样式,以便以后使用相同格式的表格。

3. 标注文字

利用 AutoCAD 2010 可以为图形标注文字,如标注说明或技术要求等;还可以设置文字样式,以便按照不同的字体、大小等要求来标注文字。

4. 标注尺寸

利用 AutoCAD 2010 可以为图形对象标注各种形式的尺寸或设置尺寸标注样式,以满足不同国家、不同行业对尺寸标注样式的要求;可以随时更改已有标注值或标注样式;可以实现关联标注,即将标注尺寸与被标注对象建立关联,建立关联后,当已有图形对象的大小改变时,所标尺寸的尺寸值也会发生相应的变化。

5. 几何约束、标注约束

AutoCAD2010 新增了几何约束、标注约束功能。利用几何约束,可以在一些对象之间建立约束关系,如垂直约束、平行约束、同心约束等,以保证图形对象之间准确的位置关系。利用标注约束,可以约束图形对象的尺寸,而且当更改约束尺寸后,相应的图形对象也会发生变化,实现参数化绘图。

6. 三维绘图与编辑

AutoCAD2010 允许用户创建多种形式的基本曲面模型和实体模型。其中，可创建的曲面模型包括长方体表面、棱锥面、楔体表面、球面、上半球表面、下半球表面、圆锥面、圆环面、旋转曲面、平移曲面、直纹曲面、复杂网格面等；可以创建的基本实体模型有长方体、球体、圆柱体、圆锥体、楔体、圆环体等，还可以通过拉伸、旋转、扫掠或放样的方式，通过二维对象创建实体。

AutoCAD2010 提供了专门用于三维编辑的功能，如三维旋转、三维镜像、三维阵列，对实体模型的边、面以及体进行编辑，对基本实体进行布尔操作等。通过这些编辑功能，可以由简单实体模型创建复杂的模型或通过实体模型直接生成二维多视图等。

7. 视图显示控制

在 AutoCAD 2010 中可以方便地以多种方式放大或缩小所绘图形或改变图形的显示位置。对于三维图形，可以改变观察视点，以便从不同角度显示图形；也可以将绘图区域分成多个视口，从而在各个视口从不同方位显示同一图形。对于曲面模型或实体模型，可以用不同的视觉样式及渲染等方式显示，还可以设置渲染时的光源、场景、材质、背景等。此外，AutoCAD2010 提供有三维动态观察器，利用其可以方便地观察三维图形。

8. 绘图实用工具

利用 AutoCAD 2010 可以方便地设置绘图图层、线型、线宽及颜色等。用户可通过采用不同形式的绘图辅助工具设置绘图方式，以提高绘图效率与准确性。利用特性选项板，能够方便地查询或编辑所选择对象的特性，用户可以将常用的块、填充图案及表格等命名对象或 AutoCAD 命令放到工具选项板，以便执行相应的操作；利用标准文件功能，可以对诸如图层、文字样式或线型之类的命名对象定义标准的设置，以保证同一单位、部门、行业以及合作伙伴在所绘图形中对这些命名对象设置的一致性；利用图层转换器，可以将当前图形图层的名称和特性转换成已有图形或标准文件对图层的设置，即将不符合本部门图层设置要求的图形进行快速转换。AutoCAD 设计中心提供了一个直观、高效并且与 Windows 资源管理器类似的工具，利用此工具，用户可以对图形文件进行浏览、查找以及管理有关设计内容等各方面的操作；还可以将其他图形或其他图形中的命名对象（例如块、图层、文字样式、尺寸标注样式及表格样式等）插入到当前图形。

9. 数据库管理

在 AutoCAD 2010 中可以将图形对象与外部数据库中的数据进行关联，这些数据库是由独立于 AutoCAD 的其他数据库应用程序（如 Access、Oracle 等）建立的。

10. Internet 功能

AutoCAD2010 提供了强大的 Internet 工具，使用户之间能够共享资源和信息。即使用户不熟悉 HTML 编码，利用 AutocAD2010 的网上发布向导，也可以方便、迅速地创建格式化的 Web 页。利用电子传递功能，可以将 AutoCAD 图形及其相关文件压缩成 ZIP 文件或自解压的 ZIP 执行文件，然后将其以单个数据包的形式传送给客户、工作组成员或其他相关人员。利用超链接功能，可以将 AutoCAD 图形对象与其他对象（例如文档、数据表格、动画、声音等）建立链接。此外，AutoCAD 2010 还提供了一种安全并且适宜在 Internet 上发布的文件格式——DWF 格式。利用 Autodesk 公司提供的 DWF 查看器（例如免费的 Autodesk DWF Viewer），可以显示准确的设计信息。

11. 图形的输入、输出

用户可以将不同格式的图形导入 AutoCAD 或将 AutoCAD 图形以其他格式输出。AutoCAD2010 允许通过绘图仪或打印机将所绘图形以不同样式输出。利用 AutoCAD 2010 的布局功能，可以将同一个三维图形设置成不同的打印设置（如不同的图纸、不同的视图配置和不同打印比例等），以满足用户的不同需求。

12. 图纸管理

利用 AutoCAD 2010 提供的图纸集管理功能，可将多个图形文件组合成一个图纸集（即图纸的命名集合），从而合理、有效地管理图形文件。

13. 开放的体系结构

作为通用 CAD 绘图软件包，AutoCAD 2010 提供了开放的平台，允许用户对其进行二次开发，以满足专业设计要求。AutoCAD 2010 允许用 VisualLISP、VisualBasic、VBA 及 VisualC++ 等多种工具对其进行开发。

第一节 AutoCAD 2010 的工作空间及经典工作界面

一、AutoCAD 2010 的工作空间

AutoCAD 为用户提供了"二维草图与注释"、"AutoCAD 经典"和"三维建模"3 种工作空间界面，如图 1-1 至图 1-3 所示。默认状态下打开的是二维草图与注释工作空间；AutoCAD 经典工作空间为传统工作界面；三维建模工作空间主要用于三维建模与渲染等操作，并提供相关的三维操作工具。

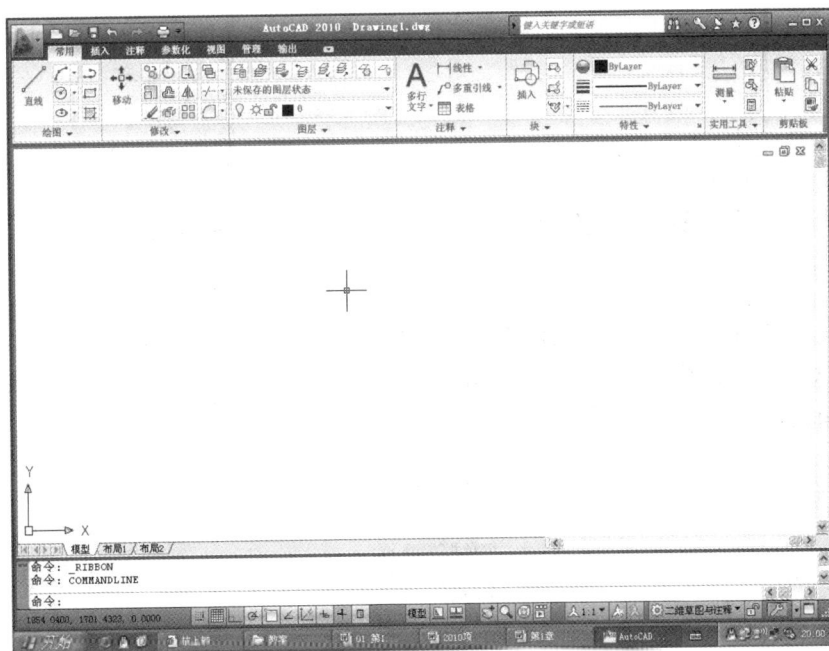

图 1-1 AutoCAD 2010 二维草图与注释工作界面

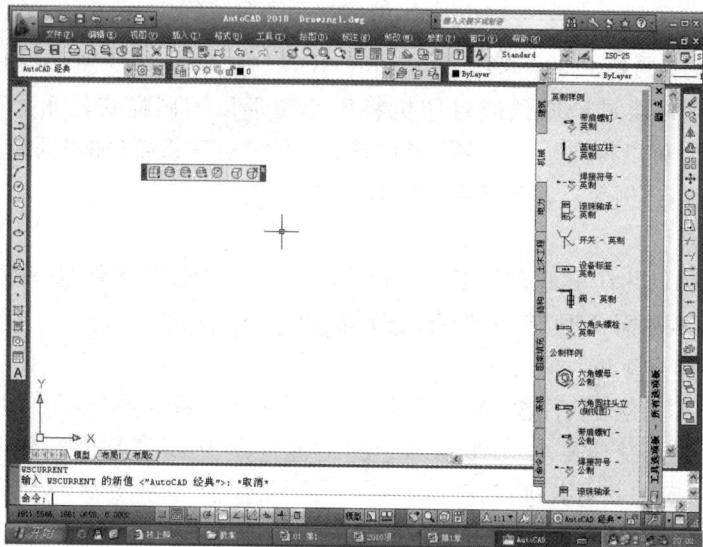

图1-2　AutoCAD 2010 经典工作界面

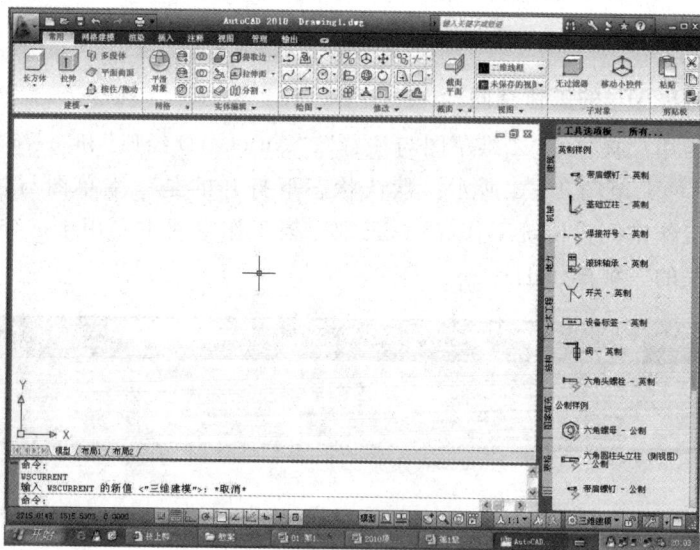

图1-3　AutoCAD 2010 三维建模工作界面

AutoCAD 2010 切换工作界面的方法之一为：单击状态栏（位于绘图界面的最下一栏）"切换工作空间"按钮 ⚙ ，AutoCAD 会弹出对应的菜单，如图1-4所示，从中选择对应的绘图工作空间即可。

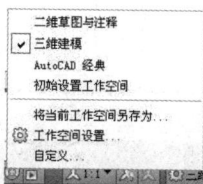

图1-4　切换工作空间菜单

二、AutoCAD 2010 的经典工作界面

图 1-5 所示是 AutoCAD 2010 的经典工作界面。AutoCAD 2010 的经典工作界面主要有标题栏、菜单栏、多个工具栏、绘图窗口、光标、命令窗口、状态栏、坐标系图标、模型/布局选项卡、滚动条和菜单浏览器等组成。

1. 标题栏

标题栏位于工作界面的最上方,用来显示 AutoCAD 2010 的程序图标以及当前正在运行文件的名字等信息。如果是 AutoCAD 默认的图形文件,其名称为 DrawingN. dwg(N 随着打开文件的数目递增,依次显示为 1、2、3 等)。单击位于标题栏右侧的 按钮,可分别实现窗口的最小化、还原(或最大化)以及关闭 AutoCAD 2010 等操作。

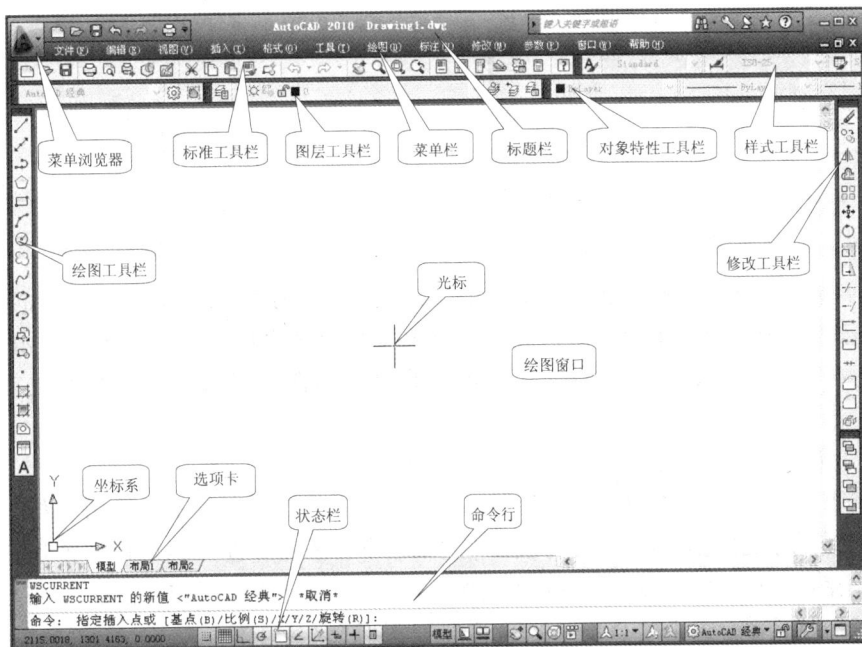

图 1-5　AutoCAD 2010 经典工作界面

2. 菜单栏

菜单栏是 AutoCAD 2010 的主菜单。利用 AutoCAD 2010 提供的菜单,可执行 AutoCAD 的大部分命令。单击菜单栏中的某一选项,会打开相应的下拉菜单。如图 1-6 所示为"修改"下拉菜单。

在使用 AutoCAD 2010 菜单中的命令时,应注意以下几点:

(1)下拉菜单中,若右边有小三角的菜单项,则表示它有子菜单。如图 1-6 所示显示出了"对象"子菜单等。

(2)下拉菜单中,若右边有省略标记的菜单项,则表示选择该命令,即可打开一个对话框;若命令呈现灰色,则表示该命令在当前状态下不可使用。

(3)在利用 AutoCAD 2010 进行图形绘制时,根据条件还会出现另一种菜单,即快捷菜单,如图 1-7。快捷菜单又叫上下文跟踪菜单,利用这些菜单可以快捷地完成绘图操作。在某一命令结束后,在绘图区点击右键就可显示快捷菜单,从中可以快速选择一些与当前操作相关的命令。

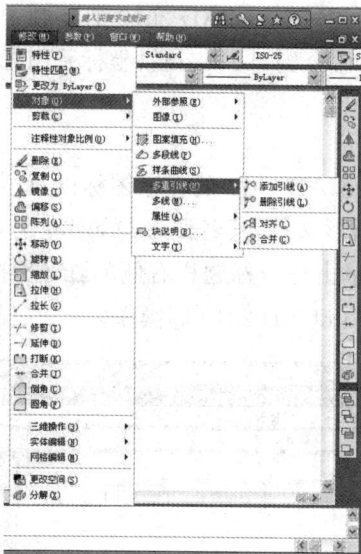

图1-6 "修改"下拉菜单   图1-7 快捷菜单

快捷菜单与当前条件密切相关。显示的快捷菜单及提供的命令取决于光标的位置、对象是否被选中以及是否处于命令执行之中。如果在绘图区内没有执行命令时右击,则会弹出如图1-7所示的默认快捷菜单。利用快捷菜单中的命令,可以快速、高效地完成绘图操作。

3. 工具栏

AutoCAD 2010提供了40余个工具栏。每个工具栏上有一些工具按钮。将光标放到命令按钮上稍作停留,AutoCAD会弹出工具指示(即文字提示标签),以说明该按钮的功能及对应的绘图命令。例如,图1-8所示为绘图工具栏口按钮对应的工具提示。将光标放到工具栏按钮上,并在显示出工具提示后再停留一段时间(约2秒),又会显示扩展的工具提示,如图1-9所示。扩展的工具提示对与该按钮对应的绘图命令给出了更为详细的说明。

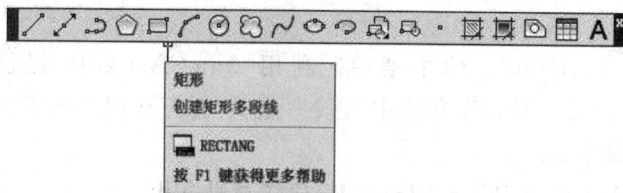

图1-8 扩展的工具提示

利用这些工具栏中的按钮,可以方便地启动相应的AutoCAD命令。在默认设置的情况下,AutoCAD 2010在工作界面上显示"标准"、"样式"、"工作空间"、"快速访问"、"图层"、"特性"、"绘图"和"修改"等工具栏(见图1-5)。如果将AutoCAD 2010的全部工具栏都打开,会占用较大的绘图空间。通常,当需要频繁使用某一工具栏时,打开该工具栏(如标注尺寸时打开"标注"工具栏),当不使用它们时,将其关闭。打开或关闭工具栏的操作方法之一:在已打开的工具栏上右击,弹出列有工具栏目录的快捷菜单,在此快捷菜单中选择,即可打开或关闭任一个工具栏。

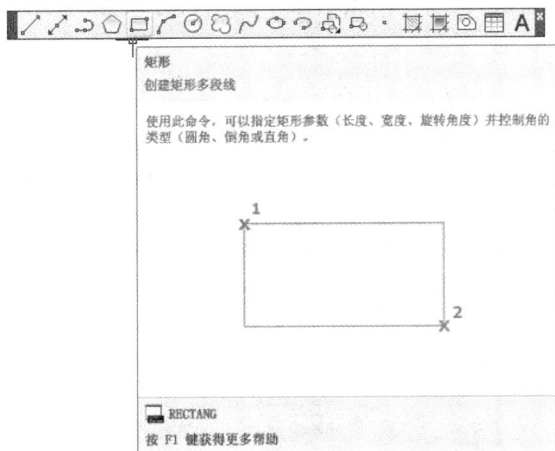

图 1-9　"绘图"工具栏及显示出的绘图工具提示

AutoCAD 的工具栏可以是浮动的,用户可以将各工具栏拖放到工作界面的任意位置。

4. 绘图窗口

绘图窗口类似于手工绘图时的图纸,是用户用 AutoCAD 2010 绘图并显示所绘图形的区域。

5. 光标

当光标位于绘图窗口时为十字形状,十字线的交点为光标的当前位置。AutoCAD 的光标用于绘图、选择对象等操作。

6. 坐标系图标

坐标系图标通常位于绘图窗口的左下角,表示当前绘图使用的坐标系的形式以及坐标方向等,AutoCAD 提供了世界坐标系和用户坐标系。世界坐标系为默认坐标系,且默认时水平向右为 X 轴的正方向,垂直向上为 Y 轴的正方向。

7. 命令窗口

命令窗口是 AutoCAD 显示用户从键盘、菜单或工具栏按钮中输入的命令内容。命令窗口中含有 AutoCAD 2010 启动后所用过的全部命令及提示信息,用户可通过按 F2 键来打开它。

命令行及命令窗口是用户和 AutoCAD 2010 进行对话的窗口,对于初学者来说,应特别注意这个窗口。因为在输入命令后的提示信息,如命令选项、错误信息及下一步操作的提示信息等都在该窗口中显示。

8. 状态栏

AutoCAD 2010 界面的最下部是状态栏,如图 1-5 所示。状态栏左边显示了当前十字光标所在位置的三维坐标。其余按钮从左到右分别表示当前是否启用了捕捉、栅格、正交、极轴追踪、对象捕捉、对象捕捉追踪、允许/禁止动态 UCS、动态输入等功能。

9. 模型/布局选项卡

模型/布局选项卡用于实现模型空间与图纸空间的切换。

10. 滚动条

利用水平和垂直滚动条，可以使图纸沿水平或垂直方向移动，即平移绘图窗口中所显示的内容。

11. 菜单浏览器

AutoCAD 2010 提供菜单浏览器（如图 1-5 所示），单击此菜单浏览器，AutoCAD 会将浏览器展开，如图 1-10 所示。利用其可以执行 AutoCAD 的相应命令。

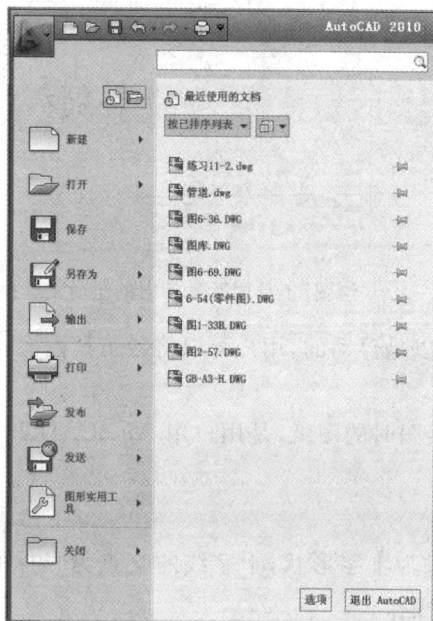

图 1-10　菜单浏览器

第二节　AutoCAD 2010 的文件管理

一、创建新图

在启动 AutoCAD 2010 时，系统会自动创建一个名为 Drawing1.dwg 的文件，用户可在此基础上进行各项设置以达到自己的要求。如果用户需要自己创建新的图形文件，可采用"新建"命令（New）。输入命令的方式有以下三种：

- 单击图标：□在"标准工具栏"中。
- 下拉菜单：单击菜单栏中的"文件"→"新建"命令。
- 由键盘输入命令：New ↙（↙表示回车，下同）。
- 按 Ctrl＋N 键。

选择上述任一方式输入命令后，弹出如图 1-11 所示的"选择样板"对话框。用鼠标选择样板文件后单击 打开(O) ▾按钮即可。如果不需要样板，单击 打开(O) ▾按钮右边的小三角按钮，在展开的菜单中选择"无样板打开—公制"选项，对话框将关闭并回到绘图状态。

图 1-11　"选择样板"对话框

二、打开已有的图形

在 AutoCAD 2010 中,可以使用多种方法打开已有的 AutoCAD 图形文件。打开图形文件的命令格式如下:

● 单击图标: ![icon]在"标准工具栏"中。

● 下拉菜单:单击菜单栏中的"文件"→"打开"命令。

● 由键盘输入命令:Open↙

● 按 Ctrl+O 键。

选择上述任一方式输入命令后,弹出"选择文件"对话框,如图 1-12 所示。利用该对话框可打开已有的一个或多个 AutoCAD 图形义件。

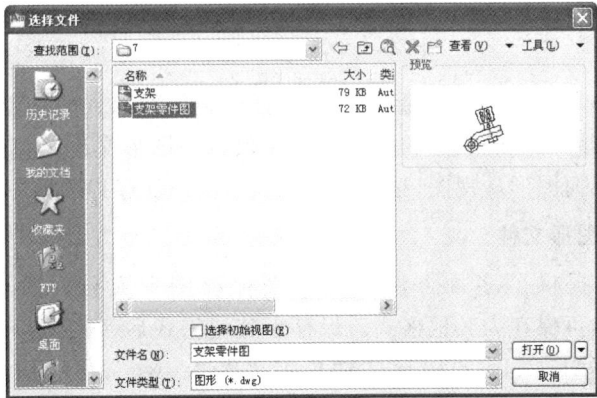

图 1-12　"选择文件"对话框

1. 打开一个文件

在"选择文件"对话框中选择文件所在的位置,然后选择文件,单击 打开(0) 按钮即可,或者直接双击该文件。若单击 打开(0) 按钮右边的小三角按钮,在展开的菜单中选择"以只读方式打开",则打开后的文件不能被修改,但在对其操作后可另存为一个文件。

如果用户知道文件所在的位置,在不启动 AutoCAD 2010 的情况下,直接双击该文件,系统将自动启动 AutoCAD 2010 并打开该文件,这也是一种常见的打开文件的方式。

2. 打开多个文件

在 AutoCAD 2010 中，可同时打开多个文件，并且可同时对其进行操作，从而大大提高了绘图的效率。在"选择文件"对话框中，按住 Shift 或 Ctrl 键，选择多个文件后单击 打开(O) 按钮，可实现多个文件的打开。

选择"窗口"菜单中的"层叠"、"水平平铺"或"垂直平铺"命令，可以控制多个图形的排列方式。如图 1-13 所示为打开多个文件且窗口水平平铺时的效果。

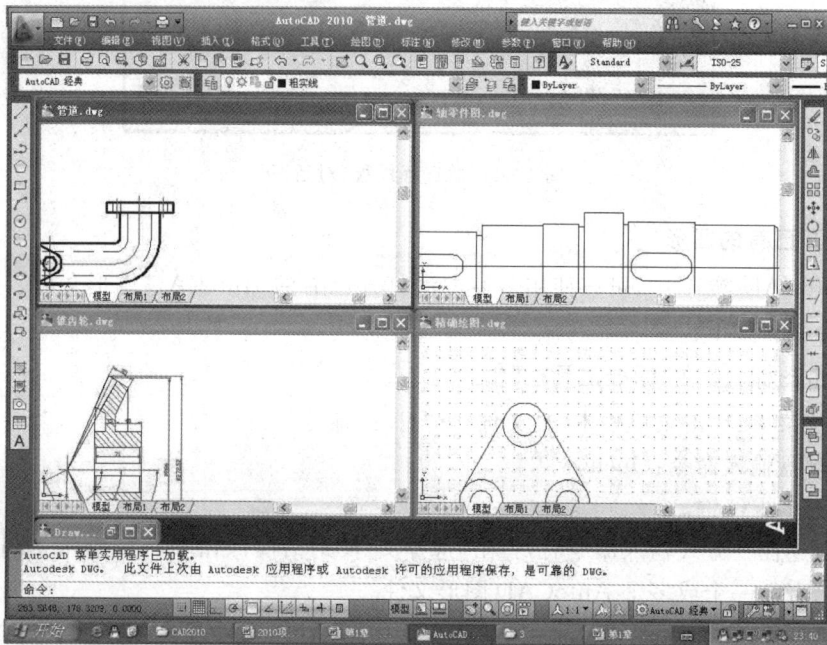

图 1-13 打开多个文件

另外，AutoCAD 2010 还为用户提供了局部打开和局部加载的功能。用户可以选择某个已有图形文件中需要处理的视图和图层中的对象打开图形文件。在图形被局部打开后，可根据需要将其他几何图形从视图、选定的区域或图层中加载到图形中。

三、保存和关闭图形文件

AutoCAD 2010 提供了多种方法和格式来保存图形文件。图形文件可以保存为 AutoCAD 的格式，也可保存为其他格式。保存为其他格式后，可利用其他程序进行进一步的绘图工作。AutoCAD 2010 的图形文件扩展名为".dwg"，保存图形文件有以下两种方式。

1. "保存"命令

命令格式如下。

● 单击图标：🖫在"标准工具栏"中。
● 下拉菜单：单击菜单栏中的"文件"→"保存"命令。
● 由键盘输入命令：Qsave↙。
● 按 Ctrl+S 键。

对新建的文件在第一次保存时，会弹出对话框要求命名和选择路径，一旦保存后，以后的保存将直接覆盖此文件,不再弹出对话框。

2.“另存为”命令

绘图中为了保留该阶段的工作,可将该文件保存为另外一个文件,这样将不会覆盖原文件。其命令格式如下:

● 下拉菜单:单击菜单栏中的“文件”→“另存为”命令,弹出“图形另存为”对话框。

● 由键盘输入命令:Saveas ↙

“另存为”命令非常实用。属于同一工程项目的一套图样,应在统一的绘图环境(包括图幅格式、文字样式、尺寸标注样式、线型与图层等有关参数的设置)下进行绘制。为使每张图样的绘图环境相同,用户可采用“另存为”命令建立一个模板文件(扩展名为.dwt)。每当绘制一张新图形时,用户可以通过“创建新图形”对话框调用自己定义的模板文件。

此外,同一项目的整套图样中,可能会有某些图样部分内容相同。为避免重复劳动,提高工作效率,用户可以在原有图形的基础上,进行修改或添加其他内容,然后采用“另存为”命令产生另一个图形文件。在工作中,难免会因为意外断电、死机或程序出现致命错误等问题而导致文件关闭,因此用户必须养成随时存盘的良好习惯,以免数据丢失。

为防止意外发生,用户可以设置自动保存的功能,自动保存时间间隔可设置为 1～120 分钟。单击菜单栏中的“工具”→“选项”命令,在弹出的对话框中选择“打开和保存”选项卡,在“文件安全措施”组框的“自动保存”中设定。如图 1-14 所示。

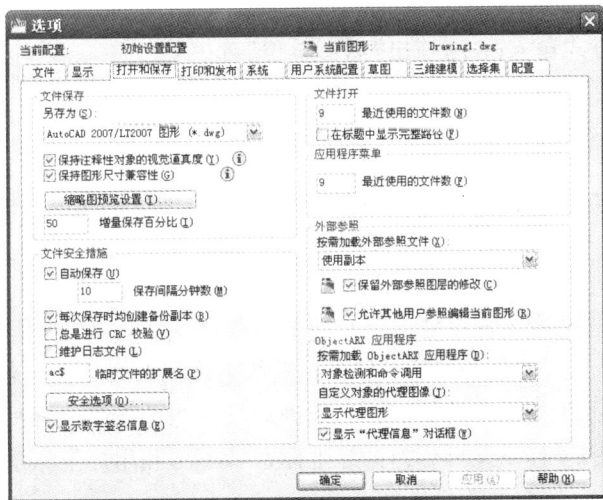

图 1-14　在“选项”对话框中设置自动保存

四、设置图形单位与界限

1. 设置图形界限

在用 AutoCAD 绘制图形时,总是按实际尺寸(1∶1 的比例)绘制图形,然后设置一个比例因子打印该图形,所以在绘图时需要进行界限设置。其命令格式如下:

● 下拉菜单:单击菜单栏中的“格式”→“图形界限”命令。

● 由键盘输入命令:limits ↙

选择上述任一方式输入命令,命令行提示:

命令执行后重新设置模型空间界限:

指定左下角点或[开(ON)/关(OFF)]〈0.0000,0.0000〉:✓

(1)输入坐标值以指定图形左下角的 X,Y 坐标,或在图形中选择一个点,或按回车键接受默认的坐标值(0,0)。AutoCAD 2010 将继续提示指定图形右上角的坐标:

指定右上角点〈420.0000,297.0000〉:✓

(2)输入坐标值以指定图形右上角的 X,Y 坐标,或在图形中选择一个点,确定图形的右上角坐标。例如,要绘制 $297×210$mm 的图形,应输入右上角坐标"297,210 ✓"。

(3)最后在命令行中键入 z✓,键入 a✓,以显示全图即可。

2. 设置图形单位

在开始绘图前,需要确定图形单位。一般来说,对于机械制图,长度以毫米(mm)为单位,角度以度(°)为单位。同时对于所有的线性和角度单位,还要设置显示精度等级。在绘图的过程中,还可在任何时候根据需要来修改图形的单位。

设置单位的类型和精度,其命令格式如下:

● 下拉菜单:单击菜单栏中的"格式"→"单位"命令。

● 由键盘输入命令:Units(或 un)✓

选择上述任一方式输入命令,弹出"图形单位"对话框,如图 1-15 所示。

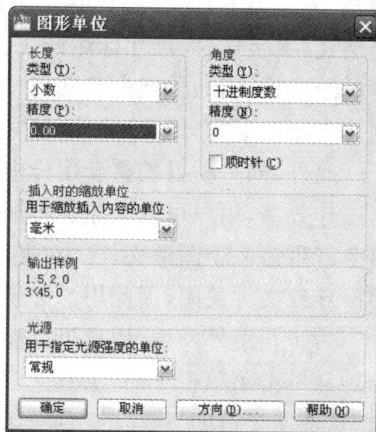

图 1-15 "图形单位"对话框

第三节 AutoCAD 2010 的坐标系统

一、AutoCAD 2010 的坐标系统

AutoCAD 2010 采用的是三维笛卡儿坐标系统来确定点的位置。在状态栏中显示的三维坐标值,就是笛卡儿坐标系中的数值。它准确地反映当前十字光标所处的位置。按坐标系统的原点是否可变,坐标系又可分为世界坐标系(WCS)和用户坐标系(UCS)。

1. 世界坐标系

AutoCAD 2010 的默认坐标系为世界坐标系(WCS),如图 1-16 所示。它由三个互相垂直并相交的坐标轴 X、Y、Z 组成。当用户开始创建一张新图时,世界坐标系(WCS)是缺省坐标系统,其坐标原点和坐标轴方向均不会改变。

2. 用户坐标系

为了方便绘图,AutoCAD 2010 提供了功能丰富的用户坐标系,用户可根据需要建立自己的坐标系。在一般的平面设计中,通常不需要另行设置自己的用户坐标。在三维绘图中,用户可以使用 UCS 命令(用来自己建立坐标的命令),通过对世界坐标系的平移、旋转等操作,建立用户坐标系。尽管用户坐标系中三个坐标轴之间仍然垂直,但在方向及位置上有了很大的灵活性,图 1-17 即是一个用户自己设置的坐标系。

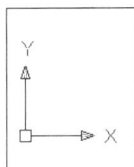

图 1-16 世界坐标系　　　　图 1-17 用户坐标系示例

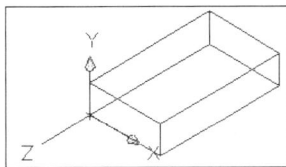

二、输入方法

1. 命令的输入

用户与计算机是通过命令以及相关信息的输入来实现交互的。任何一个命令都需要用户明确的输入。输入命令的方式有三种，即工具栏方式、下拉菜单方式、命令行方式。以画一条直线为例，即可采用以下三种方式中的任一种来实现。

- 单击图标：／在"绘图"工具栏中（见图 1-18）。
- 下拉菜单：单击菜单栏中的"绘图"→"直线"命令（见图 1-19）。
- 由键盘输入命令：Line↙

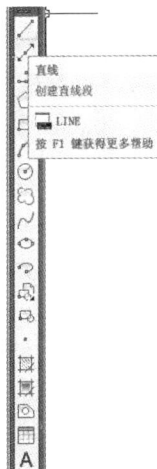

图 1-18 使用工具栏中的直线工具　　　图 1-19 采用下拉菜单中的"直线"命令

2. 点的输入方式

在 AutoCAD 中，点的输入一般采用坐标输入和鼠标输入。坐标输入可分为直角坐标输入和极坐标两种方式。

（1）直角坐标输入

① 绝对坐标的输入　在绝对直角坐标系中，X、Y、Z 轴在原点相交。绘图区内任何一点均可以用 (x,y,z) 来表示，用户可以通过输入 X、Y、Z 坐标值（中间用逗号隔开）来定义点的位置。在 XOY 平面绘图时，Z 坐标缺省值为 0，用户仅输入 X、Y 坐标即可，如图 1-20 所示。

② 相对坐标的输入　相对坐标是某点（例如 A 点）相对某一特定点（例如 B 点）的位置。绘图中常将上一操作点看成是特定点。相对坐标的表示特点是：在坐标前加上相对坐

标符号"@"。相对直角坐标的表示方法是:@x,y。例如,上一操作点 A 的坐标是"50,50",通过键盘输入@$-45,-50$ 后,则等同于点 B 的绝对坐标为"5,0",如图 1-21 所示。

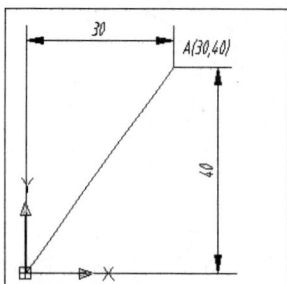

图 1-20　绝对直角坐标

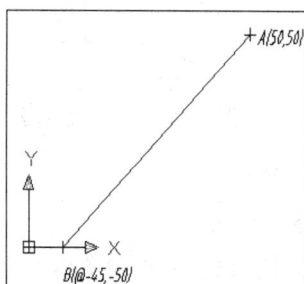

图 1-21　相对直角坐标

(2)极坐标输入

极坐标是通过相对于极点的距离和角度来定义点的位置。在系统缺省的情况下,AutoCAD 2010 以逆时针方向来测量角度,水平向右为零度。

① 绝对极坐标输入　绝对极坐标以原点为极点,绝对极坐标的表示方法是"距离<角度"。例如,60<30,表示该点相对原点的距离为 60 个绘图单位,而该点与原点间的连线与零度方向(通常为 X 轴正方向)之间的夹角为 30°,如图 1-22 所示。

② 相对极坐标输入　相对极坐标通过相对于某一特定点的距离和偏移角来表示。偏移角是要输入的点,是相对于特定点在水平方向的逆时针夹角。相对极坐标的表示方法是"@距离<角度"。例如,@35<60 表示点 B 相对于上一操作点 A 的距离是 35 个绘图单位,角度是 60°,如图 1-23 所示。

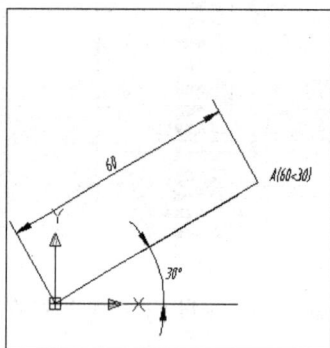

图 1-22　绝对极坐标

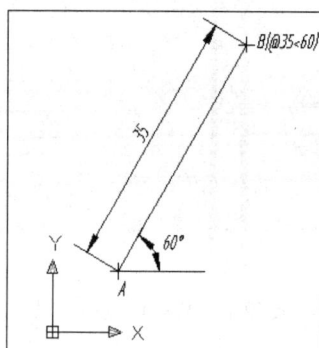

图 1-23　相对极坐标

(3)鼠标输入

① 利用鼠标定位,即移动到需要的位置,单击左键拾取该点。

② 利用目标捕捉方式将鼠标点捕捉到需要的位置上。

③ 利用鼠标确定方向,然后在命令行中输入需要在该方向上移动的距离即可。这种方法实际上是鼠标与命令行的结合使用,在绘图中经常使用。例如,绘制从"0,0"到"5,0",然后到"5,5"的直线可采用如下方式:

命令:line↙

指定第一点:0,0↙(开启辅助绘图工具正交方式或按 F8 键,将鼠标大致朝 X 轴正方向

移动,直到出现 X 轴正方向的水平直线)

指定下一点或[放弃(U)]:5 ↙(将鼠标大致朝 Y 轴正方向移动,直到出现 Y 轴正方向的垂直直线)

指定下一点或[放弃(U)]:5 ↙

指定下一点或[闭合(C)/放弃(U)]:↙

这种方法不但可用在绘图中,也可用在修改中。例如,在确定复制实体的位置时,经常采用这种方式,因此需要对其重点掌握。

3. 距离的输入

距离的输入可采用如下两种方式:

(1)在命令行直接输入值。

(2)利用鼠标拾取两点,把这两点之间的距离作为需要输入的数值。

4. 命令及系统变量的有关操作

(1)命令的取消

在命令执行的任何时刻都可以用 ESC 键取消和终止命令的执行。

(2)命令的重复使用

若在一个命令执行完毕后欲再次重复执行该命令,可在命令行中的"命令"提示下按回车键。

(3)命令选项

当输入命令后,AutoCAD 会出现对话框或命令行提示,在命令行提示中常会出现"命令"选项,如:

命令:ARC ↙

指定圆弧的起点或[圆心(CE)]:

前面不带中括号的提示为默认选项,因此可直接输入起点坐标,若要选择其他选项,则应先输入该选项的标识字符,如圆心选项的 CE,然后按系统提示输入数据。若选项提示行的最后带有尖括号,则尖括号中的数值为默认值。

(4)命令的执行方式

有的命令有两种执行方式,通过对话框或通过命令行输入"命令"选项。如指定使用命令行方式,可以在命令名前加一减号来表示用命令行方式执行该"命令",如"-LAYER"。

第四节　图层与线型设置

图层用于按功能在图形中组织信息以及执行线型、颜色及其他标准。通过将不同性质的对象,放置在不同的图层上,就可以对相同性质的对象进行统一控制,可以设定不同的颜色、线型和线宽。但它们却是完全对齐的,同一坐标点相互对准,图形界限、坐标系统和缩放比例因子等都相同。可以将"层"理解为一张无厚度的透明纸,这张透明纸可以用来绘制图形、标注尺寸、书写文字等。在画图时,把不同颜色、不同线型和不同线宽的图形,画在不同的透明纸上,再把各张纸叠在一起,得到一张完整的图形。

一、图层管理

1. 图层的性质

（1）一幅图可以包含多个图层，每个图层中的图形实体数量不受限制。

（2）每当创建一张新图，系统会自动生成"0"层。"0"层的缺省颜色是"白色"，缺省线型是 Continuous（连续线），缺省线宽是"默认"。"0"层不能被清除。

（3）同一张图中不允许建立两个相同名称的图层。

（4）每个图层只能赋予一种颜色、一种线型和一种线宽，不同的图层可以具有相同的颜色、线型和线宽。

（5）用户要在某一特定图层上绘制图形对象，必须把该层设置为当前层，但被编辑的对象则可以处于不同的图层。

（6）图层可以打开或关闭。打开的图层上的实体，才可以显示或打印。关闭的图层上的实体仍然存在，但不可见，也不能打印。

（7）当前层和其他图层均可以被锁定，处于被锁定图层上的实体可见，但不可编辑。

2. 设置图层

绘制机械图时，通常要用多种线型，如粗实线、细实线、点画线、中心线、虚线等。用 AutoCAD 绘图，首先应建立一系列具有不同绘图线型和不同绘图颜色的图层，绘图时，将具有同一线型的图形对象放在同一图层中，即具有同一线型的图形对象以相同颜色显示。在国标《机械工程 CAD 制图规则》（GB/T 14665—1998）中，规定了图层的设定形式如表1-1所示。

表1-1　图层设置

图层名称	颜色
粗实线	绿色
细实线	白色
波浪线	白色
双折线	白色
细虚线	黄色
细点画线	红色
粗点画线	棕色
双点画线	粉红

3. 图层特性管理器

（1）功能　不仅可以创建图层，设置图层的颜色、线型及线宽，还可以对图层进行更多的设置与管理，如图层的切换、重命名、删除以及图层的显示控制等。

（2）命令格式　图层特性管理器的命令格式有以下三种：

● 单击图标：在"图层"工具栏中。

● 下拉菜单：单击菜单栏中的"格式"→"图层"命令。

● 由键盘输入命令：la↙（Layer 的缩写）

选择上述任一方式输入命令后,弹出"图层特性管理器"窗口,如图1-24所示。在"图形特性管理器"中,列出了图层的名称、状态等图层的特性。系统会自动生成"0"层。

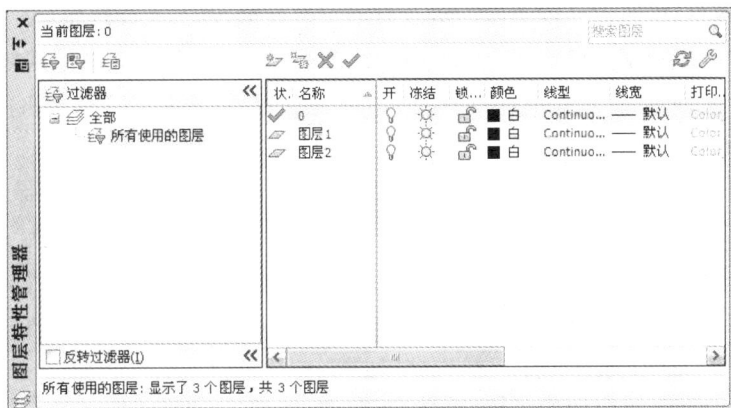

图1-24 "图层特性管理器"对话框

4.新建和命名图层

在"图层特性管理器"对话框中,单击"新建图层"按扭 ,在0层下方显示一新层,其缺省层名为"图层1",在默认情况下,图层的名称按图层0、图层1、图层2等编号依次递增。用户可以根据需要,为图层创建一个能够表达其用途的名称。新建的图层高亮显示,用户可按需要改变新层名。新层的颜色、线型和线宽等自动继承上一层的特性。

5.使图层成为当前层

绘图操作只能在一个图层上进行。创建了新的图层后如果立即回到绘图状态,则会仍然在原来的图层上绘图,要想利用新建的图层,需设置其为当前层。具体做法是:在"图层特性管理器"对话框中选择要用的图层,双击即可;或者在"图层"工具栏的下拉列表框中选择想要的图层(如图1-25所示)。

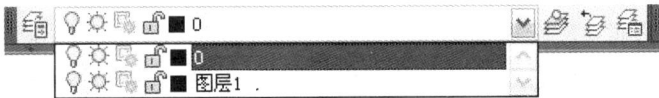

图1-25 设置"图层1"为当前层

6.控制图层状态

为了操作方便,在实际绘图时,主要通过"图层"工具栏(如图1-26所示)中的图层控制下拉列表来实现图层的切换,这时只需选择要将其设置为当前层的图层名即可。

图1-26 "图层"工具栏和"对象特性"工具栏

每一图层都有一系列的状态开关,利用这些开关可完成如下操作:

(1)打开或关闭图层 单击图1-26中的灯泡图案 ,可实现对图层的开启或关闭,也可在"图层特性管理器"对话框中进行该操作。关闭图层后,该图层不被显示,也不会被打印,但其会与图形一起重新生成,同时在编辑对象选择物体时,该图层会被选择。

（2）冻结或解冻图层　单击图 1-26 中的太阳图案 ，会变成雪花图案 ，这就实现了对该图层的冻结，也可在"图层特性管理器"对话框中进行该操作。冻结图层后可加快缩放、平移等命令的执行，同时处在该图层的所有对象不再显示，既不能被打印，也不能被编辑。

（3）锁定和解锁图层　单击图 1-26 中的锁图案 ，可实现对该图层的锁定和解锁，也可在"图层特性管理器"对话框中进行该操作。锁定图层后，该图层可显示和打印，也可在图层创建新的对象，但是不能被选择和编辑。

（4）打开或关闭图层的打印　在"图层特性管理器"对话框中选取需要操作的图层的打印机图案 ，可对该图层的打印状态进行控制。在 AutoCAD 绘图过程中为了绘图方便，会设置一些辅助图层，而在出图的时候，这些图层是不需要打印的。在这种情况下，可以关闭打印状态。处在关闭状态时，打印机图案上会出现红色斜杠。

7. 对图层进行排序

一旦创建了图层，可以按照名称、可见性、颜色、线宽、打印样式或线型为其排序。在"图层特性管理器"中，单击列标题在该列中按特性排列图层。图层名可以按字母的升序或降序排列。

8. 重命名图层

为了更好地定义如何使用图形中的图层，可以重新命名已定义的图层。在绘图过程中随时都能对图层重命名，但是"0"层或依赖外部参照的图层不能重命名。

9. 删除图层

在绘图过程中，如果建立了多余的图层或建立了辅助的图层，而后来不再需要，可以将其删除。删除的方法是，打开"图层特性管理器"对话框，选择需要删除的图层，单击"删除图层"按钮 即可。但是，当前图层、"0"层、依赖外部参照的图层或包含对象的图层不能被删除。

10. 设置图层颜色

颜色的设置一般是为了区分不同的图层。颜色在图形中具有非常重要的作用，可用来表示不同的组建、功能和区域，图层的颜色实际上是图层中图形对象的颜色。每一个图层都应具有一定的颜色，对不同的图层可以设置相同的颜色，也可以设置不同的颜色。设置图层颜色的命令格式有以下三种：

- 单击"图层特性管理器"对话框中某一图层的颜色小方框。
- 下拉菜单：单击菜单栏中的"格式"→"颜色"命令。
- 由键盘输入命令：Color ↙

选择上述任一方式输入命令，弹出"选择颜色"对话框，如图 1-27 所示。在"选择颜色"对话框中，有"索引颜色"、"真彩色"和"配色系统"三个选项卡。

（1）索引颜色　索引颜色是将 256 种颜色预先定义好，且组织在一张颜色表中。在"索引颜色"选项卡中，用户可以在 256 种颜色中选择一种。用鼠标指针选取所希望的颜色或在"颜色"文本框中输入相应的颜色名或颜色号，单击 确定 按钮，可接受所作的选择并关闭此对话框。

（2）真彩色　单击"选择颜色"对话框中的"真彩色"选项卡，在该选项卡中的"颜色模式"下拉列表中有 RGB 和 HSL 两种颜色模式可以选择，如图 1-28 所示。

图 1-27　"选择颜色"对话框

（3）配色系统　单击"选择颜色"对话框中的"配色系统"选项卡，在该选项卡中的"配色系统"下拉列表中，AutoCAD 提供了九种定义好的色库表，用户可以选择一种色库表，在下面的颜色条中选择所需要的颜色。在开始绘制一张新图时，对象将被创建为随层颜色，这意味着所有对象采用当前层的颜色（它们所在的图层）。开始绘制一张新图时，"0"层是唯一的图层，并且是当前层，它的默认颜色是白色。

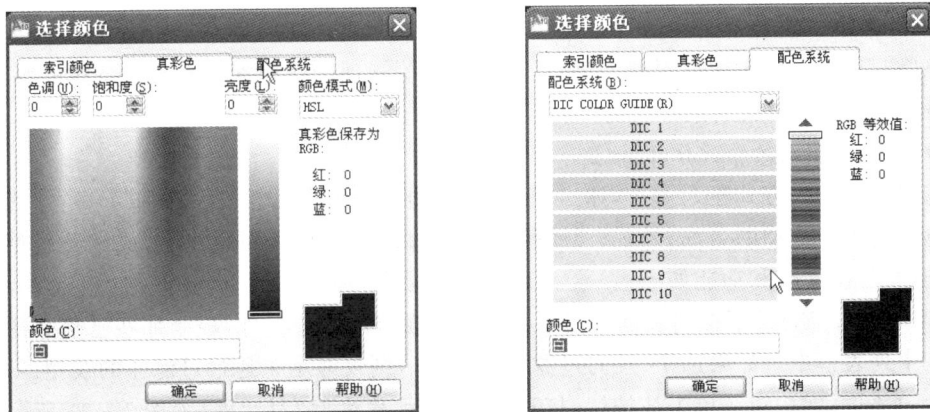

图 1-28　真彩色和配色系统

在编辑过程中，如果将当前层的颜色重新修改为其他颜色编号，那么，该颜色编号为图层指定颜色，该图层上所有颜色使用 ByLayer 的对象，其颜色变为修改后的颜色。为了方便区分，不同的图层可使用不同的颜色。还可以给每一个对象指定颜色，在选择对象后，在"对象特性"工具栏选择颜色。

二、线型的设置

线型可以帮助表达图形中的对象所要表达的信息，可用不同的线型区分一条线与其他线的用途。AutoCAD 预先将大量的线型放进线型文件（扩展名为 .lin）中，使用时从线型文件中调入线型。AutoCAD 包括线型定义文件 acad.lin 和 acadiso.lin，前者适用于英制测量单位，后者适用于公制测量单位。线型是将点、横线和空格按一定规律重复出现形成的图案，线型名及其定义描述了一定的点画序列、横线和空格的相对长度等。线型还确定了对象在屏幕上显示和打印时的外观。

1. 线型的设置

每个图形至少有三种线型：By Layer（随层）、By Block（随块）、Continuous（连续）。在图形中还可以包括其他不受数量限制的线型。在创建一个对象时，它使用当前线型创建对象。作为默认设置，当前线型是随层，其含义是该对象的实际线型由所处图层的指定线型决定。用户也可以选择一个指定的线型作为当前线型，因此可以忽略图层线型设置，将使用指定的线型创建对象，修改图层线型时也不会影响他们。如果选择了随块，所有对象在最初绘制时，所使用的线型是连续线。一旦将对象编组为一个图块，在将该块插入到图形中时，它们将继承当前层的线型设置。

要设置当前线型，可在"对象特性"工具栏"线型控制"下拉列表框中选择一个线型作为当前层的线型，如图1-29所示。

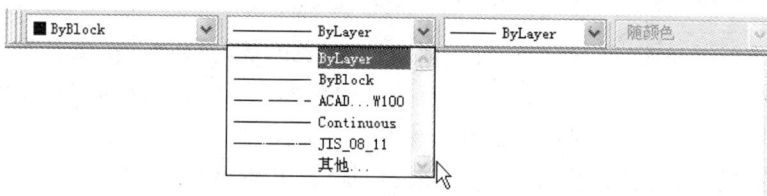

图1-29　在"对象特性"工具栏中选择线型

2. 线型管理器

在"线型管理器"中可以对线型进行设置、修改等管理。线型管理器的命令格式如下：

● 下拉菜单：单击菜单栏中的"格式"→"线型"命令。

● 由键盘输入命令：Linetype↙

选择上述任一方式输入命令，弹出"线型管理器"对话框，如图1-30所示。在"线型管理器"中，列出了线型的名称、外观、说明等，并且可以进行加载、卸载线型，或调整线型比例等操作，其各项含义和功能如下：

◇ "线型过滤器"下拉列表框　用于根据用户设定的过滤条件，控制那些已加载的线型显示在主列表框中。如果选中"反向过滤器"复选框，则仅显示未通过过滤器的线型。

◇ 加载(L)... 按钮　单击该按钮，打开"加载或重载线型"对话框（如图1-31所示），可以再加载需要的其他线型。

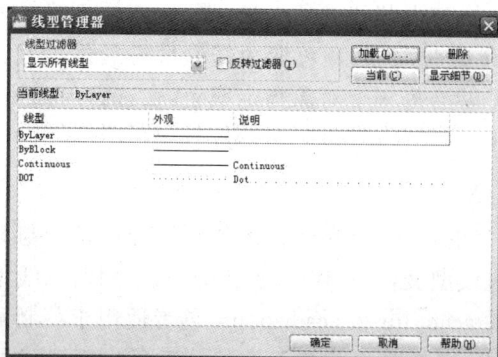

图1-30　"线型管理器"对话框　　　　图1-31　"加载或重载线型"对话框

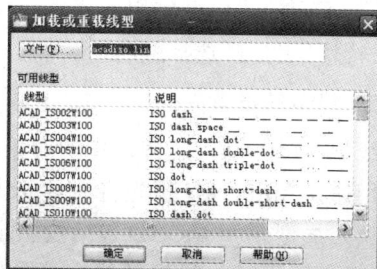

◇ 　删除　按钮　单击该按钮,可以删除选中的线型。

◇ 　当前(C)　按钮　单击该按钮,可以将选中的线型设置为当前线型。

◇ 　显示细节(D)　按钮　单击该按钮,可以在"线型管理器"对话框中显示"详细信息"选项区域,可以设置线型的"名称"、"全局比例因子"及"当前对象缩放比例"等参数,如图 1 - 32 所示。

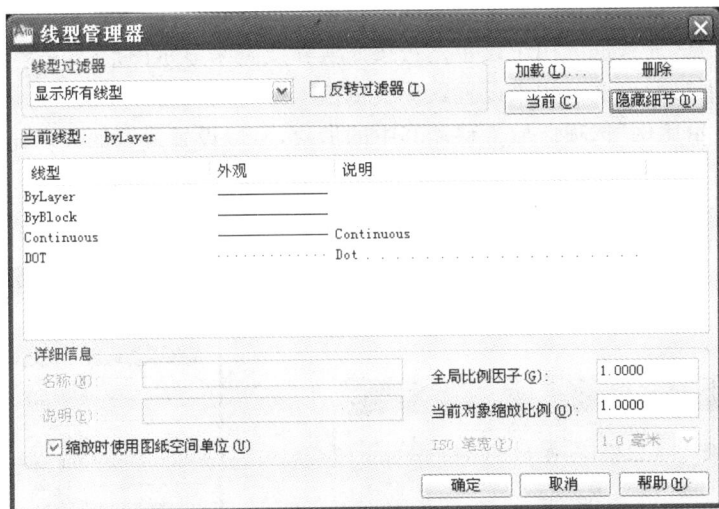

图 1 - 32　在"线型管理器"对话框中设置线型比例

3．线型比例设置

实际的绘图中,是按照对象的实际尺寸绘制的,在使用不同的线型时,如果比例设置不当,将看不到想要的线型效果。

AutoCAD 2010 起初使用全局线型比例因子为 1.0,该比例因子适用于所有用不连续线型绘制的对象。当前线型比例因子是相对于全局线型比例因子而言的。因此,在图形中,如果全局线型比例因子设置为 2、对象的线型比例因子设置为 0.5 时所绘制的直线,与全局线型比例因子设置为 1、对象的线型比例因子设置为 1 时所绘制的直线具有相同的外观。

要设置线型比例,可在"线型管理器"对话框中,单击 显示细节(D) 按钮,即可在右下角设置线型比例,如图 1 - 32 所示。

4．设置线宽

线宽可以表达图形中对象所要表达的信息。例如,用粗线表示可见轮廓线,用细线表示剖面线。

AutoCAD 2010 拥有二十三种有效线段的线宽值,范围从 0.05 mm～2.11 mm。另外还有 ByLayer、ByBlock、默认和 0 线宽。线宽值为 0 时,在模型空间中,总是按一个像素显示,并按尽可能轻的线条打印。任何等于或小于默认线宽值的线宽,在模型空间中,都将显示为一个像素,但是在打印该线宽时,将按赋予的宽度值打印。

在创建一个对象时,AutoCAD 2010 将使用当前的线宽值创建对象。作为默认设置,当前线宽设置为 ByLayer,其含义是:对象的实际线宽值取决于其所在图层所赋予的线宽值。对于 ByLayer 设置,如果修改赋予该图层的线宽值,所有在该图层上创建的对象,都将按新线宽显示。设置图层线宽的命令格式如下:

● 下拉菜单:单击菜单栏中的"格式"→"线宽"命令。

● 由键盘输入命令:Lweight↙

选择上述任一方式输入命令,弹出"线宽设置"对话框,如图1-33所示。"线宽设置"对话框各选项含义如下:

◇ "线宽"列表框　用于选择线条的宽度。

◇ "列出单位"选项区域　用于设置线宽的单位,可以选择毫米或英寸。

◇ "显示线宽"复选框　用于设置是否按照实际线宽来显示图形。

◇ "默认"下拉列表框　用来设置默认线宽值。

◇ "调整显示比例"选项区域　移动其中的滑块,可以设置线宽的显示比例。

单击位于"线宽"栏下对应于所选图层名的"——默认",打开"线宽"对话框,如图1-34所示。选择所需的线宽,单击 确定 按钮即可。

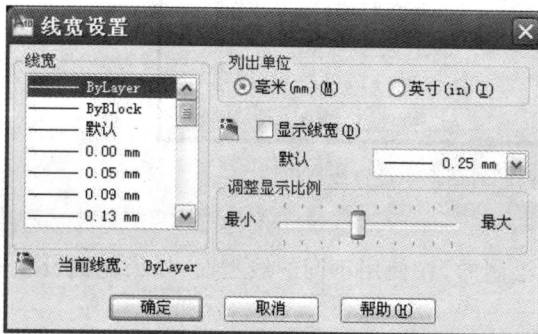

图1-33 "线宽设置"对话框　　　　　图1-34 "线宽"对话框

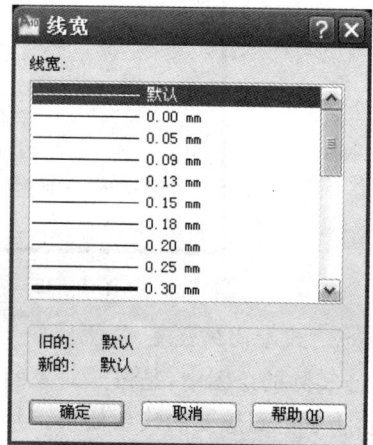

如果选择一个指定的线宽作为当前的线宽值,则可以忽略图层的线宽设置。此后AutoCAD将按该线宽创建对象。如果再修改图层的线宽,对于这些对象将不再起任何作用。要设置当前线宽,可在"图层"工具栏的"线宽控制"下拉列表框中,选择当前的线宽,如图1-35所示。如果将状态栏中线宽设置为"开",则可看到所绘制对象的实际线宽。

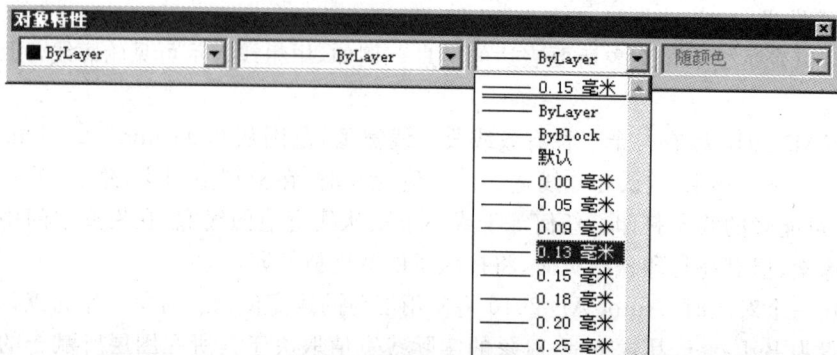

图1-35 设置对象线宽

第五节 精确绘图

在绘图过程中,有时要精确地找到已经绘出图形上的特殊点,例如直线的端点和中点、圆的圆心、切点、两个对象的交点等,如果单凭肉眼来拾取它们,不可能非常准确的找到这些点。因此,AutoCAD 提供了"对象捕捉"功能,使用户可以迅速、准确地捕捉到这些特殊点,从而大大提高作图的准确性和速度。如图 1-36 所示为"对象捕捉"工具栏。

图 1-36 "对象捕捉"工具栏

一、对象捕捉

AutoCAD 的对象捕捉功能是在绘图过程中使用最广泛的辅助绘图工具。在制图过程中,若需要精确地确定某一个图形上的点而不知道该点坐标时即可使用系统提供的对象捕捉功能。对象捕捉工具栏如图 1-36 所示,对象捕捉快捷菜单如图 1-37 所示(打开该菜单的方式是:按下 Shift 键后右击)。

图 1-37 "对象捕捉"快捷菜单

1. 设置自动捕捉功能

所谓自动捕捉功能,就是当用户把光标放在一个图形对象上时,AutoCAD 就会自动捕捉到该对象上所有符合条件的几何特征点,并显示出相应的标记。如果把光标放在捕捉点上停留片刻,系统还会显示该捕捉的提示,用户在选点之前,就可以预览和快速确认捕捉点。设置自动捕捉模式可采用以下方法。

- 单击图标:在"对象捕捉"工具栏中,打开如图 1-38 所示的"对象捕捉"选项卡。
- 快捷菜单:在状态栏的 按钮上点击右键,从快捷菜单中选择"设置"选项,打开如

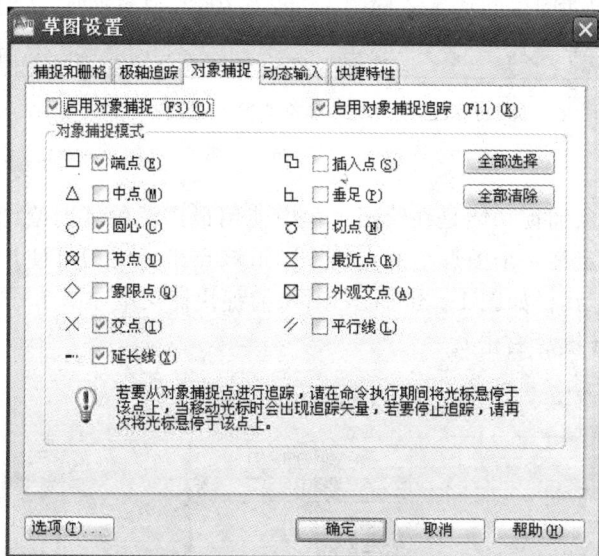

图 1 - 38 所示的"对象捕捉"选项卡。

● 下拉菜单:单击菜单栏中的"工具"→"草图设置"命令,打开如图 1 - 38 所示的"对象捕捉"选项卡。

● 由键盘输入命令:Osnap↙,打开如图 1 - 38 所示的"对象捕捉"选项卡。

在绘图过程中,"对象捕捉"的开/关功能常采用以下两种方法。

● 单击状态栏上的 ▢ 按钮。

● 按 F3 键。

图 1 - 38 对象捕捉选项卡

如图 1 - 38 所示,在"对象捕捉模式"区设置连续运行的捕捉模式。先选中"启用对象捕捉"复选框,对象捕捉模式区以复选框的形式列出十三种模式,单击某项的复选框,显示符号 ☑,表示该项被选中(再单击该项,即放弃选择)。 全部选择 和 全部清除 两个按钮分别用于选取所有模式或清除所有已选择的模式。

2. 设置单点对象捕捉模式

在另一个命令处于激活状态时,可以通过单点对象捕捉模式,仅选择一个对象捕捉模式。例如,在绘图直线时,如果想要捕捉一条已经绘制的直线的中点,可以激活中点对象捕捉模式。单点对象捕捉仅仅是当前的选项处于激活状态。一旦在图形中选择了一个点,该对象捕捉模式将会关闭。设置单点对象捕捉模式有以下三种方法:

● 从"对象捕捉"工具栏中选取。

● 从快捷菜单中选取。按 Shift 键或 Ctrl 键,并在绘图区内点击右键,打开对象捕捉快捷菜单,如图 1 - 37 所示。从菜单上选择需要的子命令,再把光标移到要捕捉对象的特征点附近,即可捕捉到相应的对象特征点。

● 在提示要求输入一个点时,从命令行键入所选模式的前三个字母(关键字)。各种对象捕捉方式的前三个字母见表 1 - 2 所示。

表 1－2　捕捉选项的缩写字母

端点	中点	圆心	节点	象限点	交点	延伸	插入点	垂足	切点	最近点	外观交点	平行
END	MID	CEN	NOD	QUA	INT	EXT	INS	PER	TAN	NEA	APP	PAR

　　注意当光标移到某一个位置准备通过拾取点的方式来确定一点时，AutoCAD 却显示出捕捉到某一特殊点的标记，如果此时左击，AutoCAD 会以捕捉到的点为对应点，而并不是所希望的点。原因是启用了自动对象捕捉功能。如果单击状态栏上的对象捕捉按钮□关闭自动对象捕捉功能，就能够避免这样的问题。当通过自动捕捉功能确定特殊点时，AutoCAD 若不能自动捕捉到这些点，其原因可能是没有设置对应的自动捕捉模式。

二、绘图辅助工具

　　为建立一个好的绘图环境，方便快捷地绘制高精度的图形，AutoCAD 提供了一些绘图辅助工具，用户可以使用系统提供的"捕捉和栅格"、"正交"和"自动追踪"等功能来定位点。

　　1. 设置栅格和捕捉

　　"捕捉"用于设定鼠标指针移动的间距；"栅格"是在屏幕上显示的点状图案，是一些定位置的小点，其作用就像坐标纸，使用它可以提供直观的距离和位置参照，但是它不能被打印输出。"捕捉"可以限制十字光标按预定义的间距移动。在 AutoCAD 中，使用"捕捉"和"栅格"功能，可以提高绘图效率。

　　(1)打开或关闭"捕捉"和"栅格"　　要打开或关闭"捕捉"和"栅格"功能，可选择下列方法：

　　● 单击状态栏中的▦和▦按钮。

　　● 按 F7 键(或按 Ctrl＋G 键)打开或关闭"栅格"；按 F9 键(或按 Ctrl＋B 键)打开或关闭"捕捉"。

　　● 单击菜单栏中的"工具"→"草图设置"命令，打开"草图设置"对话框，在"捕捉和栅格"选项卡中选择"启用捕捉"和"启用栅格"复选框。

　　● 右键单击▦或▦按钮，弹出快捷菜单。选择"设置"命令，弹出"草图设置"对话框，在"捕捉和栅格"选项卡中选择"启用捕捉"和"启用栅格"复选框。

　　(2)设置捕捉和栅格的相关参数　　利用"草图设置"对话框中的"捕捉和栅格"选项卡，可以设置捕捉和栅格的相关参数。

　　2. 正交模式

　　在正交模式下，光标只能沿当前 X 轴或 Y 轴的方向移动，从而可以方便地绘制与当前 X 轴或 Y 轴平行的线段。打开正交模式的方法有以下两种：

　　● 单击状态栏中的▦按钮，进行正交功能的开/关切换。

　　● 按 F8 键，打开或关闭正交功能。

　　打开正交功能后，输入的第一点是任意的，但当移动光标准备指定第二点时，引出的橡皮线已不再是这两点之间的连线，而是起点到光标十字线的垂直线中较长的那段线，此时单击鼠标，该橡皮线就变成所绘直线，如图 1－39 所示。

　　【例 1－1】　在正交模式下绘制如图 1－40 所示的图形。

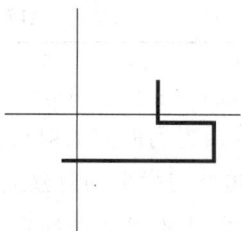

图 1-39　正交模式

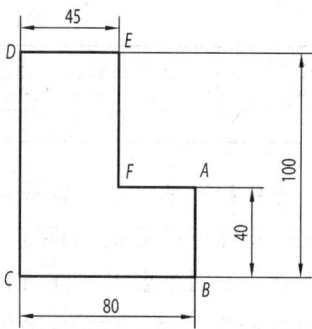

图 1-40　在正交模式下绘图图例

操作步骤如下：

命令：LINE

LINE 指定第一点：（拾取 A 点）

指定下一点或[放弃(U)]：40↙（输入线段 AB 长度）

指定下一点或[放弃(U)]：80↙（输入线段 BC 长度）

指定下一点或[闭合(C)/放弃(U)]：100↙（输入线段 CD 长度）

指定下一点或[闭合(C)/放弃(U)]：45↙（输入线段 DE 长度）

指定下一点或[闭合(C)/放弃(U)]：60↙（输入线段 EF 长度）

指定下一点或[闭合(C)/放弃(U)]：c↙

3. 设置自动追踪方式

使用自动追踪功能可按指定角度绘制对象，或者绘制与其他对象有特定关系的对象。它有极轴追踪和对象捕捉追踪两种方式。

(1)设置自动追综参数　单击菜单栏中的"工具"→"选项"命令，打开"选项"对话框，在"草图"选项卡中的"自动追踪设置"选项区域中进行设置。

(2)极轴追踪　极轴追踪也称角度追踪，是指按事先给定的极轴角增量来追踪特征点。极轴追踪功能可以在系统要求指定一个点时，按预先设置的极轴角增量来显示一条无限延伸的辅助线（一条虚线），用户可以沿辅助线追踪得到特征点。图 1-41 为利用极轴追踪和极轴捕捉绘制 90 个单位、与 X 轴成 30°角的直线。打开极轴追踪功能有下列三种方法：

● 单击状态栏上的 按钮，打开/关闭此功能。

● 按 F10 键（或按 Ctrl＋U 键），打开或关闭此功能。

● 下拉菜单：单击菜单栏中的"工具"→"草图设置"命令，打开"极轴追踪"选项卡，选择"启用极轴追踪"开关按钮（如图 1-42 所示）。

设置极轴追踪角度增量的另一种方法是：在状态栏的 （极轴追踪）按钮上右击，从弹出的快捷菜单（如图 1-43 所示）选择对应的增量角。

(3)对象捕捉追踪　对象捕捉追踪是沿着基于对象捕捉点的辅助线方向追踪，它可以捕捉到辅助线上的点或两条辅助线的交点，如图 1-44 所示。如果不知道具体的追踪方向（角度），但知道与其他对象的某种关系（如相交、相切等），采用对象捕捉追踪；如果知道要追踪的方向（角度），则使用极轴追踪。极轴追踪和对象捕捉追踪可以同时使用。

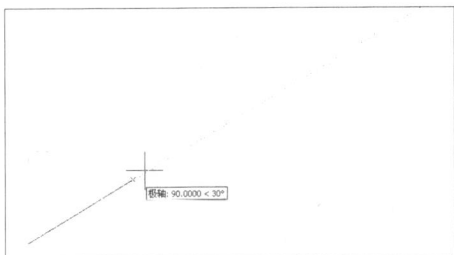

图1-41　极轴追踪辅助线及追踪提示

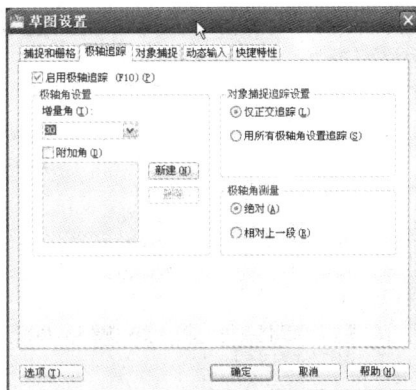

图1-42　"极轴追踪"选项卡

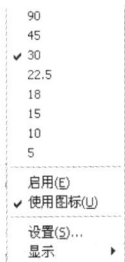

图1-43　利用快捷菜单进行

极轴追踪增量角设置

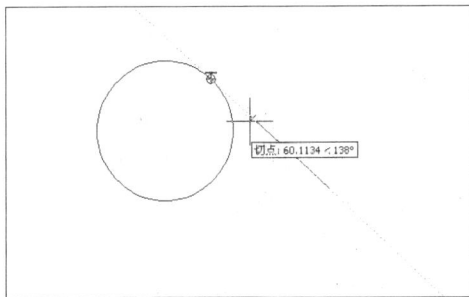

图1-44　对象捕捉辅助线追踪提示

打开对象捕捉追踪功能有下列几种方法：

● 单击状态栏中的 ⊿ 按钮，打开/关闭此功能。

● 按F11键（或按Ctrl＋W键），打开或关闭此功能。

● 下拉菜单：单击菜单栏中的"工具"→"草图设置"命令，打开"对象捕捉"选项卡，选择"启用对象捕捉追踪"开关按钮，如图1-45所示。

说明：①"对象捕捉追踪"必须与"对象捕捉"模式结合使用；②对象捕捉追踪时，也可以沿辅助线设置极轴距离的值，设置方法同极轴追踪。

【例1-2】　如图1-46所示，已知直线AB，请绘制以A点为起点、C点为终点，且B、C两点与X轴成15°角，相距50的直线。

操作步骤如下：

(1)打开"草图设置"对话框，在"极轴追踪"选项卡的"极轴角设置"栏中选择15°为角增量。在"对象捕捉追踪设置"栏选中"用所有极轴角设置追踪"；在"捕捉和栅格"选项卡的"捕捉类型和样式"栏选中"极轴捕捉"。在"极轴间距"栏中设置极轴间距为50；在"对象捕捉"选项卡中设置"端点"对象捕捉模式，并选取"启用对象捕捉"和"启用对象捕捉追踪"复选框，打开"对象捕捉"和"对象捕捉追踪"；单击状态栏中的 □ 按钮，打开"捕捉"功能，以便捕捉极轴距离50。

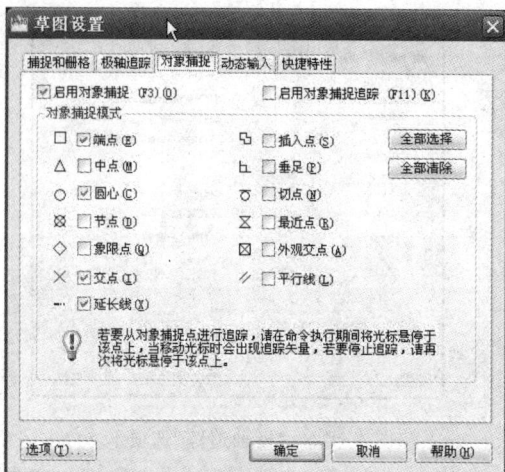

图1-45　在对象捕捉选项卡中启用对象捕捉追踪

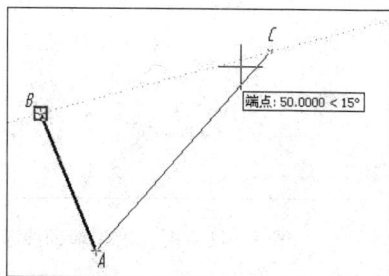

图1-46　对象捕捉追踪

(2)输入画直线命令,并捕捉点 A,确定 A 为 AC 的起点。

(3)移动光标到 B 点,并临时获取。

注意:不要拾取该点,光标只在该点上停留片刻。

(4)从 B 点向 C 点的大致方向移动光标,将显示一条过 B 点的临时辅助线(虚线)。沿辅助线方向移动光标,直到追踪提示为 50 时,单击左键确定点 C,即为所画 AC 直线。

4. 设置动态输入方式

使用动态输入功能可以在鼠标绘制图形时显示的提示框中输入数值,不必在命令行中输入。如图1-47所示是绘制直线时的动态输入。光标旁边显示的工具提示信息,将随着光标的移动而动态更新。当某个命令处于活动状态时,可以在提示框中输入数值,按 Tab 键,可在几个输入框中切换。动态输入的内容有指针输入、标注输入、动态提示等。

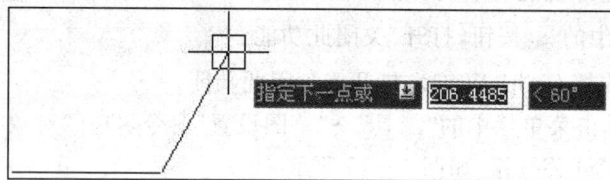

图1-47　绘制直线时的动态输入

(1)指针输入　启用指针输入可按以下步骤操作:

①单击菜单栏中的"工具"→"草图设置"命令。

② 选择"动态输入"选项卡。

③ 选中"启用指针输入"复选框(如图1-48所示)。

打开指针输入后,当用户在绘图区域中移动光标时,光标处将显示相应的坐标值。输入坐标值后按 Tab 键,将焦点切换到下一个工具栏提示处,然后输入下一个坐标值。

用户可以对指针输入进行更详细的设置。单击图1-48"指针输入"选项组中的 设置(S)... 按钮,打开"指针输入设置"对话框,进行具体设置,如图1-49所示。

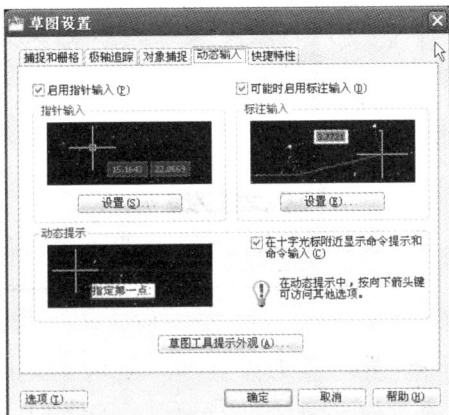

图 1-48　启用指针输入

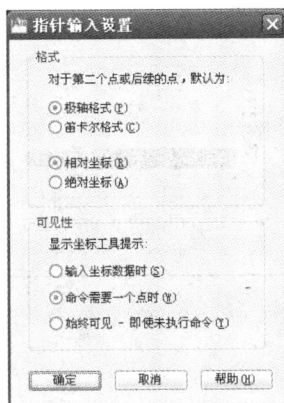

图 1-49　"指针输入设置"对话框

（2）标注输入　要启用标注输入，可按以下步骤操作：

①单击菜单栏中的"工具"→"草图设置"命令。

②选择"动态输入"选项卡。

③选中"可能时启用标注输入"复选框（如图 1-48 所示）。

启用标注输入后，坐标输入字段会与正在创建或编辑的几何图形上的标注绑定。工具栏提示的值，将随着光标的移动而改变。要输入值，按 Tab 键移动到要修改的工具栏提示中，然后输入距离或绝对角度。如图 1-50 所示为直线的标注输入。

同样，也可以对标注输入进行更详细的设置。单击"标注输入"选项组中的 设置(E)... 按钮，打开"标注输入的设置"对话框，可进行具体设置，一次最多可有 5 个字段的提示，如图 1-51 所示。

（3）动态提示　要启用动态提示，可按以下步骤操作。

①单击菜单栏中的"工具"→"草图设置"命令。

② 点击"动态输入" ➕ 选项卡。

可以在鼠标绘制图形时显示的提示框（不是命令行）中输入命令，提示会自动作出响应。如果提示包含多项，按下↓键可查看这些选项，确定一个选项。图 1-52 为绘制圆和直线时的动态提示。

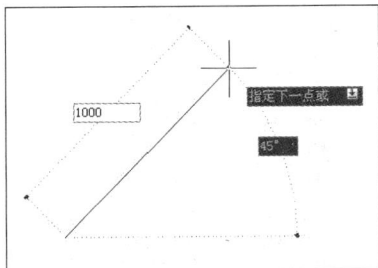

图 1-50　绘制直线时的动态输入

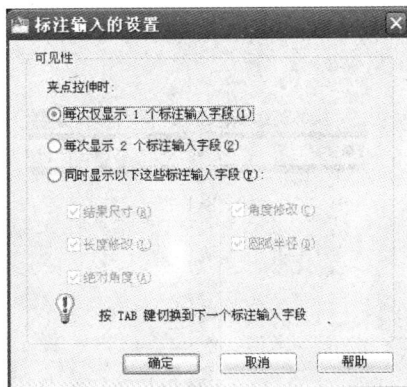

图 1-51　"标注输入的设置"对话框

a)

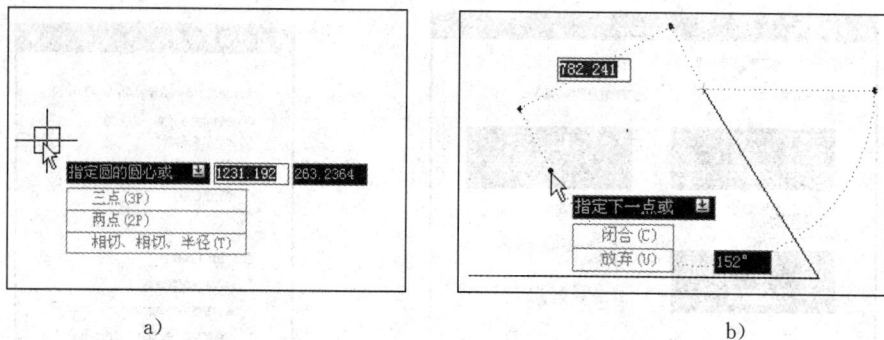

b)

图 1-52　动态提示

第六节　图形显示与控制

在绘图过程中,可以通过实时平移和实时缩放的方式改变图形的显示位置与显示比例,以便局部显示某一绘图区域,或在计算机屏幕上显示整个图形。

一、缩放命令

1. 功能

缩放的目的是为了看到更大范围的图形或更局部的图形,以便于布局或对局部复杂的图形进行修改。

2. 命令格式

● 单击图标:"缩放"命令包括十个选项,其中常用的三个选项放在标准工具栏,分别是实时缩放 🔍、窗口缩放 🔍、缩放上一个 🔍。在标准工具栏中,按住窗口缩放图标 🔍,即可弹出"缩放"命令其余选项的图标,如图 1-53 所示。

● 下拉菜单:单击菜单栏中的"视图"→"缩放"命令,弹出下拉菜单,再选择所需选项,如图 1-54 所示。

● 由键盘输入命令:z✓(Zoom 的缩写)

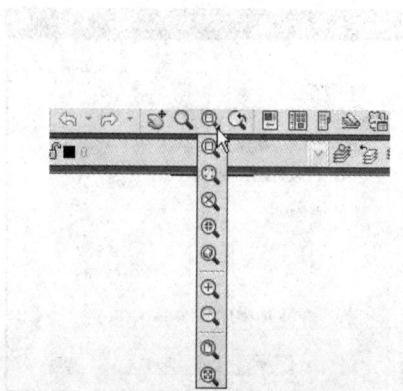

图 1-53　标准工具栏中的缩放命令

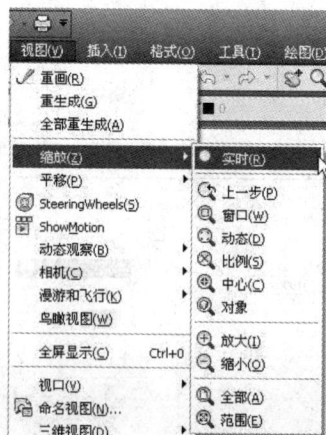

图 1-54　缩放下拉菜单

3. 实时缩放

(1)功能

实时缩放图形。

(2)命令格式

● 单击图标：🔍 在"标准"工具栏中。

● 下拉菜单：单击菜单栏中的"视图"→"缩放"→"实时"命令。

● 由键盘输入命令：z↙（回车两次，执行实时缩放）

执行命令后，屏幕上会出现一个带正负号的放大镜图标。在图形的空白处按住鼠标，向下方拖动，实时缩小图形；向上方拖动，实时放大图形。

一旦处于实时缩放模式，点击右键，可激活如图1-55所示的快捷菜单，用这个菜单上的命令可以实现实时缩放、实时平移（实时移动屏幕）和三维视图旋转之间的切换。在快捷菜单中还有"窗口缩放"、"缩放为原窗口"和"缩放范围"选项，可用鼠标选择需要的命令，实现对视图的下一步操作。

可以使用Windows系统支持的3D鼠标（带滚轮）。在任何状态下，鼠标滚轮向下滚动，则全图缩小；向上滚动会使全图放大。缩放的基准点是光标当前的位置。在绘图过程中，充分利用鼠标可提高绘图效率。

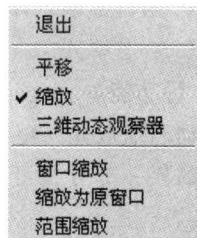

图1-55　右键快捷菜单

4. 全部缩放

(1)功能

全部缩放是基于绘图界限观察全图。如果图形超出界限，屏幕会显示全部图形。当放大图形的一个很小区域时，可以采用全部缩放命令，返回全屏显示。

(2)命令格式

● 单击图标：🔍 在"缩放"工具栏中。

● 下拉菜单：单击菜单栏中的"视图"→"缩放"→"全部"命令。

● 由键盘输入命令：z↙（在提示行输入a，执行全部缩放）

5. 窗口缩放

(1)功能

该选项允许通过作为观察区域的矩形窗口实现图形的放大。确定一窗口后，窗口中心将变成新的显示中心，窗口内的区域被放大，以尽量占满屏幕。视图框的大小可以通过输入坐标或用鼠标在屏幕上来确定。

(2)命令格式

● 单击图标：🔍 在"缩放"工具栏中。

● 下拉菜单：单击菜单栏中的"视图"→"缩放"→"窗口"命令。

● 由键盘输入命令：z↙（在提示行输入w，执行窗口缩放）

视图框中的对象会在屏幕上重新放大显示，这一过程与使用坐标输入相似。不同的是，通过将光标移动到所需点的位置，选取缩放显示窗口的第一点，选取了一个对角点后，十字光标转换为一个方框，随鼠标在图形区域内的移动放大或缩小。

6. 中心缩放

(1)功能

中心缩放选项允许按照特定的图形中心点进行缩放。当选择了中心点位置，系统提示输入显示区域高度。如果保留默认值，图形仅按新的中心点重新显示，但显示大小不会发生变化。如果给出的高度值小于默认值，图形将放大显示；如果给出的高度值大于默认值，图形将缩小显示。

(2)命令格式

- 单击图标：![icon]在"缩放"工具栏中。
- 下拉菜单：单击菜单栏中的"视图"→"缩放"→"中心点"命令。
- 由键盘输入命令：z↙（在提示行输入 c，可执行中心缩放）

7. 动态缩放

(1)功能

动态缩放允许定义一个需要缩放的图形区域。该命令可以不需要重生成图形而显示图形中的任一部分。可以在屏幕上放大、缩小或来回移动原始视图框，以确定需要缩放的部分。

(2)命令格式

- 单击图标：![icon]在"缩放"工具栏中。
- 下拉菜单：单击菜单栏中的"视图"→"缩放"→"动态"命令。
- 由键盘输入命令：z↙（在提示行输入 d，可执行动态缩放）

清屏后显示原始视图，周围有三个彩色方框。每一个框代表不同的视图区域。其中，黑色实线框为平移框，可以在屏幕上拖运平移框，确定要进行缩放显示的图形部分；蓝色虚线矩形框是图形界限视图框，该框显示当前的图形界限；绿色虚线矩形框是当前视图框，该框中的区域就是在使用这一选项之前的视图区域。

8. 范围缩放

(1)功能

范围缩放选项用来显示图中的整个图形，而不像全部缩放命令那样显示绘图界限。如果要在很大的绘图界限中查看一个尺度很小的图形对象，使用范围缩放可以将其放大到充满全屏，这在初始绘图阶段是非常有用的。

(2)命令格式

- 单击图标：![icon]在"缩放"工具栏中。
- 下拉菜单：单击菜单栏中的"视图"→"缩放"→"范围"命令。
- 由键盘输入命令：z↙（在提示行输入 e，可执行范围缩放）

9. 比例缩放

(1)功能

缩放命令的默认选项为缩放比例(Scale)或比例因子(X)。可以相对于全图或当前视图设置缩放的比例。

(2)命令格式

- 单击图标：![icon]在"缩放"工具栏中。

● 下拉菜单:单击菜单栏中的"视图"→"缩放"→"比例"命令。

● 由键盘输入命令:z✓(在提示行输入 s,可执行比例缩放)

二、实时平移命令

1. 功能

在不改变图形缩放比例的情况下移动全图,使图面位置随意改变,方便用户观察当前视窗中的图形的不同部位。

2. 命令格式

● 单击图标:🖐 在"标准"工具栏中。

● 下拉菜单:单击菜单栏中的"视图"→"平移"命令,弹出下拉菜单,如图 1-56 所示。

● 由键盘输入命令:p✓(Pan 的缩写)

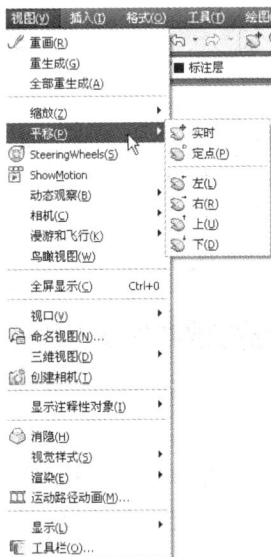

图 1-56　平移下拉菜单

用户可以在下拉菜单中选择"实时"或"定点"平移命令,同时还可以选择沿"左、右、上、下"四个方向平移图形。

◇ 实时命令　选择该命令,将进入实时平移模式,此时光标指针变成一只小手,按住左键并拖动鼠标,当前视窗中的图形将随光标移动方向移动。按 Esc 键或 Enter 键,可退出"实时平移"模式。

◇ 定点命令　指定放置位置平移图形。可使用单点式或两点式来指定放置点。

◇ 左、右、上、下命令　选择该命令,分别实现图形向左、向右、向上、向下移动。

三、鸟瞰视图命令

1. 功能

"鸟瞰视图"属于定位工具,它提供了一种可视化平移和缩放视图的方法。使用鸟瞰视图,用户可以在另外一个独立的窗口中显示整个图形视图,以便快速定位目的区域,方便用户观察当前视图中图形的不同部位。

2. 命令格式

● 下拉菜单:单击菜单栏中的"视图"→"鸟瞰视图"命令,弹出"鸟瞰视图"窗口,如图 1 - 57 所示。

● 由键盘输入命令:Dsviewer ↙

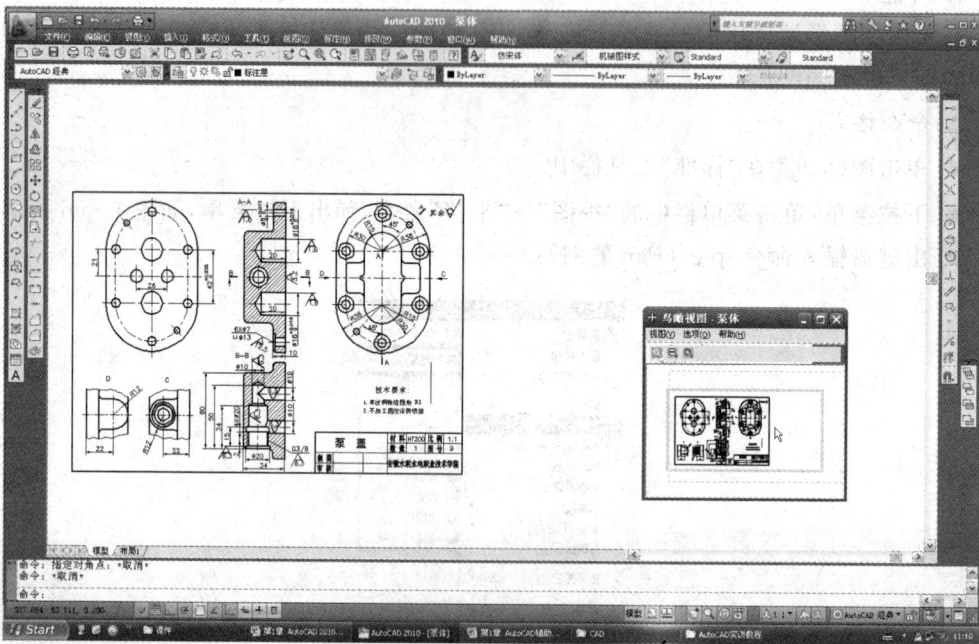

图 1 - 57　利用鸟瞰视图观察图形

3. 操作方法

(1)在绘图区内对图形进行实时平移　在"鸟瞰视图"的窗口中,图形被一个粗黑边框所包围,单击左键,窗口内动态呈现一个中心带有"×"标记的细实线矩形框,移动鼠标带动矩形框移动,绘图区中的图形将产生实时平移的效果。当用户需要将图形确定在绘图区的某一位置时,可点击右键,窗口内产生新的粗黑边框。

(2)在绘图区内对图形进行实时缩放　移动鼠标箭头进入"鸟瞰视图"窗口,双击左键使细实线矩形中心的"×"标记,转变为指向右边的"→"标记,移动鼠标使矩形框放大或缩小,绘图区内将动态显示图形被放大或缩小。重复单击左键可实现缩放与平移的转换操作,点击右键则确定绘图区内显示的图形大小与位置。

四、重画命令

当我们在屏幕上拾取点时,有时可能会显示一些小十字标志,以指示那些选中过的点(拾取点)。这些标志并不是图形上的元素,重画图形就可以清除这些标志。

1. 功能

刷新当前视窗中的图形,清除屏幕上的光标点,使屏幕图形清晰。

2. 命令格式

● 下拉菜单:单击菜单栏中的"视图"→"重画"命令。

● 由键盘输入命令:redraw ↙

五、重生成命令和全部重生成命令

1. 功能

重生成命令是重新生成整个图形以完成更新，当我们改变图形的某些部分后，就需要重新生成图形。如对于点画线，当重新设置了新线型比例因子后，通过"重生成"才会显示出来。重生成命令用来重新生成当前视窗内全部图形，并在屏幕上显示出来，而全部重生成命令将用来重新生成所有视窗的图形。

2. 命令格式

● 下拉菜单：单击菜单栏中的"视图"→"重生成"命令。

● 由键盘输入命令：Regen↙（或 regenall↙）

该命令与重画命令的区别是：重画命令只是将当前视窗中的图形刷新一次，而重生成命令也具有重画命令的功能，它是将图形实体的原始数据重新计算一遍，并在视窗中重新绘制，因此该命令执行速度相对较慢。

第七节 AutoCAD 2010 的帮助窗口

AutoCAD 2010 提供了强大的帮助功能。如图 1-58 所示为"帮助"下拉菜单。

在"帮助"下拉菜单中，"帮助"项可以打开 AutoCAD 的帮助窗口如图 1-59 所示，以提供联机帮助。用户可以通过帮助窗口获得各种帮助信息，如 AutoCAD 2010 提供的用户手册、全部命令和系统变量及说明等。用 AutoCAD 绘图时，可以随时查阅相应的帮助。

在绘图过程中可以直接按功能键 F1，AutoCAD 会显示与当前操作对应的帮助信息。"帮助"下拉菜单中的"新功能专题研习"项可以引出"新功能专题研习"窗口，利用该窗口可以了解 AutoCAD 2010 的新增功能或增强功能。

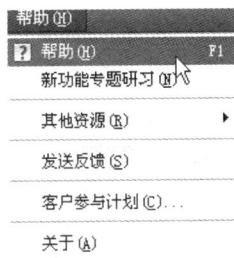

图 1-58 "帮助"菜单栏

图 1-59 AutoCAD 2010 的帮助窗口

实 训 一

实训目的

1. 熟悉 AutoCAD 2010 软件系统的启动方法及步骤。

2. 掌握基本绘图环境设置的方法及步骤。

3. 熟悉 AutoCAD 2010 经典工作界面。

4. 掌握绘图工具栏、下拉菜单、绘图命令键盘输入的使用方法。

5. 掌握缩放命令(Zoom)的使用方法。

6. 掌握有关特殊点的输入方法。

7. 掌握数据的输入方法。

8. 掌握擦除命令(Erase)和重画命令(Redraw)的操作。

9. 掌握新图形文件的建立、文件的存盘。

10. 掌握 AutoCAD 2010 软件系统的退出以及关闭计算机的方法、步骤。

11. 掌握图层、颜色、线型设置的方法。

12. 掌握线宽及线性比例的设置方法。

实训内容及指导

1. AutoCAD2010 系统的启动:打开计算机电源开关,使计算机进入 Windows 桌面系统。

(1)利用 Windows 桌面系统图标启动 AutoCAD 2010:用鼠标双击 Windows 桌面上 AutoCAD 2010 快捷图标,即可启动 AutoCAD 2010。

(2)利用 Windows"开始"菜单启动 AutoCAD 2010:单击 Windows 桌面上的"开始"按钮,从弹出的菜单中选择"程序"子菜单项,在"程序"选项的展开菜单中,单击"AutoCAD2010"项展开菜单中的"AutoCAD 2010"选项,即可启动 AutoCAD 2010。

2. 基本绘图环境设置的方法及步骤:启动 AutoCAD 2010 系统后,根据需要设置绘图环境。

3. 设置一个 420mm×297mm 的绘图幅面,用 Limits 命令设置绘图界限。

4. 使幅面充满屏幕:用 Zoom 命令的全部(A)或范围(E)选项,使图幅充满屏幕。

5. 绘制实训图 1-1d 所示的五角星图形,圆环外圆直径为 140mm,内圆直径为 120mm。

(1)设置幅面为 420mm×297mm,并用 Zoom 命令使幅面充满整个屏幕。

(2)绘制正五边形,如实训图 1-1a 所示。

调用"正多边形"命令。

命令:_polygon 输入边的数目<4>:5 ↙

指定正多边形的中心点或[边(E)]:150,140 ↙

输入选项[内接于圆(I)/外切于圆(C)]〈默认值〉:I ↙

指定圆的半径:60 ↙

(3)绘制五角形,如实训图 1-1b 所示。

命令:Line ↙

指定第一点:(采用端点捕捉,用光标捕捉 P_1 点)

指定下一点或[放弃(U)]:(采用端点捕捉,用光标捕捉 P_3 点)

指定下一点或[放弃(U)]:(采用端点捕捉,用光标捕捉 P_5 点)

指定下一点或[闭合(C)/放弃(U)]:(采用端点捕捉,用光标捕捉 P_2 点)

指定下一点或[闭合(C)/放弃(U)]:(采用端点捕捉,用光标捕捉 P_4 点)

指定下一点或[闭合(C)/放弃(U)]:(采用端点捕捉,用光标捕捉 P_1 点)

指定下一点或[闭合(C)/放弃(U)]:↙(结束操作)

(4)删除五边形:用 Erase 命令删除五边形。

(5)绘制圆环,如实训图 1-1c 所示。

命令:Donut ↙

指定圆环的内径〈当前值〉:120 ↙

指定圆环的外径〈当前值〉:140 ↙

指定圆环的中心点或〈退出〉:150,140 ↙

(6)区域填充,如实训图 1-1d 所示。

用 Solid 命令填充五角形区域,完成图形。

(7)命名并存盘:在"文件另存为"对话框中,设置文件名、路径等,并存盘。

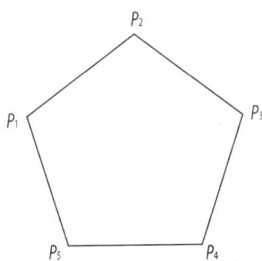

（a）正五边形

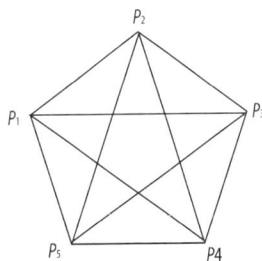

（b）五角形

（c）圆环

（d）五角星图形

实训图 1-1　五角星图形

绘图训练

1. 绘制实训图 1-2 所示的平面图形。

2. 绘制实训图 1-3 所示的平面图形。

3. 绘制实训图 1-4 所示的平面图形。

4. 绘制实训图 1-5 所示的平面图形。

5. 绘制实训图 1-6 所示标题栏。

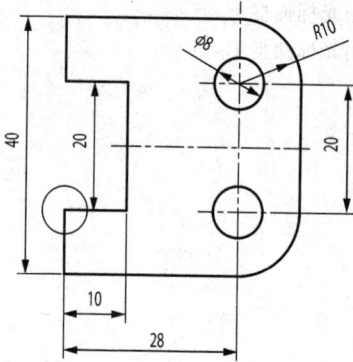

实训图 1-2

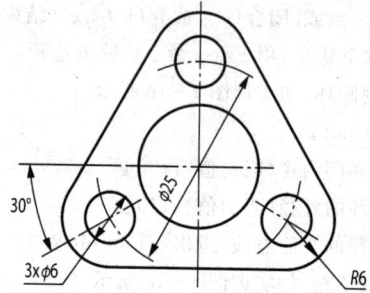

实训图 1-3

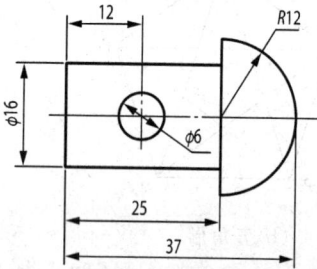

实训图 1-4

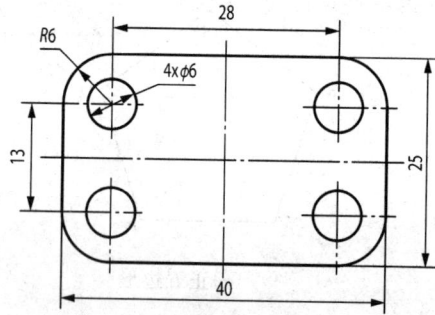

实训图 1-5

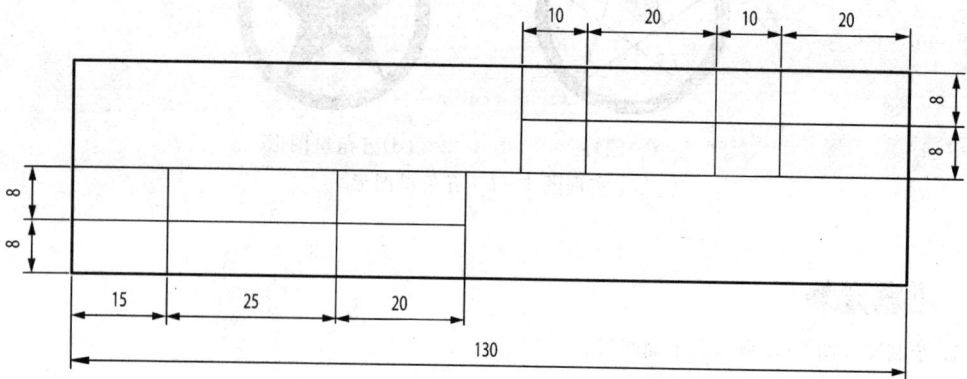

实训图 1-6

第二章　基本绘图与编辑

AutoCAD提供了许多种绘制图形的命令,用户可以通过"绘图"菜单调用这些绘制图形的命令,也可以在"绘图"工具栏中调用这些绘制图形的命令,如图2-1所示。有些命令只能在命令提示行中输入。

在AutoCAD中,绘图和编辑命令是通过以下三种方式来调用的:

(1)单击绘图工具栏(如图2-1所示)或编辑工具栏(如图2-2所示)中的图标。

(2)单击下拉菜单"绘图"(如图2-3所示)或"修改"(如图2-4所示)中的命令。

(3)如果既没有图标,也没有下拉菜单时,可直接从键盘输入命令。

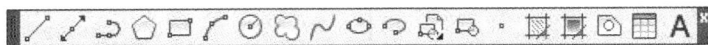

图2-1　"绘图"工具栏

图2-2　"编辑"工具栏

第一节　绘制平面图形的基本方法

一、直线

(一)直线段

直线是构成平面图形最基本的对象,利用"Line"命令绘图是最基本的绘图操作。

1. 功能

绘制直线段。

2. 命令格式

- 单击图标:╱在"绘图"工具栏中。

- 下拉菜单:单击菜单栏中的"绘图"→"直线"命令。

- 由键盘输入命令:l↙(Line的缩写)

选择上述任一方式输入命令,命令行提示:

指定第一点:(输入直线段的一点)

指定下一点或[放弃(U)]:(指定下一点,如输入u,则放弃第一点)

指定下一点或[放弃(U)]:(指定下一点,如输入u,则放弃上一点)

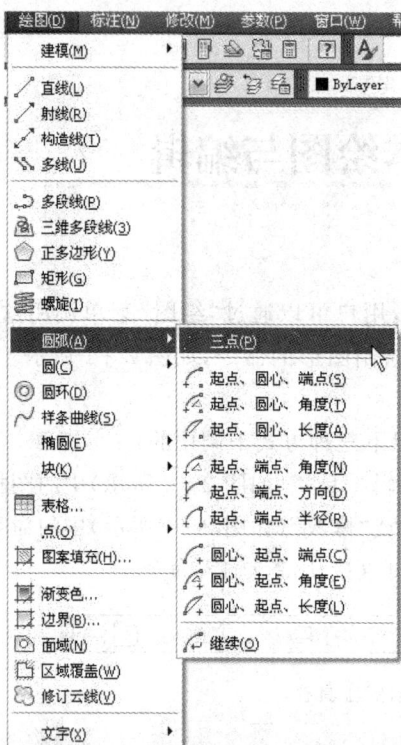

图 2-3 "绘图"下拉菜单 　　　　　　　　　　　图 2-4 "修改"下拉菜单

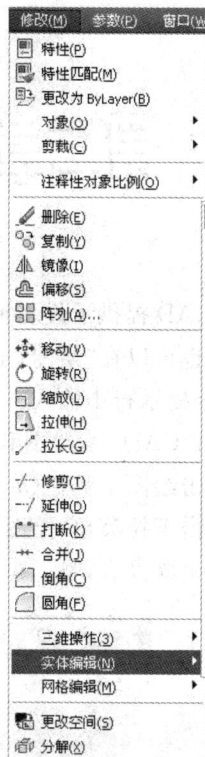

指定下一点或[闭合(C)/放弃(U)]：✓（结束命令。若输入 c 则与第一点相连，并结束命令）

【例 2-1】 用"直线"命令，绘制长为 100、宽（高）为 80 的矩形。

绘图步骤如下：

执行 Line 命令，AutoCAD 提示：

LINE 指定第一点：（在绘图区的任意位置用鼠标拾取一点作为矩形的左下角点）

指定下一点或[放弃(U)]：@100,0 ✓（用相对直角坐标确定矩形水平边的右端点，绘出长 100 的水平边）

指定下一点或[放弃(U)]：@80<90 ✓（用相对极坐标绘制长为 80 的垂直边）

指定下一点或[闭合(C)/放弃(U)]：@-100,0 ✓

指定下一点或[闭合(C)/放弃(U)]：c ✓（闭合图形）

【例 2-2】 用"直线"命令，绘制长边为 150 的等边三角形，三角形底边水平放置，且三角形右下角点的坐标为(200,200)。

绘图步骤如下：

执行 Line 命令，AutoCAD 提示：

LINE 指定第一点：200,200

指定下一点或[放弃(U)]：@-150,0

指定下一点或[放弃(U)]：@150<60（相对极坐标，等边三角形的内角是 60°）

指定下一点或[闭合(C)/放弃(U)]：c

(二)构造线

构造线是双向无限延长的直线,没有起点和终点,主要用来绘制辅助线。

1. 功能

利用"Xline"命令可以创建无限长的线,可用作创建其他对象的参照。

2. 命令格式

● 单击图标:✐在"绘图"工具栏中。

● 下拉菜单:单击菜单栏中的"绘图"→"构造线"命令。

● 由键盘输入命令:xl✓(Xline 的缩写)

二、圆

圆是组成复杂图形的基本元素,它在绘图过程中使用的频率相当高。

1. 功能

利用"Circle"命令可创建圆,可以指定圆心、半径、直径、圆周上的点和其他对象上的点等不同组合。

2. 命令格式

● 单击图标:⊘在"绘图"工具栏中。

● 下拉菜单:单击菜单栏中的"绘图"➤"圆"等命令(如图 2-5 所示)。

● 由键盘输入命令:c✓(Circle 的缩写)

选择上述任一方式输入命令,命令行提示:

指定圆的圆心或[三点(3P)/两点(2P)/相切、相切、半径(T)]:

3. 选项说明

◇ 指定圆的圆心　"指定圆的圆心"选项为该命令的默认选项。

◇ 三点(3P)　该选项表示用圆上三点确定圆的大小和位置。

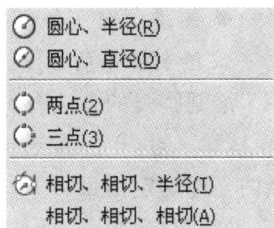

图 2-5　圆的下拉菜单

◇ 两点(2P)　该选项表示以给定两点为直径画圆。

◇ 相切、相切、半径(T)　该选项表示要画的圆与两条线段相切。

◇ 相切、相切、相切(A)　该选项表示作一个与三条线段均相切的圆。此选项只能通过下拉菜单输入,即单击菜单栏中的"绘图"→"圆"→"相切、相切、相切"命令。

【例 2-3】　用"圆"和"直线"命令,绘制如图 2-6 所示带轮的平面图。

绘图步骤如下:

(1)执行"圆"命令,AutoCAD 提示:

指定圆的圆心或[三点(3P)/两点(2P)/相切、相切、半径(T)]:

(任意拾取圆心点)

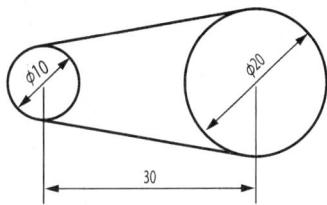

图 2-6　带轮的平面图

指定圆的半径或[直径(D)]<0.0000>:5✓(输入第一个圆的半径,结束命令)

(2)单击"圆"图标⊘,命令行提示:

指定圆的圆心或[三点(3P)/两点(2P)/相切、相切、半径(T)]:@30,0✓(用相对坐标输入第二

个圆的圆心点）

指定圆的半径或[直径(D)]<5.0000>:10↙（输入第二个圆的半径，结束命令）

（3）单击"直线"图标 ，命令行提示：

指定第一点：（单击"捕捉到切点"图标 ）

指定第一点：（在小圆大致切点处拾取一点，再单击"捕捉到切点"图标 ）

指定下一点或[放弃(U)]：（在大圆大致切点处拾取一点，画出公切线）

指定下一点或[放弃(U)]：↙（结束命令）

（4）重复上述操作，完成另一条公切线的绘制。

三、圆弧

要绘制圆弧，可以指定圆心、端点、起点、半径、角度、弦长和方向值的各种组合形式。

1. 功能

利用"Arc"命令可以根据多种方式来绘制圆弧。

2. 命令格式

● 单击图标： 在"绘图"工具栏中。

● 下拉菜单：单击菜单栏中的"绘图"→"圆弧"等命令
（如图 2-7 所示）。

● 由键盘输入命令：a↙（Arc 的缩写）

3. 绘制圆弧的方法

绘制圆弧的方法有 11 种，常用的有以下五种：

（1）三点(P)　该选项为默认选项。依次输入圆弧上三
点的坐标确定圆弧。

（2）起点、圆心、端点(S)　选择该选项后，命令行提示：

命令_arc 指定圆弧的起点或[圆心(C)]：（输入圆弧的起点）

指定圆弧的第二个点或[圆心(C)/端点(E)]：c↙（指定圆弧的圆心；输入圆弧的圆心）

指定圆弧的端点或[角度(A)/弦长(L)]：（输入圆弧的终点）↙

注意：圆弧只能从起点到终点、按逆时针方向绘制，所以绘图的起点和终点次序不能
出错。

（3）起点、端点、半径选择该选项后，命令行提示：

命令_arc 指定圆弧的起点或[圆心(C)]：（输入圆弧的起点）

指定圆弧的第二个点或[圆心(C)/端点(E)]：e↙

指定圆弧的端点：（输入圆弧的终点）

指定圆弧的圆心或[角度(A)/方向(D)/半径(R)]：r↙（指定圆弧的半径；输入圆弧的半径，按
逆时针画圆弧。当半径为负值时，画圆心角大于180°的圆弧）

（4）起点、端点、角度(N)　选择该选项后，命令行提示：

命令_arc 指定圆弧的起点或[圆心(C)]：（输入圆弧的起点）

指定圆弧的第二个点或[圆心(C)/端点(E)]：e↙

指定圆弧的端点：（输入圆弧的终点）

指定圆弧的圆心或[角度(A)/方向(D)/半径(R)]：a↙（指定包含角；输入圆弧的包角，即圆心

图 2-7　绘制圆弧

三点(P)
起点、圆心、端点(S)
起点、圆心、角度(T)
起点、圆心、长度(A)
起点、端点、角度(N)
起点、端点、方向(D)
起点、端点、半径(R)
圆心、起点、端点(C)
圆心、起点、角度(E)
圆心、起点、长度(L)
继续(O)

角。当角度为正时,按逆时针画圆弧;当角度为负时,按顺时针画圆弧)

（5）继续（O）　选择该选项后,命令行提示:

命令_arc 指定圆弧的起点或[圆心(C)]:✓(以上一次所画线段的最后一点为起点)

指定圆弧的端点:(输入圆弧终点,画出与上一线段相切的圆弧)

【例2－4】　用"圆"和"圆弧"命令,绘制如图2－8所示的花坛平面图。

绘图步骤如下:

（1）单击"圆"图标◎,命令行提示:

指定圆的圆心或[三点(3P)/两点(2P)/相切、相切、半径(T)]:(任意拾取圆心点)

指定圆的半径或[直径(D)]<0.0000>:20 ✓(输入第一个圆的半径,结束命令)

（2）单击菜单栏中的"绘图"→"圆弧"→"起点、端点、角度"命令,命令行提示:

指定圆弧的起点或[圆心(C)]:(捕捉 ϕ40 圆的圆心,命令行继续提示)

图 2－8　花坛平面图

指定圆弧的第二个点或[圆心(C)/端点(E)]:e ✓

指定圆弧的端点:(捕捉 ϕ40 圆的的象限点,命令行继续提示)

指定圆弧的圆心或[角度(A)/方向(D)/半径(R)]:a ✓

指定包含角:180 ✓(输入圆心角,结束命令)

（3）单击菜单栏中的"绘图"→"圆弧"→"起点、端点、半径"命令,命令行提示:

指定圆弧的起点或[圆心(C)]:(捕捉 ϕ40 圆的的象限点,命令行继续提示)

指定圆弧的第二个点或[圆心(C)/端点(E)]:e ✓

指定圆弧的端点:(捕捉 R10 圆弧圆心,命令行继续提示)

指定圆弧的圆心或[角度(A)/方向(D)/半径(R)]:r ✓

指定圆弧的半径:5 ✓(输入圆弧半径,结束命令)

（4）单击菜单栏中的"绘图"→"圆弧"→"继续(O)"命令,命令行提示:

指定圆弧的起点或[圆心(C)]:✓

指定圆弧的端点:(捕捉 ϕ40 圆的象限点,结束命令)

（5）重复第(2)、(3)、(4)步的操作,完成另外三个相同部分的线段绘制。

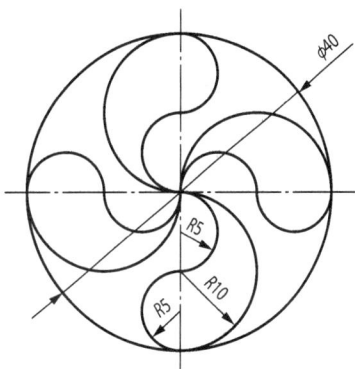

四、多段线

1. 功能

绘制连续的直线和圆弧组成的线段组,并可随意设置线宽。

2. 命令格式

● 单击图标:⏎ 在"绘图"工具栏中。

● 下拉菜单:单击菜单栏中的"绘图"→"多段线"命令。

● 由键盘输入命令:pl ✓(Pline 的缩写)

选择上述任一方式输入命令,命令行提示:

指定起点:（输入起点坐标值）

当前线宽为 0.0000（显示当前线宽）

指定下一个点或[圆弧(A)/半宽(H)/长度(L)/放弃(U)/宽度(W)]:

3. 选项说明

◇ 指定下一个点　该选项为默认选项。指定多段线的下一点,生成一段直线。

◇ 圆弧(A)　该选项表示由绘制直线方式转为绘制圆弧方式,且绘制的圆弧与上一线段相切。

◇ 半宽(H)　指定下一线段宽度的一半数值。

◇ 长度(L)　将上一直线段延伸指定的长度。

◇ 宽度(W)　指定下一线段的宽度数值。

【例2-5】　用"多段线"命令,绘制如图2-9所示的花格窗立面图。

绘图步骤如下:

(1)在状态栏中打开"正交"、"对象捕捉"和"对象追踪"。

(2)单击"多段线"图标 ⤵,命令行提示:

指定起点:（任意拾取一点）

当前线宽为 0.0000

指定下一个点或[圆弧(A)/半宽(H)/长度(L)/放弃(U)/宽度(W)]:（光标向右移）40 ↙

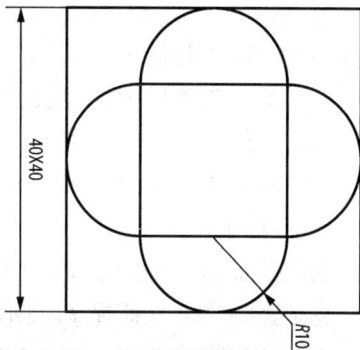

图2-9　花格窗的立面图

指定下一点或[圆弧(A)/闭合(C)/半宽(H)/长度(L)/放弃(U)/宽度(W)]:（光标向上移）40 ↙

指定下一点或[圆弧(A)/闭合(C)/半宽(H)/长度(L)/放弃(U)/宽度(W)]:（光标向左移）40 ↙

指定下一点或[圆弧(A)/闭合(C)/半宽(H)/长度(L)/放弃(U)/宽度(W)]:c ↙（完成正方形的绘制,结束命令）

(3)单击空格键,重复多段线操作,命令行提示:

指定起点:@10,−10 ↙（输入相对坐标,即相对刚才绘制的正方形左上角点的坐标值）

当前线宽为 0.0000

指定下一个点或[圆弧(A)/半宽(H)/长度(L)/放弃(U)/宽度(W)]:（光标向下移）20 ↙

指定下一点或[圆弧(A)/闭合(C)/半宽(H)/长度(L)/放弃(U)/宽度(W)]:a ↙

指定圆弧的端点或

[角度(A)/圆心(CE)/闭合(CL)/方向(D)/半宽(H)/直线(L)/半径(R)/第二个点(S)/放弃(U)/宽度(W)]:（光标向右移）20 ↙

指定圆弧的端点或

[角度(A)/圆心(CE)/闭合(CL)/方向(D)/半宽(H)/直线(L)/半径(R)/第二个点(S)/放弃(U)/宽度(W)]:l ↙

指定下一点或[圆弧(A)/闭合(C)/半宽(H)/长度(L)/放弃(U)/宽度(W)]:（光标向上移）20 ↙

指定下一点或[圆弧(A)/闭合(C)/半宽(H)/长度(L)/放弃(U)/宽度(W)]:a ↙

指定圆弧的端点或

[角度(A)/圆心(CE)/闭合(CL)/方向(D)/半宽(H)/直线(L)/半径(R)/第二个点(S)/放弃(U)/宽

度(W)]:cl↙(结束命令)

(4)重复第(2)步操作,完成另一个多段线的绘制。

五、矩形

1. 功能

绘制矩形。

2. 命令格式

● 单击图标:▭ 在"绘图"工具栏中。

● 下拉菜单:单击菜单栏中的"绘图"→"矩形"命令。

● 由键盘输入命令:rec↙(Rectangle 的缩写)

选择上述任一方式输入命令,命令行提示:

指定第一个角点或[倒角(C)/标高(E)/圆角(F)/厚度(T)/宽度(W)]:

3. 选项说明

◇ 倒角(C) 用于设置矩形各倒角的距离。

◇ 标高(E) 用于设置三维图形的高度位置。实体的高度基于用户坐标系(USC)XY 面距离,正负与 Z 轴方向一致。

◇ 圆角(F) 用于设置矩形四个圆角的半径大小。

◇ 厚度(T) 用于设置实体的厚度,即实体在高度方向延伸的距离。

◇ 宽度(W) 用于设置矩形的线宽。

◇ 指定第一个角点 该选项为缺省选项。

以上每个选项设置完成后,都回到原有的提示行形式。

【例 2-6】 绘制如图 2-10 所示的圆角矩形。

绘图步骤如下:

命令:RECTANG

指定第一个角点或[倒角(C)/标高(E)/圆角(F)/厚度(T)

/宽度(W)]:f↙(输入圆角参数)

指定矩形的圆角半径<0.0000>:10↙(输入圆角半径)

指定第一个角点或[倒角(C)/标高(E)/圆角(F)/厚度(T)

/宽度(W)]:w↙(输入宽度参数)

指定矩形的线宽<0.0000>:0.5↙(输入宽度值)

指定第一个角点或[倒角(C)/标高(E)/圆角(F)/厚度(T)

/宽度(W)]:(单击指定矩形的第一个角点)

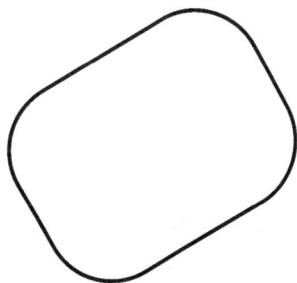

图 2-10 圆角矩形

指定另一个角点或[面积(A)/尺寸(D)/旋转(R)]:r↙(输入旋转参数)

指定旋转角度或[拾取点(P)]<0>:30↙   (输入旋转角度)

指定另一个角点或[面积(A)/尺寸(D)/旋转(R)]:d↙(选择指定矩形的尺寸)

指定矩形的长度<10.0000>:40(指定矩形的长度尺寸)

指定矩形的宽度<10.0000>:30(指定矩形的宽度尺寸)

六、正多边形

1. 功能

绘制边数为 3～1024 的正多边形。

2. 命令格式

● 单击图标:⬠在"绘图"工具栏中。

● 下拉菜单:单击菜单栏中的"绘图"→"矩形"命令。

● 由键盘输入命令:pol↙(Polygon 的缩写)

选择上述任一方式输入命令,命令行提示:

输入边的数目<4>:(输入正多边形的边数,默认为 4)

指定正多边形的中心点或[边(E)]:

3. 选项说明

◇ 指定正多边形的中心点　该选项为默认选项,用多边形中心确定多边形位置。

◇ 边(E)　根据正多边形的边长绘制正多边形。

【例2-7】　用"圆"、"正多边形"和"圆弧"命令,绘制如图 2-11 所示的花坛平面图。

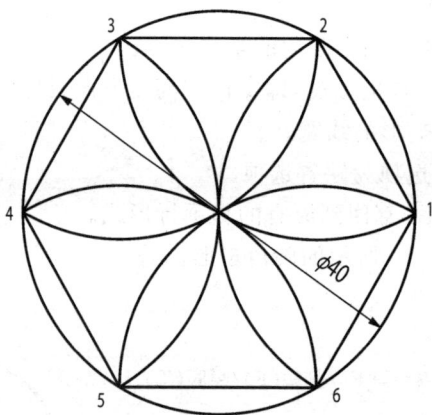

图 2-11　花坛平面图

绘图步骤如下:

(1)在状态栏中打开"正交"、"对象捕捉"。

(2)单击"圆"图标⊘,命令行提示:

指定圆的圆心或[三点(3P)/两点(2P)/相切、相切、半径(T)]:(任意拾取圆心点)

指定圆的半径或[直径(D)]<0.0000>:20↙(输入圆的半径,结束命令)

(3)单击"正多边形"图标⬠,命令行提示:

输入边的数目<4>:6↙(输入正多边形的边数)

指定正多边形的中心点或[边(E)]:(拾取圆心点为正六边形的中心)

输入选项[内接于圆(I)/外切于圆(C)]<I>:↙(选择内接于圆方式画正六边形)

指定圆的半径:(拾取圆的左或右象限点,确定半径,结束命令)

(4)单击"圆弧"图标╭,命令行提示:

指定圆弧的起点或[圆心(C)]:(拾取正六边形的第 1 角点为圆弧的起点)

指定圆弧的第二个点或[圆心(C)/端点(E)]:(拾取圆心为圆弧的第 2 点)

指定圆弧的端点:(拾取正六边形的第 3 角点为圆弧的终点,结束命令)

(5)重复上述操作,完成其余 5 段圆弧的绘制。

七、椭圆

(一)绘制椭圆或椭圆弧

1. 功能

绘制椭圆或椭圆弧。

2. 命令格式

● 单击图标: ○ 在"绘图"工具栏中。

● 下拉菜单:单击菜单栏中的"绘图"→"椭圆"→等命令(如图 2 - 12 所示)。

● 由键盘输入命令:el↙(Ellipse 的缩写)

选择上述任一方式输入命令,命令行提示:

指定椭圆的轴端点或[圆弧(A)/中心点(C)]:

3. 选项说明

◇ 指定椭圆的轴端点 该选项为默认选项,用椭圆某一轴上两端点确定椭圆位置。

◇ 圆弧(A) 选择"圆弧"选项时,输入 A;也可以直接单击绘图工具栏中的"椭圆弧"图标 ○。

◇ 中心点(C) 表示以椭圆中心定位的方式画椭圆或椭圆弧。

(二)绘制正等轴测图中的圆

1. 功能

在正等轴测投影中经常需要画圆的轴测投影——椭圆。

2. 正等轴测投影绘图方式的设置

(1)单击菜单栏中的"工具"→"草图设置"命令,打开"草图设置"对话框,选取"捕捉和栅格"选项卡,如图 2 - 13 所示。

(2)在"捕捉与栅格"选项卡的"捕捉类型和样式"一栏中,选取"等轴测捕捉"选项。单击 确定 按钮,回到绘图状态。

(3)当前标准十字光标切换成正等轴测光标。光标 ⵝ、⟍、⟋ 分别表示 *YOZ、XOY、XOZ* 平面。按 F5 键进行切换。此时,在状态栏中选择正交方式,可画出与 *X、Y、Z* 轴测坐标轴平行的线段。

3. 命令格式

● 单击图标: ○ 在"绘图"工具栏中。

● 由键盘输入命令:ellipse↙

选择上述任一方式输入命令,命令行提示:

图 2 - 12 椭圆的下拉菜单

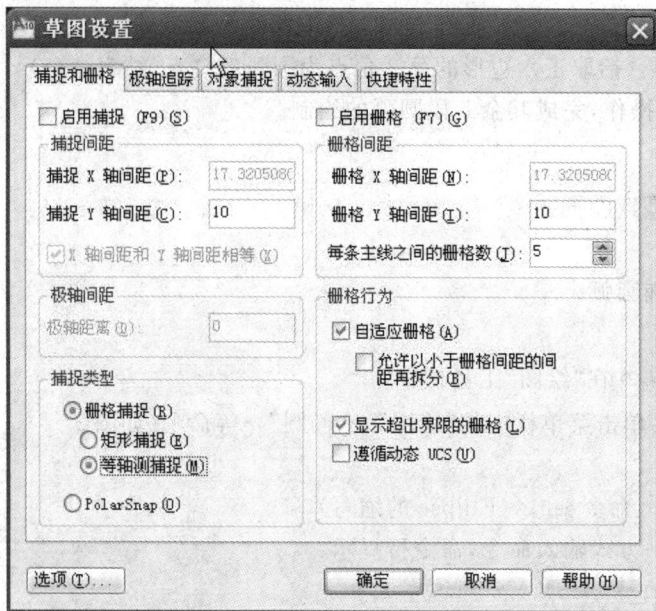

图 2-13　正等测圆的画法

指定椭圆轴的端点或[圆弧(A)/中心点(C)/等轴测圆(I)]:i↙（进入正等轴测投影椭圆的绘图模式）

指定等轴测圆的圆心:（输入圆心坐标值）

指定等轴测圆的半径或[直径(D)]:（输入圆的半径,回车结束命令）

八、样条曲线

在指定的允许误差范围内,把一系列的点通过数学计算拟合成光滑的曲线。在计算机绘图中,称这种拟合曲线为"B样条曲线",简称"样条曲线"。这种曲线有很好的形状定义特性,对于绘制波浪线、相贯线、等高线和展开图等自由曲线非常有用。

1. 功能

通过输入一系列的点绘制一条光滑的样条曲线。

2. 命令格式

● 单击图标:～在"绘图"工具栏中。

● 下拉菜单:单击菜单栏中的"绘图"→"样条曲线"命令。

● 由键盘输入命令:spl↙（Spline的缩写）

选择上述任一方式输入命令,命令行提示:

指定第一个点或[对象(O)]:

3. 选项说明

◇ 指定第一个点　该选项为默认选项。通过输入一系列的点,生成一条新的样条曲线。

◇ 对象(O)　将由多段线拟合成的样条曲线(拟合样条曲线的基本性质仍然是多段线,只能用修改多段线命令进行修改)转换为真正的样条曲线。

4. 样条曲线的应用

在机械制图中,样条曲线常用作波浪线,用来绘制机件断裂处的边界线、视图与剖视的分界线。样条曲线的应用如图 2 - 14 所示。

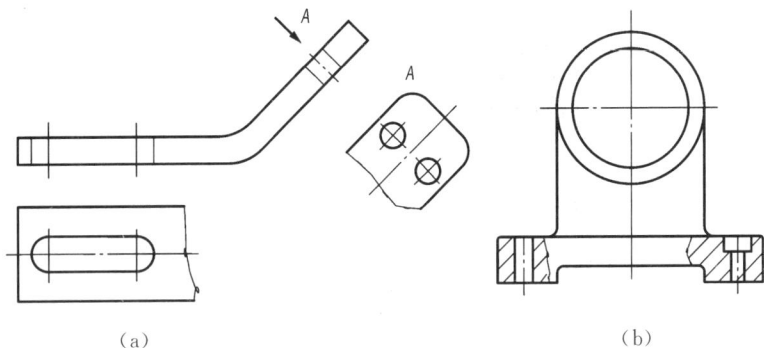

(a)　　　　　　　　　　　　　　　(b)

图 2 - 14　样条曲线的应用示例

九、点和点的样式

(一)点

1. 功能

根据点的样式和大小绘制点,还可以进行线段等分和块的插入。

2. 命令格式

● 单击图标: ▪ 在"绘图"工具栏中。

● 下拉菜单:单击菜单栏中的"绘图"→"点"→"多点"命令。

● 由键盘输入命令:po↙(Point 的缩写)

选择上述任一方式输入命令,命令行提示:

当前点模式:PDMODE=0　PDSIZE=0.0000

当前点模式是通过两个系统变量表示其点的形状和大小。其中,系统变量 PDMODE 表示点的常用形状,共 20 种。系统变量 PDSIZE 表示点的大小。

注意:点的命令只有按 Esc 键才能结束命令,按回车键或点击右键均不能结束命令。如需要只画一个点,可单击菜单栏中的"绘图"→"点"→"单点"命令,画完一个点后自动结束命令。

(二)点的样式和大小的设置

点在几何中是没有形状和大小的,只有坐标位置。为了弄清楚点的位置,可以人为地设置它的大小和形状,这就是点的样式设置。

1. 功能

设置点的样式和大小。

2. 命令格式

● 下拉菜单:单击菜单栏中的"格式"→"点样式"命令。

选择上述任一方式输入命令,弹出"点样式"对话框,如图 2-15 所示。该对话框的上方是点的 20 个形状,被选中的成黑色(默认为第一个)。PDMODE=0,形状为小圆点,它没有大小。下方为两单选框,默认的为"相对屏幕设置大小"。如在"点人小"框中输入数值,则显示点相对屏幕大小的百分数(默认为 5%)。这时显示的点,其大小不随图形的缩放而改变;

如选取"按绝对单位设置大小",在"点大小"框中输入的数值,即为绝对的图形单位。这时显示的点,其大小随着图形的缩放而改变。

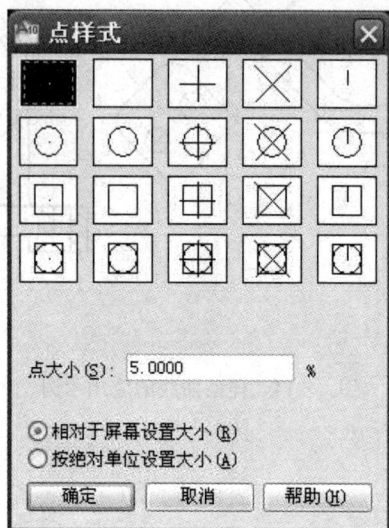

图 2-15 "点的样式"对话框

(三)定数等分点

1. 功能

将选定的实体对象(所选实体只能是单个实体,文字、尺寸或块等不能作为选定对象)作 n 等分,并在各点处作出相应的标记或插入块。

2. 命令格式

● 下拉菜单:单击菜单栏中的"绘图"→"点"→"定数等分"命令(如图 2-16 所示)。

● 由键盘输入命令:div✓(Divide 的缩写)

选择上述任一方式输入命令,命令行提示:

选择要定数等分的对象:(拾取需要等分的实体)

输入线段数目或[块(B)]:

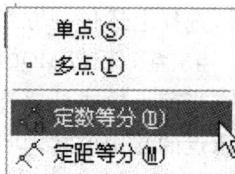

图 2-16 点的下拉菜单

3. 选项说明

◇ 输入线段数目 该选项为默认选项。可在 2～32767 范围内输入整数作为等分段数。将拾取实体等分成相应的等分,在每个等分点处按当前点的样式显示标记。

◇ 块(B) 该选项表示在等分点处插入块(创建块的方法见项目四)。

(四)定距等分

1. 功能

将选定的实体对象(所选实体只能是单个实体,文字、尺寸或块等不能作为选定对象)按指定距离等分,并在各点处作出相应的标记或插入块。

2. 命令格式

● 下拉菜单:单击菜单栏中的"绘图"→"点"→"定距等分"命令。

● 由键盘输入命令:me✓(Measure 的缩写)

选择上述任一方式输入命令,命令行提示:

选择要定距等分的对象:(拾取需要定距等分的实体,命令行继续提示)

指定线段长度或[块(B)]:

3.选项说明

◇ 输入线段长度 该选项为默认选项。当输入插入点之间的距离后,在每个等距点处按当前点的样式显示标记。

◇ 块(B) 该选项表示在等距点处插入块。

第二节 平面图形的编辑

一、选择对象模式

利用 AutoCAD 编辑对象时,当执行命令后,命令行会提示"选择对象",这时在命令行输入"?"并按 Enter 键确定。命令行提示如下:

需要点或窗口(W)/上一个(L)/窗交(C)/框(BOX)/全部(ALL)/栏选(F)/圈围(WP)/圈交(CP)/编组(G)/添加(A)/删除(R)/多个(M)/前一个(P)/放弃(U)/自动(AU)/单个(SI)/子对象(SU)/对象(O)

根据命令行的提示,输入相关命令可执行操作。

● 窗口(W):选择矩形(由两点定义)中的所有对象。从左到右指定角点创建窗口选择。

● 上一个(L):选择最近一次创建的可见对象。对象必须在当前空间(模型空间或图纸空间)中,并且一定不要将对象的图层设置为冻结或关闭状态。

● 窗交(C):选择区域(由两点确定)内部或与之相交的所有对象。

● 框(BOX):选择矩形(由两点确定)内部或与之相交的所有对象。

● 全部(ALL):选择解冻的图层上的所有对象。

● 栏选(F):选择与选择栏相交的所有对象。栏选方法与圈交方法相似,只是栏选不闭合,并且栏选可以与自己相交。

● 圈围(WP):选择多边形(通过待选对象周围的点定义)中的所有对象。该多边形可以为任意形状,但不能与自身相交或相切。

● 圈交(CP):选择多边形(通过在待选对象周围指定点来定义)内部或与之相交的所有对象。该多边形可以为任意形状,但不能与自身相交或相切。

● 编组(G):选择指定组中的全部对象。

● 添加(A):切换到添加模式(可以使用任何对象选择方法将选定对象添加到选择集)。

● 删除(R):切换到删除模式(可以使用任何对象选择方法从当前选择集中删除对象)。

● 多个(M):指定多次选择而不高亮显示对象,从而加快对复杂对象的选择过程。

● 前一个(P):选择最近创建的选择集。

● 放弃(U):放弃选择最近加到选择集中的对象。

● 自动(AU):切换到自动选择(指向一个对象即可选择该对象。指向对象内部或外部的空白区,将形成框选方法定义的选择框的第一个角点)。

● 单个(SI):切换到单选模式(选择指定的第一个或第一组对象而不继续提示进一步选择)。

● 子对象(SU):使用户可以逐个选择原始形状,这些形状是复合实体的一部分或三维实体上的顶点、边和面。

● 对象(O):结束选择子对象的功能。使用户可以使用对象选择方法。

二、快速选择对象

1. 功能

用户可以使用对象特性或对象类型来将对象包含在选择集中或排除对象。在 AutoCAD 中,当用户需要选择具有某些共性的对象时,可利用"快速选择"对话框根据对象的图层、线型、颜色和图案填充等特性创建选择集。

利用"QSELECT"命令可调出"快速选择"对话框,如图 2-17 所示。

3. 参数说明

● 应用到(Y)　将过滤条件应用到整个图形或当前选择集。

● 对象类型(B)　指定要包含在过滤条件中的对象类型。

● 特性(P)　指定过滤器的对象特性。此列表包括选定对象类型的所有可搜索特性。

● 运算符(O)　控制过滤的范围。

● 值(V)　指定过滤器的特性值。

● 如何应用　指定是将符合给定过滤条件的对象包括在新选择集内或是排除在新选择集之外。

● 附加到当前选择集(A)　指定是由"QSELECT"命令创建的选择集替换还是附加到当前选择集。

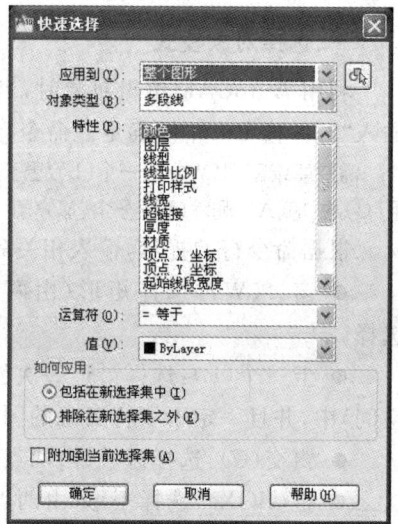

图 2-17 "快速选择"对话框

三、实体的删除

1. 功能

在 AutoCAD 中,系统提供有专门的删除命令,以对一些临时性对象或不必要的对象进行删除处理。

2. 命令格式

● 单击图标:在"修改"工具栏中。

● 下拉菜单:单击菜单栏中的"修改"→"删除"命令。

● 由键盘输入命令:e✔(Erase 的缩写)

选择上述任一方式输入命令,命令行提示:

选择对象:(可按需要采用不同的选择方式拾取实体后回车,所选实体在屏幕上消失,结束命令)

注意:也可先拾取实体,再单击"删除"图标,也能达到同样结果。

四、实体的修剪

1. 功能

在使用 AutoCAD 绘制工程图时,可利用"修剪"命令剪切掉一个图形对象的一部分,但这个图形对象必须有其他图形对象定义的边界。

2. 命令格式

● 单击图标: ⊬ 在"修改"工具栏中。

● 下拉菜单:单击菜单栏中的"修改"→"修剪"命令。

● 由键盘输入命令:tr↙(Trim 的缩写)

选择上述任一方式输入命令,命令行提示:

当前设置:投影＝UCS,边＝无

选择剪切边 …

选择对象或＜全部选择＞:(拾取作为剪切边的实体。如果直接按回车键,则全部实体被选中)

选择对象:(继续拾取剪切边,点击右键,则结束选择剪切边的操作)

选择要修剪的对象,或按住 Shift 键选择要延伸的对象,或

[栏选(F)/窗交(C)/投影(P)/边(E)/删除(R)/放弃(U)]:(选择被修剪的线段)

3. 选项说明

◇ 选择要修剪的对象 拾取某实体上一点,从拾取点到剪切边的部分被擦除。如果实体与剪切边不相交,则不能擦除。

◇ 按住 Shift 键选择要延伸的对象 将实体离拾取点较近的一端延长到剪切边。

◇ 栏选(F) 用栏选方式确定需要被擦除的部分。

◇ 窗交(C) 用窗交方式确定需要被擦除的部分。

◇ 投影(P) 用于指定剪切时系统使用的投影方式。

◇ 边(E) 用于决定被剪切对象是否需要使用剪切边延长线上的虚拟边界。

◇ 删除(R) 选择需要删除的对象。

◇ 放弃(U) 表示放弃刚刚选择的被剪切对象。

注意:①剪切边也可以作为被剪对象;②删除对象仍然可以作为剪切边。

【例2-8】 绘制如图2-18b所示的图形。

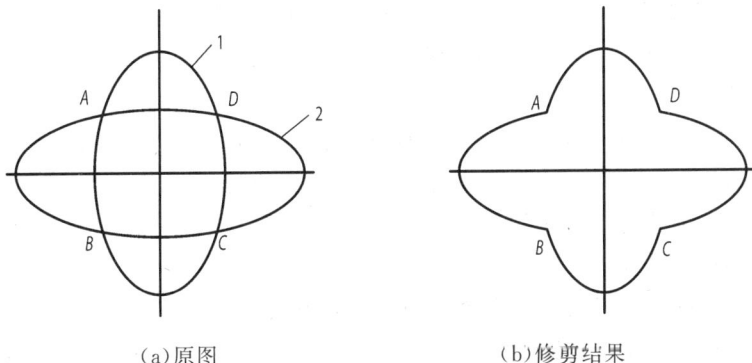

(a)原图　　　　(b)修剪结果

图2-18 修剪命令

绘图步骤如下：

命令：_trim

前设置：投影＝UCS,边＝无

选择剪切边 …

选择对象或＜全部选择＞： 找到1个 （单击对象线段1）

选择对象:找到1个,总计2个 （单击对象线段2）

选择对象:

选择要修剪的对象,或按住 Shift 键选择要延伸的对象,或

[栏选(F)/窗交(C)/投影(P)/边(E)/删除(R)/放弃(U)]:(单击要修剪的对象即线段 AB)

选择要修剪的对象,或按住 Shift 键选择要延伸的对象,或

[栏选(F)/窗交(C)/投影(P)/边(E)/删除(R)/放弃(U)]:(单击要修剪的对象即线段 BC)

选择要修剪的对象,或按住 Shift 键选择要延伸的对象,或

[栏选(F)/窗交(C)/投影(P)/边(E)/删除(R)/放弃(U)]:(单击要修剪的对象即线段 CD)

选择要修剪的对象,或按住 Shift 键选择要延伸的对象,或

[栏选(F)/窗交(C)/投影(P)/边(E)/删除(R)/放弃(U)]:(单击要修剪的对象即线段 AD)

选择要修剪的对象,或按住 Shift 键选择要延伸的对象,或

[栏选(F)/窗交(C)/投影(P)/边(E)/删除(R)/放弃(U)]:(按 Esc 键退出命令)

五、实体的延伸

1. 功能

利用"Extend"命令可以将对象延伸到另一对象。

2. 命令格式

● 单击图标: -/ 在"修改"工具栏中。

● 下拉菜单:单击菜单栏中的"修改"→"延伸"命令。

● 由键盘输入命令:ex↙(Extend 的缩写)

选择上述任一方式输入命令,命令行提示:

当前设置:投影＝UCS,边＝无

选择边界的边 …

选择对象或＜全部选择＞:(选择要延伸的实体边界。每次拾取后命令行提示找到了几个实体)

选择对象:(继续选择作为边界的实体,点击右键,则结束选择)

选择要延伸的对象,或按住 Shift 键选择要修剪的对象,或[投影(P)/边(E)/放弃(U)]:

3. 选项说明

◇ 选择要延伸的对象 该选项为默认选项。若拾取实体上一点,则该实体从靠近拾取点一端延伸到边界处。如果实体延伸后不能与所选边界相交,则该实体不会被延伸。

◇ 或按住 Shift 键选择要修剪的对象 如按住 Shift 键,此时的延伸变为修剪功能,其操作与修剪操作一样。

◇ 投影(P) 用于指定延伸时系统使用的投影方式。

◇ 边(E) 用于决定被延伸对象是否需要使用延伸边界延长线上的虚拟边界。

◇ 放弃(U) 表示放弃刚刚选择的被延伸对象。

六、实体的移动

1. 功能

利用"Move"命令可以在指定方向上按指定距离移动对象。

2. 命令格式

● 单击图标：✥在"修改"工具栏中。

● 下拉菜单：单击菜单栏中的"修改"→"移动"命令。

● 由键盘输入命令：m↙（Move 的缩写）

选择上述任一方式输入命令，命令行提示：

选择对象：（拾取需要移动的实体，可进行多次拾取）

选择对象：找到 n 个，总计 m 个（显示每次拾取的实体个数 n 和总共拾取的个数 m）

选择对象：（点击右键或回车，结束需要移动对象的选择，命令行继续提示）

指定基点或[位移(D)]<位移>：

3. 选项说明

◇ 指定基点　输入基点后，拾取或输入相对于基点的位移点。一般用相对坐标比较方便。

◇ 位移(D)　该选项是直接给定 X、Y、Z 的位移量来移动实体。

七、实体的偏移

偏移对象以创建其造型与原始对象造型平行的新对象。

1. 功能

利用"Offset"命令可以创建形状与选定对象的形状平行的新对象。偏移圆或圆弧可以创建更大或更小的圆或圆弧，取决于向哪一侧偏移。

2. 命令格式

● 单击图标：⌒在"修改"工具栏中。

● 下拉菜单：单击菜单栏中的"修改"→"偏移"命令。

● 由键盘输入命令：o↙（Offset 的缩写）

选择上述任一方式输入命令，命令行提示：

当前设置：删除源＝否　图层＝源　OFFSETGAPTYPE＝0

指定偏移距离或[通过(T)/删除(E)/图层(L)]<0.0000>：

3. 选项说明

◇ 指定偏移距离　该选项为默认选项。

◇ 通过(T)　通过某一特殊点，绘制与某条线段等距的线段。

◇ 删除(E)　该选项用来确定是否删除源对象。

◇ 图层(L)　确定通过偏移而产生的实体是在源对象图层，还是在当前图层。

◇ 系统变量 OFFSETGAPTYPE　控制偏移闭合多段线时，处理线段之间的潜在间隙的方式。

八、实体的复制

1. 功能

在指定方向上按指定距离复制对象。

2. 命令格式

● 单击图标：⬚ 在"修改"工具栏中。

● 下拉菜单：单击菜单栏中的"修改"→"复制"命令。

● 由键盘输入命令：co↙ 或 cp↙（Copy 的缩写）

选择上述任一方式输入命令，命令行提示：

选择对象：（拾取要复制的对象，并可多次拾取。提示拾取对象的数目）

选择对象：（点击右键，结束所需复制对象的拾取，命令行继续提示）

当前设置：复制模式＝多个

指定基点或[位移(D)/模式(O)]＜位移＞：指定第二个点或＜使用第一个点作为位移＞：

指定第二个点或[退出(E)/放弃(U)]＜退出＞：

3. 选项说明

◇ 指定基点 输入或拾取基点。

◇ 位移(D)指定位移＜上个值＞：输入表示矢量的坐标。

◇ 模式(O)   控制是否自动重复该命令。

九、实体的旋转

当在 AutoCAD 中绘制具有一定角度的图形对象时，可以先用正交工具在水平或垂直方向上绘制，然后再利用"旋转"命令对其进行旋转。

1. 功能

可以绕指定基点旋转图形中的对象。要确定旋转的角度，需输入角度，用光标拖动，或者指定参照角度，以便与绝对角度对齐。

2. 命令格式

● 单击图标：⬚ 在"修改"工具栏中。

● 下拉菜单：单击菜单栏中的"修改"→"旋转"命令。

● 由键盘输入命令：ro↙（Rotate 的缩写）

选择上述任一方式输入命令，命令行提示：

UCS 当前的正角方向：ANGDIR＝逆时针   ANGBASE＝0（提示当前用户坐标系的角度方向。当 ANGDIR＝0 时，逆时针方向为正；当 ANGDIR＝1 时，顺时针方向为正。ANGBASE 为系统默认参照角，取值范围在 0°～360°内。当输入负值时，系统默认为 360°减去该输入值；如果输入值大于 360°，系统默认为该值减去 360°）

选择对象：（拾取需要旋转的实体，可进行多次拾取）

选择对象：找到 n 个，总计 m 个（显示每次拾取的实体个数 n 和总共拾取的个数 m）

选择对象：（点击右键或↙，结束需要旋转对象的选择）

指定基点：（利用对象捕捉或直接输入坐标值，确定基点位置）

指定旋转角度，或[复制(C)/参照(R)]＜270＞：

3. 选项说明

◇ 指定旋转角度 该选项为默认选项。按照提示当前用户坐标系角度方向，直接输入角度值,结束命令。

◇ 复制(C)　该选项为保留源拾取的对象不被删除。

◇ 参照(R)　按指定参照角设置旋转角,即角度的起始边不是 X 轴正方向,而是用户输入的参照角。

十、实体的阵列

1. 功能

用于将所选择的对象按照矩形或环形方式进行多重复制。对于矩形阵列,可以控制行和列的数目以及它们之间的距离。对于环形阵列,可以控制对象副本的数目并决定是否旋转副本。对于创建多个定间距的对象,排列比复制要快。

2. 命令格式

● 单击图标:⊞ 在"修改"工具栏中。

● 下拉菜单:单击菜单栏中的"修改"→"阵列"命令。

● 由键盘输入命令:ar↙(Array 的缩写)

选择上述任一方式输入命令,弹出"阵列"设置对话框,如图 2-19 所示。

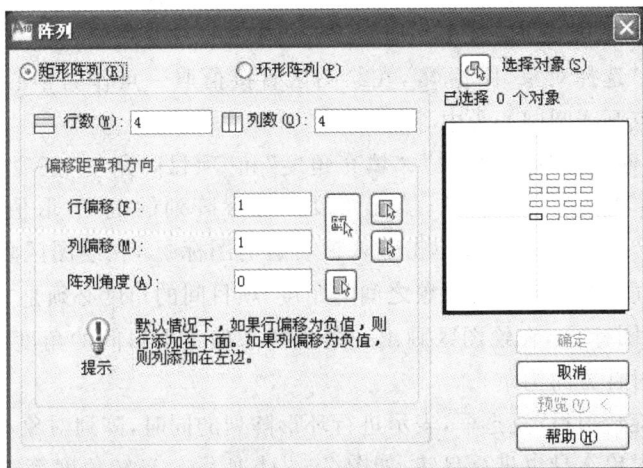

图 2-19　"阵列"设置对话

3."阵列"对话框说明

(1)矩形阵列

在"行"输入框中输入需要阵列的行数;在"列"输入框中输入需要阵列的列数。

在"偏移距离和方向"输入栏中,分别输入"行偏移"、"列偏移"和"阵列角度"的数值。单击右边的"选择对象"图标 ,对话框暂时消失。在绘图区拾取或输入相应线段的长度,确定行偏移或列偏移的数值。也可以单击图标 ,在绘图区直接用光标画一个矩形,同时确定行偏移和列偏移的数值。偏移数值的正负与坐标轴方向一致。输入不同的偏移值和阵列角度,得到不同的阵列效果,如图 2-20 所示。

单击"选择对象"图标 ,"阵列"对话框暂时消失,命令行提示:

(a)行、列偏移均为正值　　　　(b)行、列偏移均为负值　　　　(c)行、列偏移均为正值
　　阵列角度 0°　　　　　　　　　　阵列角度 0°　　　　　　　　　阵列角度 30°

图 2-20　矩形阵列不同操作的效果

选择对象:(拾取对象后,点击右键,回到"阵列"对话框。在"选择对象"下面显示拾取对象个数)

单击 确定 按钮,完成阵列操作。如单击 预览(V)< 按钮,在绘图区预显阵列结果,如不符合要求,拾取或按 Esc 键返回对话框,如符合要求,单击鼠标右键接受阵列。

(2)环形阵列

在"阵列"设置对话框单选框中选择"环形阵列"选项,如图 2-19 所示。

确定"环形阵列"中心点时,可在"中心点"右边输入框中直接输入 X、Y 坐标值。也可以单击输入框右边的"选择对象"图标,在绘图区直接拾取一点作为中心点。如图 2-21a 所示,拾取原图的点画线圆圆心为中心点。

"方法和值"的输入由"项目总数"、"填充角度"和"项目间角度"三项中的两项所决定。项目总数就是环形对象的复制个数;填充角度是环形阵列的范围,取值范围大于或等于 $-360°$,小于或等于 $+360°$,也可以单击输入框右边的图标,在绘图区画出一条直线来确定填充角度;项目间的角度为旋转对象之间的角度,项目间的角度必须是非零正值。也可以单击输入框右边的图标,在绘图区画出一条直线来确定项目间的角度(两种角度都是逆时针方向为正,顺时针方向为负)。

选中"复制时旋转项目"复选框,表示进行环形阵列的同时,阵列对象不仅绕环形阵列中心公转,而且阵列对象本身也进行自转,如图 2-21b 所示。自转角度等于项目间的角度与自身顺序数的乘积。否则,只有公转,没有自转,如图 2-21c 所示。

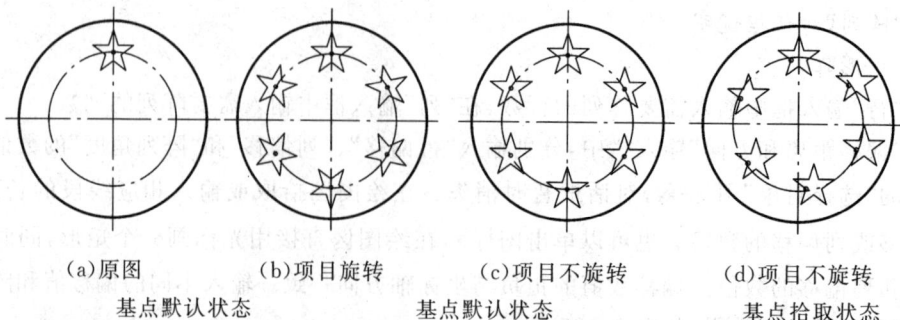

(a)原图　　　　　　(b)项目旋转　　　　　　(c)项目不旋转　　　　　(d)项目不旋转
基点默认状态　　　　基点默认状态　　　　　基点默认状态　　　　　基点拾取状态

图 2-21　环形阵列不同的操作效果

十一、实体的镜像

可以绕指定轴翻转对象创建对称的镜像图像。

1. 功能

将选定的实体对象进行对称复制,并根据需要保留或删除原实体对象。

2. 命令格式

● 单击图标: ⚠ 在"绘图"工具栏中。

● 下拉菜单:单击菜单栏中的"修改"→"镜像"命令。

● 由键盘输入命令:mi ↙(Mirror 的缩写)

选择上述任一方式输入命令,命令行提示:

选择对象:(拾取需要镜像的实体对象)

选择对象:(可进行多次拾取。回车则结束对象拾取,命令行继续提示)

指定镜像线的第一点:(拾取或输入对称轴线上的第一点)

指定镜像线的第二点:(拾取或输入对称轴线上的第二点)

是否删除源对象? [是(Y)/否(N)]<N>:(输入 y,删除原拾取的对象;输入 n,则不删除原对象,该选项为默认选项)

十二、实体的拉伸

1. 功能

可以调整对象大小使其在一个方向上或是按比例增大或缩小。还可以通过移动端点、顶点或控制点来拉伸某些对象。

2. 命令格式

● 单击图标: ⧉ 在"修改"工具栏中。

● 下拉菜单:单击菜单栏中的"修改"→"拉伸"命令。

● 由键盘输入命令:s ↙(Stretch 的缩写)

选择上述任一方式输入命令,命令行提示:

以交叉窗口或交叉多边形选择要拉伸的对象…

选择对象:找到 n 个(拾取对象,提示行显示拾取对象个数 n)

选择对象:(可多次拾取。点击右键或 ↙,结束拾取对象,命令行继续提示)

指定基点或[位移(D)]<位移>:

3. 选项说明

◇ 指定基点　输入基点的坐标值或位移量。

◇ 位移(D)　输入 X、Y、Z 的坐标值后,拉伸对象。

【例 2-9】　如图 2-22a 所示的图形,对其进行拉伸,结果如图 2-22c。

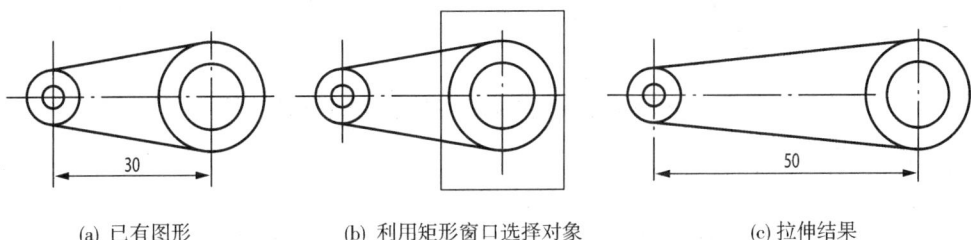

(a) 已有图形　　　　　(b) 利用矩形窗口选择对象　　　　　(c) 拉伸结果

图 2-22　实体的拉伸

绘图步骤如下：

命令:_stretch

以交叉窗口或交叉多边形选择要拉伸的对象…

选择对象:C↙

指定第一个角点:(确定矩形窗口的一角点,如图 2-22b 所示。)

指定对角点:找到 7 个(确定矩形窗口的另一角点,如图 2-22c 所示。)

选择对象:↙

指定基点或[位移(D)]<位移>:(在屏幕任意位置拾取一点,如图 2-22c 所示。)

指定第二个点或<使用第一个点作为位移>: @20,0 ↙

十三、实体的打断(Break)

(一)打断命令

1. 功能

可以将一个对象打断为两个对象,对象之间可以具有间隔,也可以没有间隔。还可以将多个对象合并为一个对象。通常用于为块或文字创建空间。

2. 命令格式

● 单击图标: □ 在"修改"工具栏中。

● 下拉菜单:单击菜单栏中的"修改"→"打断"命令。

● 由键盘输入命令:br ↙(Break 的缩写)

选择上述任一方式输入命令,命令行提示:

选择对象:(拾取需要打断的实体,命令行继续提示)

指定第二个打断点或[第一点(F)]:

3. 选项说明

◇ 指定第二个打断点　该选项为默认选项。将拾取实体的点作为第一打断点,再拾取第二打断点,即删除两打断点之间部分,把一个不封闭实体分为两个实体。从第一打断点到第二打断点之间,拾取顺序不同,得到的结果不同,如图 2-23 所示。

◇ 第一点(F)　该选项是将原拾取实体点不作为第一打断点,重新拾取第一打断点。

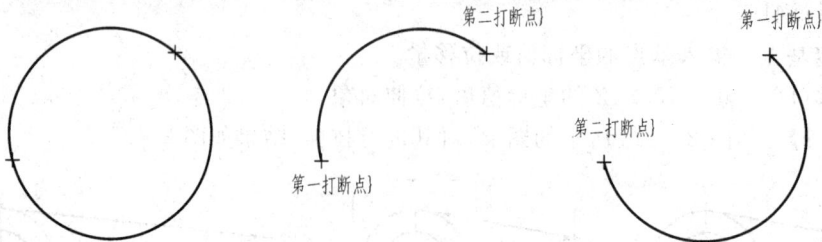

图 2-23　打断拾取顺序对打断结果的影响

(二)打断于点命令

1. 功能

将选定的图形实体(文字除外)断开,使封闭的实体(如圆、椭圆、闭合的多段线或样条曲线等)变成不封闭,使不封闭实体分成两段。具体的操作方法取决于所选实体的类型及指定的断点位置。

2. 命令格式

● 单击图标：□ 在"修改"工具栏中。

单击"打断于点"图标□，命令行提示：

选择对象：(选择需要打断的对象,命令行继续提示)

指定第二个打断点或[第一点(F)]:_f

指定第一个打断点:(拾取断开点)

指定第二个打断点:@(自动结束命令)

十四、实体的缩放

1. 功能

缩放对象即将指定对象按照指定的比例相对于基点进行放大或缩小操作。

2. 命令格式

● 单击图标：□ 在"修改"工具栏中。

● 下拉菜单：单击菜单栏中的"修改"→"缩放"命令。

● 由键盘输入命令：sc↙(Scale 的缩写)

选择上述任一方式输入命令,命令行提示：

选择对象：(拾取实体对象,命令行继续提示)

选择对象：(继续拾取实体对象。回车,命令行继续提示)

指定基点：(输入基点坐标值,命令行继续提示)

指定比例因子或[复制(C)/参照(R)]<1.0000>:

3. 选项说明

◇ 指定比例因子　该选项为默认选项,直接输入比例因子数值。比例因子必须大于0,大于1表示放大,小于1表示缩小。输入比例因子后,拾取实体对象按比例因子数值放大或缩小显示,结束命令。

◇ 参照(R)　该选项是在不能准确确定比例因子的情况下使用的。

十五、实体的拉长

1. 功能

通过"Lengthen"命令可改变对象的形状,在 AutoCAD 中,主要用于非等比缩放。可更改对象的长度和圆弧的包含角。

2. 命令格式

● 下拉菜单：单击菜单栏中的"修改"→"拉长"命令。

● 由键盘输入命令：len↙(Lengthen 的缩写)

选择上述任一方式输入命令,命令行提示：

选择对象或[增量(DE)/百分数(P)/全部(T)/动态(DY)]:

3. 选项说明

◇ 选择对象　该选项为默认选项。选择直线后,命令行显示其测量长度。选择圆弧后,命令行显示其测量长度和圆心角,再次回到原提示。

◇ 增量(DE)　该选项表示给出一个定值作为实体的增加或缩短量。输入正值表示增加,反之为缩短。

◇ 百分数（P）　该选项表示通过指定线段改变后的长度、占原长度的百分数来改变线段长度。或者通过改变指定圆弧（或椭圆弧）的角度、占原角度的百分数来改变圆弧（或椭圆弧）角度。改变后实体的总长度（或角度），等于用户输入的百分数乘以实体的原长度（或原角度）。

◇ 全部（T）　该选项表示通过重新设置实体的总长度（或总角度），改变线段的长度（或角度）。

◇ 动态（DY）　该选项表示用动态方式改变实体的长度或圆弧、椭圆弧的角度。

十六、实体的倒角

1. 功能

将选定的两条非平行直线，从交点处各裁剪掉指定的长度，并以斜线连接两个裁剪端。也可用该命令求两直线段的交点。

2. 命令格式

● 单击图标：▱在"修改"工具栏中。

● 下拉菜单：单击菜单栏中的"修改"→"倒角"命令。

● 由键盘输入命令：cha↙（Chamfer 的缩写）

选择上述任一方式输入命令，命令行提示：

（｜修剪｜模式）当前倒角距离 1＝0.0000，距离 2＝0.0000

选择第一条直线或［放弃（U）/多段线（P）/距离（D）/角度（A）/修剪（T）/方式（E）/多个（M）］：

3. 选项说明

◇ 放弃（U）　该选项是放弃刚刚进行的操作。

◇ 多段线（P）　该选项是为了对二维多段线、矩形和正多边形进行倒角，以提高绘图速度。

◇ 选择第一条直线　该选项为默认选项。当输入"倒角"命令后，命令行提示的修剪模式符合用户要求，直接在绘图区拾取第一条需要倒角的直线，再拾取第二条直线，画出倒角。

◇ 距离（D）　选择该选项是为了重新设置倒角距离。

◇ 角度（A）　该选项是为了重新设置以倒角一边距离，与该边夹角来确定倒角的修剪方式。

◇ 修剪（T）　该选项是为了重新设置两条原线段为修剪模式或不修剪模式。

◇ 方式（E）　该选项是为了重新设置修剪方法，在"两个距离"和"一个距离与一个角度"两种模式间切换。

◇ 多个（M）　该选项是为了连续进行多个倒角的操作。

十七、实体的圆角

1. 功能

圆角使用与对象相切并且具有指定半径的圆弧连接两个对象。利用已知半径的圆弧，将选定的两实体（直线、构造线、圆、椭圆、圆弧和椭圆弧等），或一条带转折点的多段线（矩形、正多边形等）中的两相交直线段，光滑地连接起来，如图 2-24 所示。

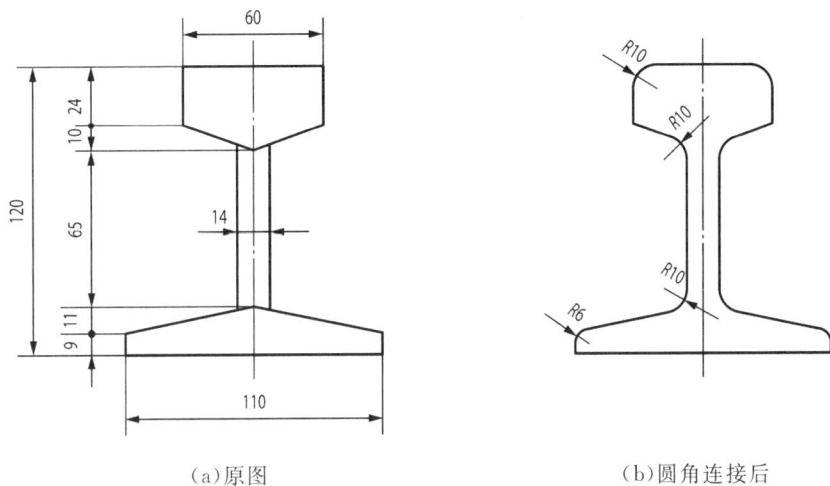

(a)原图　　　　　　　　　　　　　　(b)圆角连接后

图 2-24　实体的圆角连接举例

2. 命令格式

● 单击图标：▭ 在"修改"工具栏中。

● 下拉菜单：单击菜单栏中的"修改"→"圆角"命令。

● 由键盘输入命令：f↙(Fillet 的缩写)

选择上述任一方式输入命令,命令行提示：

当前设置：模式＝修剪,半径＝0.0000(提示当前修剪模式和圆角半径)

选择第一个对象或[放弃(U)/多段线(P)/半径(R)/修剪(T)/多个(M)]:

3. 选项说明

◇ 放弃(U)　该选项是放弃刚刚进行的操作。

◇ 选择第一个对象　该选项为默认选项,当命令窗口显示的当前设置修剪模式和圆角半径正好是所需要的,就可以直接拾取第一个实体对象,再拾取第二条直线,画出圆角。

◇ 多段线(P)　该选项是为了对二维多段线、矩形和正多边形进行圆角,以提高绘图速度。

◇ 半径(R)　该选项是为了重新设置圆角半径。当命令窗口提示中的 R 数值不符合用户要求时,用户选择该选项重新设置新的圆角半径。

◇ 修剪(T)　该选项是为了重新设置两条原线段是否修剪。

◇ 多个(M)　该选项是为了连续进行多个圆角的操作。

十八、关联实体的分解

在 AutoCAD 中,系统将多边形、多线、矩形、图块和标注等对象作为一个图元来处理,但在实际工作当中,有时需要对其进行单独编辑,这时就需要利用"Explode"命令对其分解后再进行编辑。

1. 功能

分解一个组合实体对象,使之还原成各组成部分。

2. 命令格式

● 单击图标：▭ 在"修改"工具栏中。

● 下拉菜单：单击菜单栏中的"修改"→"分解"命令。

● 由键盘输入命令：e↙（Explode 的缩写）

选择上述任一方式输入命令，命令行提示：

选择对象：（拾取要分解的复杂实体对象）

选择对象：（可进行多次拾取对象。点击右键或↙，结束命令）

十九、实体的合并

使用"Join"命令将相似的对象合并为一个对象。可以使用圆弧和椭圆弧创建完整的圆和椭圆。用户可以合并圆弧、椭圆弧、直线、多段线、样条曲线。相似的对象与之合并的对象称为源对象。要合并的对象必须位于相同的平面上。

1. 功能

合并相似的对象以形成一个完整的对象。

2. 命令格式

● 单击图标： ✦ 在"修改"工具栏中。

● 下拉菜单：单击菜单栏中的"修改"→"合并"命令。

● 由键盘输入命令：j↙（Join 的缩写）

选择上述任一方式输入命令，命令行提示：

选择源对象：

期望直线、开放的多段线、圆弧、椭圆弧或开放的样条曲线。选择受支持的对象：（选择一条直线、多段线、圆弧、椭圆弧或样条曲线，命令行继续提示）

选择要合并到源的对象…：（根据选定的源对象，拾取相应的对象，可以多次选择。回车，结束命令）

3. 合并方式

（1）直线　选择要合并到源的对象为一条或多条直线。直线对象必须共线（位于同一无限长的直线上），但是它们之间可以有间隙。

（2）多段线　选择要合并到源的对象为一个或多个对象，对象可以是直线、多段线或圆弧。对象之间不能有间隙，即首尾相连，并且必须位于与 UCS 的 XY 平面平行的同一平面上。

（3）圆弧　选择一个或多个圆弧，圆弧对象必须位于同一假想的圆上，但是它们之间可以有间隙。"闭合"选项可将源圆弧转换成圆。合并两条或多条圆弧时，将从源对象开始按逆时针方向合并圆弧。

（4）椭圆弧　选择一个或多个椭圆弧，椭圆弧必须位于同一椭圆上，但是它们之间可以有间隙。"闭合"选项可将源椭圆弧闭合成完整的椭圆。合并两条或多条椭圆弧时，将从源对象开始按逆时针方向合并椭圆弧。

（5）样条曲线　选择一条或多条样条曲线，样条曲线对象必须位于同一平面内，并且必须首尾相邻（端点到端点放置）。

二十、利用特性选项板编辑图形

利用 AutoCAD 提供的特性选项板，也可以快速进行图形的编辑。

1. 功能

通过对特性窗口内容的修改，改变实体的特性。

2. 命令格式

● 单击图标：▦ 在"标准"工具栏中。

● 下拉菜单：单击菜单栏中的"修改"→"特性"命令。

● 由键盘输入命令：ch↙（Properties 的缩写）

打开"特性"选项板后，如果没有选中图形对象，在"特性"选项板内会显示出当前的主要绘图环境（如图 2-25 所示）。如果选择了单一对象，在"特性"选项板内会列出该对象的全部特性及当前设置。如果选择了同一类型的多个对象，在"特性"选项板内会列出这些对象的公共特性及当前设置。如果选择的是不同类型的对象，在"特性"选项板内则会列出这些对象的基本特性以及它们的当前设置。可以通过"特性"选项板直接修改相关特性，即对图形进行编辑。

例如，图 2-25 为没有选择图形对象时在"特性"选项板内显示的内容。如果选择了一个对象，在"特性"选项板上就会显示出对应的信息，如图 2-26 所示，此时可以通过"特性"选项板修改图形。

提示：双击某一图形对象，AutoCAD 一般会自动打开"特性"选项板，并在窗口中显示该对象的特性，供用户修改。

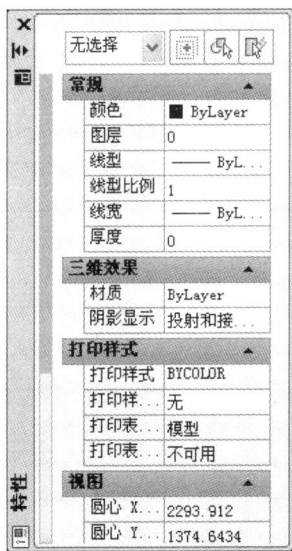

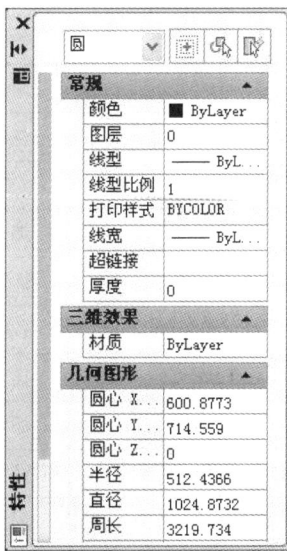

图 2-25　"特性"选项板　　　　图 2-26　显示圆的相关特性

二十一、夹点模式

夹点实际上就是对象上的控制点。在 AutoCAD 中，夹点是一种集成的编辑模式。利用 AutoCAD 的夹点功能，可以对对象进行拉伸、移动、复制、缩放以及镜像等编辑操作。

注意：选择对象后，会显示出一个含有该对象特性的窗口。用户可通过该窗口了解对象的特性，修改某些特性值，也可以关闭该窗口。

（一）AutoCAD 对夹点的规定

利用夹点功能编辑对象的步骤如下：

（1）首先单击要编辑的对象，单击后在这些对象上会出现若干个小方格（默认为蓝色），这些小方格称为对象的特征点。然后选择其中的一个特征点作为编辑操作的基点。方法是将光标移到希望成为基点的特征点上单击,那么该特征点就会以另一种颜色显示(默认为红色),表示已成为基点。

(2)选取基点后,就可以用 AutoCAD 的夹点功能对相应的对象进行编辑操作了。夹点是一些小方框,使用定点设备指定对象时,对象关键点上将出现夹点。可以拖动夹点直接而快速的编辑对象。

AutoCAD 根据快速编辑的需要,对每个实体的夹点都作出明确的规定。对不同的对象执行夹点操作时,对象上的特征点的位置和数量亦不相同。表 2-1 给出了 AutoCAD 对特征点的规定。

表 2-1　AutoCAD 对特征点的规定

对象类型	特征点的位置
线段(LINE)	两端点和中点
多段线(PLINE)	直线段的两端点、圆弧段的中点和两端点
射线(RAY)	起始点和构造线上的一个点
构造线(XLINE)	控制点和线上邻近两点
多线(MLINE)	控制线上的两个端点
圆弧(ARC)	两端点和中点
圆(CIRCLE)	各象限点和圆心
椭圆(ELLIPSE)	4 个顶点和中心点
椭圆弧(ELLIPSE)	端点、中点和中心点
文字(TEXT)	插入点和第二个对齐点(如果有的话)
多行文字(MTEXT)	各顶点
属性(ATTRIBUTE)	插入点
形(SHAPE)	插入点
三维网络(3DMESH)	网格上的各顶点
三维面(3DFACE)	周边顶点
线性尺寸标注(DIMLINEAR)	尺寸线端点和尺寸界线的起始点、尺寸文字的中心点
对齐尺寸标注(DIMALIGNED)	尺寸线端点和尺寸界线的起始点、尺寸文字的中心点
半径标注(DIMRADIUS)	尺寸线端点、尺寸文字的中心点
直径标注(DIMDIAMETER)	尺寸线端点、尺寸文字的中心点
坐标标注(DIMORDINATE)	被标注点、引出线端点和尺寸文字的中心点

(二)夹点对话框

1. 功能

设置夹点功能的开关与夹点的颜色。

2. 命令格式

● 下拉菜单:单击菜单栏中的"工具"→"选项"命令。

● 由键盘输入命令:op↙(Options 的缩写)

选择上述任一方式输入命令,弹出"选项"对话框,单击"选择集"选项卡,如图 2-27 所示。

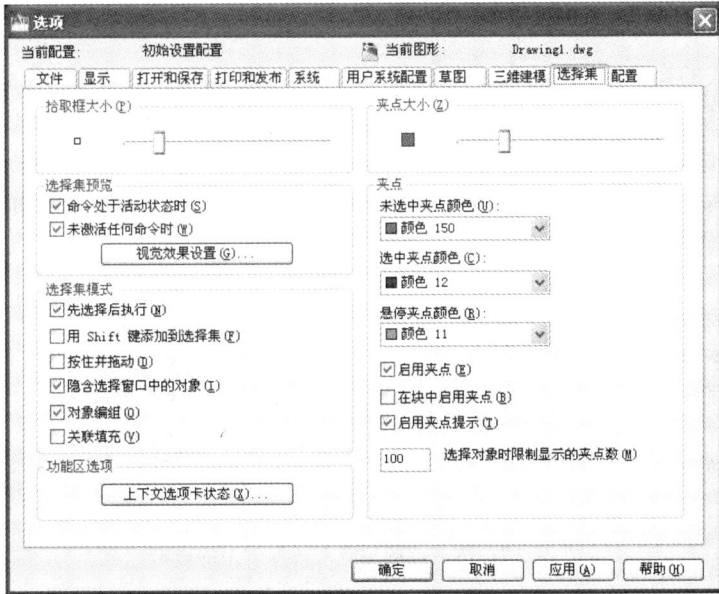

图 2-27 "选项"对话框中的"选择"选项卡

(三)夹点编辑操作

1. 编辑操作模式的切换

系统有 5 种夹点操作模式。当冷夹点被激活为热夹点后,可进行拉伸、移动、旋转、比例缩放和镜像操作。5 种编辑方法之间有 3 种切换方法。

(1)通过回车键或空格键循环切换编辑模式　当选中热夹点后,↙或按空格键。

(2)通过键入关键字切换编辑模式　当选中热夹点后,输入关键字切换到其他模式。这种方式不需要依次切换,可提高切换速度。5 种切换模式的关键字是:拉伸(ST)、移动(MO)、旋转(RO)、缩放(SC)、镜像(MI)。

(3)通过右键,弹出快捷菜单选择编辑模式　当冷夹点变为热夹点后,点击右键,弹出如图 2-28 所示的快捷菜单,移动光标选取所需的模式,命令行即显示切换到该模式提示状态。

2. 编辑模式的操作

(1)拉伸模式　拉伸模式相当于"拉展"命令。进入拉伸模式后,命令行提示:

图 2-28 夹点编辑模式

指定拉伸点或[基点(B)/复制(C)/放弃(U)/退出(X)]：

选项说明如下：

◇ 指定拉伸点　将确定的热夹点放置到新的位置，从而使实体被拉伸或压缩。可直接移动光标拾取一点确定新位置，也可以直接输入新点的坐标值确定新位置。

◇ 基点(B)　表示重新选择基点。

◇ 复制(C)　表示可以连续对拉伸实体进行编辑，在原对象的基础上产生多个被拉伸的实体。

在拉伸模式的操作中，通过改变热夹点的位置，能使实体产生拉伸或压缩，也能使实体产生移动，关键取决于激活热夹点的位置。以直线和圆为例，当热夹点是圆心或直线的中点时，拉伸操作使圆或直线产生移动，如图 2-29a 所示；当热夹点是圆为象限点时，拉伸操作使圆改变直径大小；当热夹点是直线的端点时，拉伸操作改变直线的位置和长短，如图 2-29b 所示。

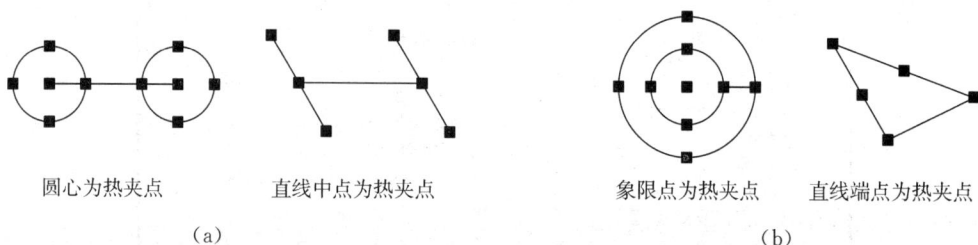

| 圆心为热夹点 | 直线中点为热夹点 | 象限点为热夹点 | 直线端点为热夹点 |

（a）　　　　　　　　　　　　　　　　　　　　（b）

图 2-29　热夹点的位置对拉伸效果的影响

（2）移动模式　移动模式相当于"移动"命令。进入移动模式后，命令行提示：

＊＊移动＊＊

指定移动点或[基点(B)/复制(C)/放弃(U)/退出(X)]：

选项说明如下：

◇ 指定移动点　表示将确定的热夹点放置新的位置，从而使实体被移动。用户可直接移动光标拾取一点确定新位置，也可以直接输入新点的坐标值确定新位置。此操作相当于"移动"命令。

◇ 基点(B)　表示重新选择基点。

◇ 复制(C)　表示可以连续对移动实体进行编辑，在原对象的基础上产生多个被移动的实体。此操作相当于"复制"命令中的"重复"选项。

（3）旋转模式　旋转模式相当于"旋转"命令。进入旋转模式后，命令行提示：

＊＊旋转＊＊

指定旋转角度或[基点(B)/复制(C)/放弃(U)/参照(R)/退出(X)]：

选项说明如下：

◇ 指定旋转角度　该选项为默认选项，是以热夹点为基点（即旋转中心），输入旋转角度或用光标拖动拾取相应的一点确定旋转角，将实体绕基点旋转到指定的角度。

◇ 基点(B)　表示重新选择基点。

◇ 复制(C)　表示可以连续对旋转实体进行编辑，在原对象的基础上产生多个被旋转的实体。

◇ 参照(R)　表示用其他参照实体的方式确定旋转角度。

(4)比例缩放模式 比例缩放模式相当于"缩放"命令。进入比例缩放模式后,命令行提示:

＊＊比例缩放＊＊

指定比例因子或[基点(B)/复制(C)/放弃(U)/参照(R)/退出(X)]:

选项说明如下:

◇ 指定比例因子 该选项为默认选项,是以热夹点为缩放中心,输入相应的比例数值,实体将相对缩放中心缩放。

◇ 基点(B) 表示重新选择基点。

◇ 复制(C) 表示可以连续对实体进行比例缩放编辑,在原对象的基础上产生多个被缩放的实体。

◇ 参照(R) 表示用其他参照实体的方式确定比例因子。

(5)镜像模式 镜像模式相当于"镜像"命令。进入镜像模式后,命令行提示:

＊＊镜像＊＊

指定第二点或[基点(B)/复制(C)/放弃(U)/退出(X)]:

选项说明如下:

◇ 指定第二点 该选项为默认选项,是以热夹点为镜像轴线上的第一点,输入第二点确定镜像轴线位置。产生与原实体对称的新实体,原实体消失。相当于"镜像"命令中的"是"选项。

◇ 基点(B) 表示重新选择基点(镜像轴线上的第一点)。在镜像操作中,系统将热夹点默认为基点,往往镜像轴线与拾取对象不相交,这就要重新选择基点。

◇ 复制(C) 表示可以连续对实体进行镜像编辑,在原对象的基础上产生多个被镜像的实体。它可以得到"镜像"命令中"否"的效果。

【例2-10】 绘制如图2-30所示的平面图。

绘图步骤如下:

(1)绘制中心线

将"中心线"图层设为当前图层。

单击"绘图"工具栏的"直线"按钮，或选择"绘图""直线"命令,即执行 LINE 命令,在屏幕上适当位置拾取一点作为垂直中心线的一端点,然后指定另一端点坐标@0,130,即可绘制出垂直中心线

执行 LINE 命令,绘制距离为 75 的两条水平中心线,如图2-31所示(如果水平中心线的长度不合适,可在最后进行调整)。

(2)绘制圆

将"粗实线"图层设为当前图层。

单击"绘图"工具栏中的"圆"按钮，即执行 CIRCLE命令,AutoCAD 提示:

命令:_circle 指定圆的圆心或[三点(3P)/两点(2P)/切点、切点、半径(T)]:

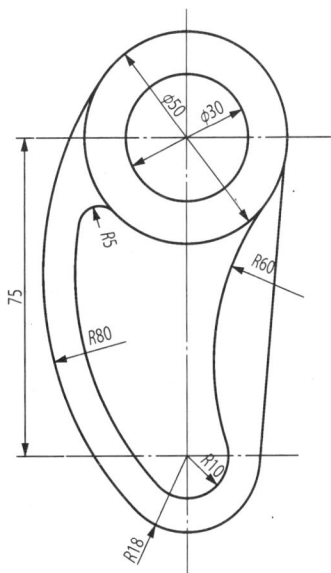

图2-30 平面图形的绘制与编辑综合举例

指定圆的半径或[直径(D)]<60>:15(输入第一个圆的半径,结束命令)

绘图结果见图2-32所示。用类似的方法绘制直径为50的圆以及其他各辅助圆,结果如图2-32所示(注:半径为80和60的两个圆,应通过绘圆菜单中的"相切,相切,半径"选项绘制;半径为72的圆可通过偏移半径为80的圆,并使其与半径为20的圆相切的方式绘制,或通过指定圆心与半径的方式绘制)。

(3)绘制切线

执行LINE命令,绘制与半径为50和36的圆的右侧相切的直线,如图2-33所示。

(4)修剪

单击"修改"工具栏中的"修剪"按钮 ，或选择"修改"、"修剪"命令,即执行TRIM命令,AutoCAD提示:

命令:_trim

当前设置:投影＝UCS,边＝无

选择剪切边…

选择对象或<全部选择>:

选择要修剪的对象,或按住Shift键选择要延伸的对象,或[栏选(F)/窗交(C)/投影(P)/边(E)/删除(R)/放弃(U)]:

修剪结果如图2-34所示。用类似方法,参考图2-30进一步修剪,结果如图2-35所示。

(5)创建圆角

单击"修改"工具栏中的"圆角"按钮 ，或选择"修改""圆角"命令,即执行FILLET命令。执行结果如图2-30所示,将该图形命名并进行保存。

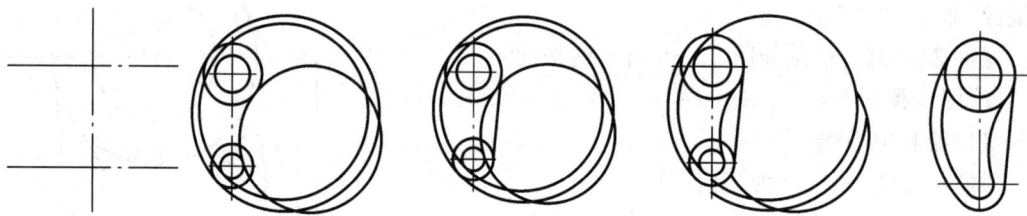

图2-31 绘制轴线　图2-32 绘制圆　图2-33 绘制切线　图2-34 修剪图　2-35 修剪结果

【例2-11】 绘制如图2-36所示的蜗轮箱。

绘图步骤如下:

(1)选择"格式"→"图形界限"菜单。

指定左下角点或[开(ON)/关(OFF)]:↙

指定右上角点<420,297>:400,400 ↙

(2)选择"视图"→"缩放"→"范围"菜单,放大图形显示范围。单击状态栏中的栅格按钮 ，显示栅格,可以观察图形界限的范围。

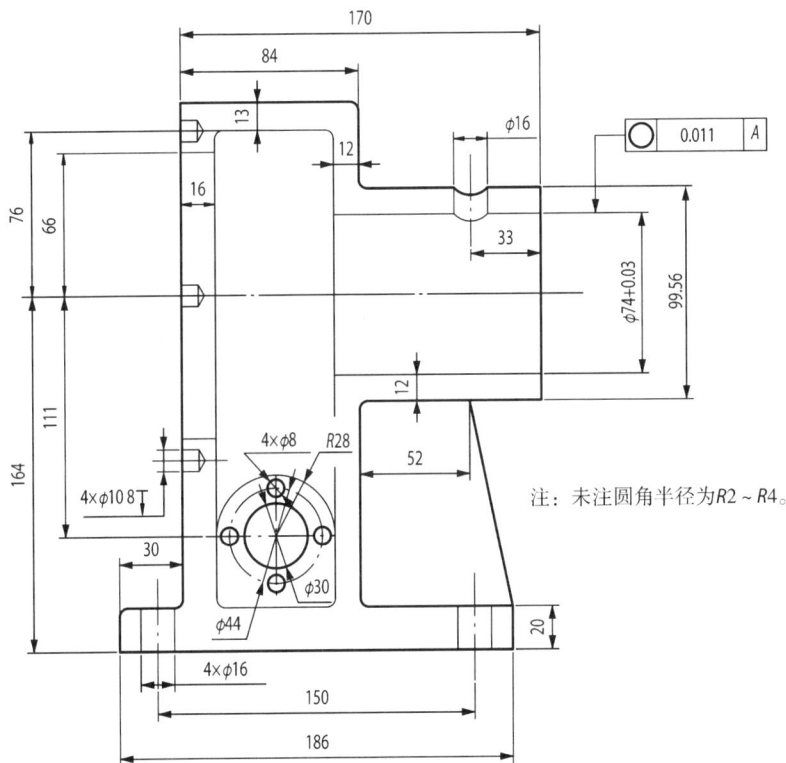

图 2-36 蜗轮箱的零件图

（3）右击状态栏中的捕捉按钮 ，在弹出的快捷菜单中选择"设置"项，打开"草图设置"对话框中的"栅格与捕捉"选项卡，在"捕捉类型"选项组内，勾选"极轴捕捉"项，设置"极轴距离"为1，如图2-37所示。

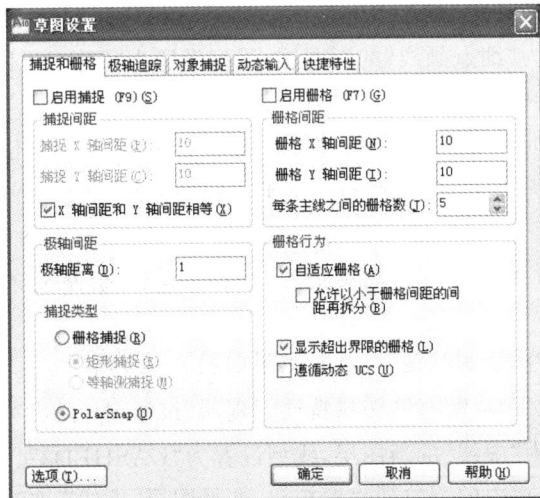

图 2-37 "草图设置"对话框

（4）在状态栏中打开"捕捉"、"对象捕捉"、"对象追踪"、"极轴"开关。

（5）单击绘图工具栏上的"直线"命令按钮 ，在图形的左下方单击一点作为图形外轮廓线的起始点,将光标向右侧水平拖动,此时将显示跟踪线,并显示跟踪参数。等到跟踪参数显示为"极轴:186.0000＜0°"时,单击确定选取点,如图 2-38a 所示。

(6)选取第一点之后,将光标向上沿垂直方向移动,等到跟踪参数显示为"极轴:20.0000＜90°"时,单击确定选取点,如图 2-38b 所示。

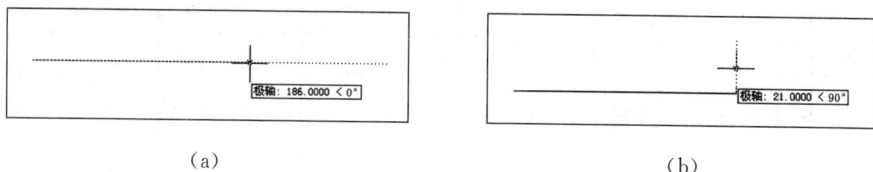

(a)   (b)

图 2-38   利用自动追踪绘制直线

(7)利用自动追踪绘制图形外轮廓线,如图 2-39 所示。

(8)单击修改工具栏上的圆角按钮 ⌐ ,在图 2-38 中需要修改圆角的地方,进行修圆角操作,圆角半径在 2～4 之间,结果如图 2-40 所示。

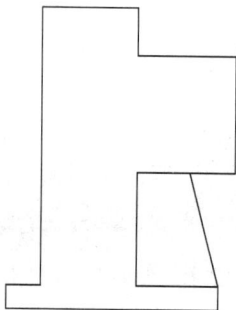

图 2-39   绘制外轮廓线   图 2-40   修改圆角

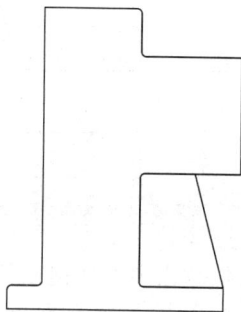

(9)单击对象特性工具栏中的"图层特性管理器"按钮 ,弹出"图层特性管理器"对话框,在对话框中创建名为"细点画线"的新图层,线型设置为"CENTER2"。

(10)单击图层工具栏中的下拉列表框按钮,选择图层"细点画线",使其成为当前层。打开正交模式,设置自动捕捉模式为"中点"捕捉模式。单击绘图工具栏上的"直线"命令按钮 ,捕捉最右侧垂线的中点,将鼠标向右侧水平方向移动到适当位置后,单击确定直线的起点,如图 2-41a 所示。

(11)将光标向左沿水平方向移动到适当位置后单击,绘制一条定位线,如图 2-41b 所示。

(12)使用上面的方法绘制其他定位线,结果如图 2-42 所示。

(13)单击对象特性工具栏中的"图层特性管理器"按钮 ,弹出"图层特性管理器"对话框,在对话框中创建名为"虚线"的新图层,线型设置为"DASHED2"。

(14)单击图层工具栏中的下拉列表框按钮,选择图层"虚线",使其成为当前层。打开正交模式,设置自动捕捉模式为"中点"捕捉模式。单击绘图工具栏上的"直线"命令按钮 ,将鼠标移动到交点 A 附近,并稍作停留以临时获取点,获取的点将显示一个小"＋"号,此时不要单击,如图 2-43 所示。

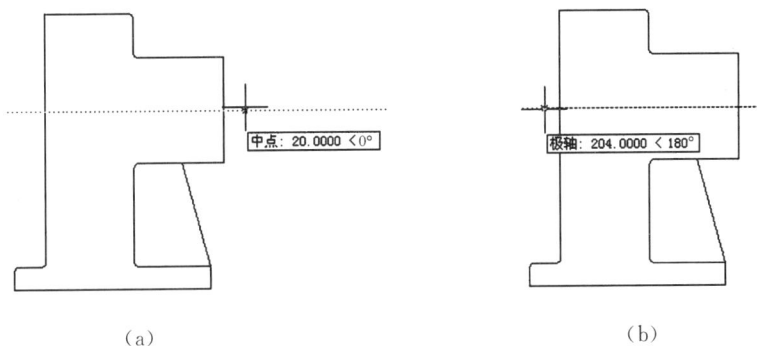

（a）　　　　　　　　　　　　　（b）

图 2-41　使用对象捕捉

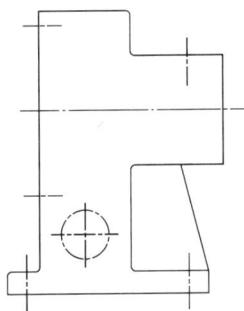

图 2-42　绘制其他定位线

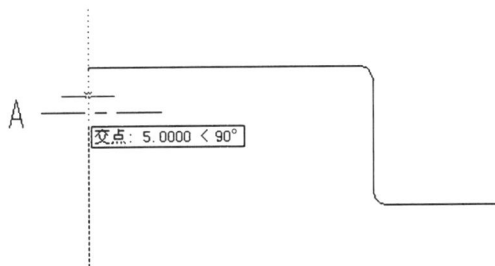

图 2-43　获取点

（15）获取点后将光标向上沿垂直方向移动，等到跟踪参数显示为"交点：5.0000＜90°"时，单击选取该点为直线的起点，其余各点利用自动追踪来确定，结果如图 2-44 所示。

（16）单击修改工具栏上的"复制"命令按钮 ⊙，选择上一步中绘制的图形，选择"重复"，捕捉如图 2-44 中的 A 点作为基点，然后捕捉交点 B 和 C 复制图形，结果如图 2-45 所示。

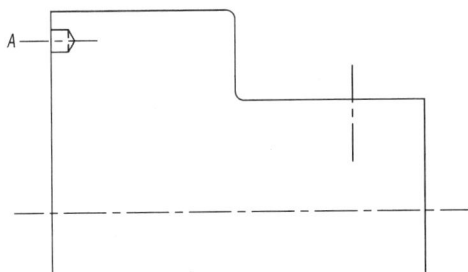

图 2-44　绘制图形

单击绘图工具栏上的"矩形"命令按钮 □，将光标放在点 A 上，将鼠标向右侧水平方向移动，等到跟踪参数显示为"交点：16.0000＜0°"时，单击选取该点为矩形的第一个角点，在命令行输入：@56，-220，作为矩形的另一个角点，这样画出一个矩形，如图 2-46 所示。

（18）单击修改工具栏上的"圆角"命令按钮 □，圆角半径设置在 2～4 之间，将矩形的直角修改成圆角。

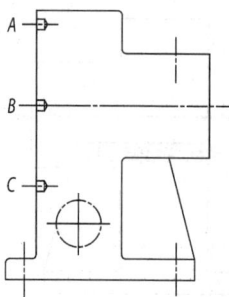

图 2-45　复制图形图

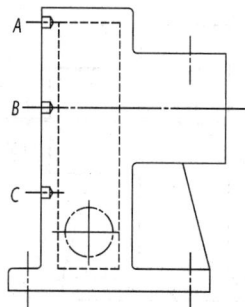

图 2-46　绘制图形

(19)单击绘图工具栏上的"圆"命令按钮⊙，捕捉交点 *A* 为圆心，半径为 28，绘制一个圆，如图 2-47 所示。

(29)单击修改工具栏上的"修剪"命令按钮／，选择矩形为修剪边，将上一步中绘制的圆的下半部分修剪掉，结果如图 2-48 所示。

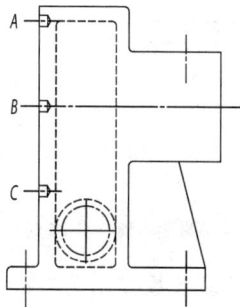

图 2-47　绘制图

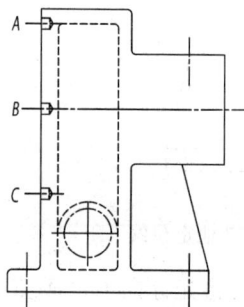

图 2-48　修剪圆

(21)单击绘图工具栏上的"直线"命令按钮／，根据尺寸，使用对象捕捉追踪绘制右侧的不可见投影线，如图 2-49 所示。

(22)单击绘图工具栏上的"圆弧"命令按钮／，依次捕捉追踪 *D*、*E*、*F* 三点，*F* 点可追踪定位线上适当位置一点。

(23)单击修改工具栏上的"复制"命令按钮♋，选择上一步中绘制的圆弧为复制对象，捕捉 *A* 点作为基点，捕捉 *G* 点作为位移的第二点，复制圆弧，结果如图 2-50 所示。

(24)选择上一步中复制到上方的圆弧，单击图层工具栏中的下拉列表框按钮，选择图层"0"，这样就使圆弧转变为图层 0 上的图形，它的线型也发生了改变。

(25)单击修改工具栏上的"修剪"命令按钮／，选择两圆弧为修剪边，修剪两圆弧端点之间的直线，结果如图 2-51 所示。

(26)单击绘图工具栏上的"直线"命令按钮／，根据尺寸，绘制图形中其余的不可见投影线，绘图中可以利用对象捕捉追踪绘制一条垂线，在使用镜像命令来绘制，结果如图 2-52 所示。

(27)单击图层工具栏中的下拉列表框按钮，选择图层"0"，使其成为当前层。

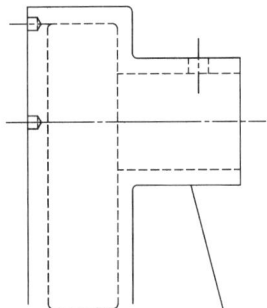

图 2-49 绘制直线

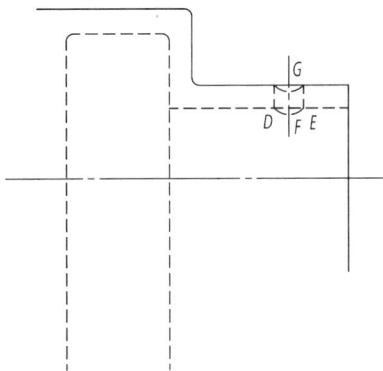

图 2-50 绘制并复制圆弧

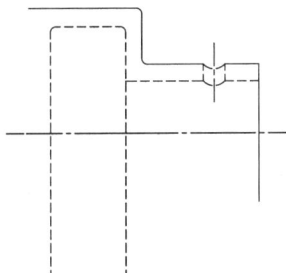

图 2-51 修剪图形

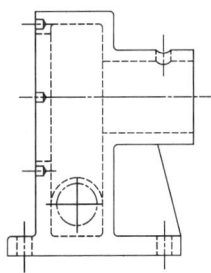

图 2-52 绘制直线

单击绘图工具栏上的"圆"命令按钮 ⊙ ,捕捉交点 M 和 N 为圆心,绘制半径为 4 和 15 的两个圆,如图 2-53 所示。

(28)单击修改工具栏中的"阵列"按钮 ⊞ ,选择半径为 4 的小圆为阵列对象,以圆心 A 为中点进行环形阵列,参数设置如图 2-54 所示。阵列结果如图 2-55 所示。

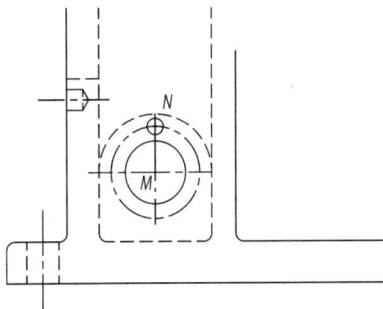

图 2-53 绘制两个圆

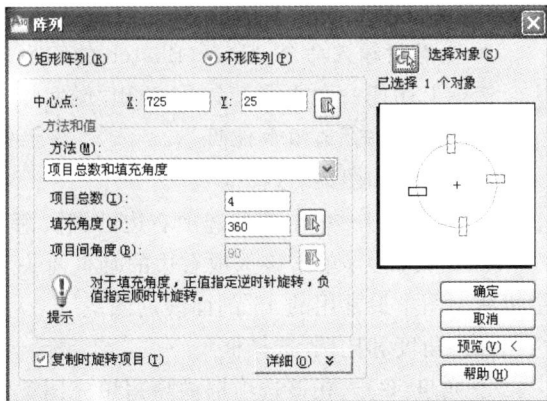

图 2-54 阵列设置

(29)单击状态栏中的"线宽"命令按钮 ╋ ,以显示线宽。

最终结果如图 2-56 所示。

图 2-55　阵列圆

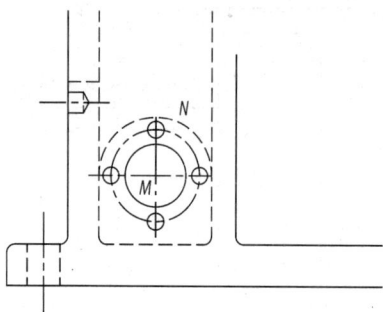

图 2-56　完成图形

第三节　剖视图的绘制

一、图案填充

在机械、建筑或工程制图时,经常需要对指定的区域进行图案填充。AutoCAD 中,系统提供了多种不同的符号供用户选择,并提供有专门的命令和面板用于填充各种图案和渐变颜色。

1. 功能

要实现图案的填充,必须要有一个可被充满的区域。有限大的区域必有边界,能够被定义为图案填充边界的对象可以是直线、圆、圆弧、2D 多段线、样条曲线、椭圆和视口的图纸空间。作为边界的图形对象至少应有一部分可在当前屏幕上看到,否则无法实现图案的填充。将选定的填充图案(或自定义图案)填充到指定的区域,系统并自动识别边界。

2. 命令格式

● 单击图标: 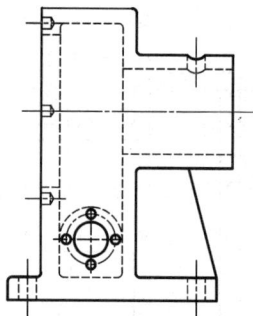在"绘图"工具栏中。

● 下拉菜单:单击菜单栏中的"绘图"→"图案填充"命令。

● 由键盘输入命令:bh ↙(Bhatch 的缩写)

选择上述任一方式输入命令,弹出"图案填充和渐变色"对话框,如图 2-57 所示。

3."图案填充"选项卡说明

(1)"类型和图案"选择框

◇ 类型(Y)　单击类型选项右边的翻页箭头,从中选取填充图案的类型。

◇ 图案(P)　单击该选项右边的翻页箭头,从中选取填充图案的名称。其中"ANSI31"是机械制图中最常用的 45°剖面线的图案。

(2)"角度和比例"选择框

◇ 角度(G)　在该选项框内填写填充图案需要旋转的方向。例如,45°平行线图案旋转 90°时,绘制的剖面线为 135°。

◇ 比例(S)　可在该选项框内填写填充图案的绘制比例,确定线条的疏密程度,以满足不同场合的需要。

◇ 双向(U)　该选项表示用户自定义图案时,可将图案复制旋转 90°。如一组平行线图案,选择双向后就变成网格状图案。

◇ 间距(C) 该选项表示用户自定义图案时,用户可在输入框内输入线与线之间的距离,确定图案的疏密。

◇ 相对图纸空间(E) 该选项表示只在图纸空间使用的填充图案。

◇ ISO 笔宽(O) 在"填充图案选项板"对话框中选择"ISO"选项卡(如图 2-58 所示)中的某一图案时,可设置填充图案的线宽,否则填充图案的线宽是随层的。

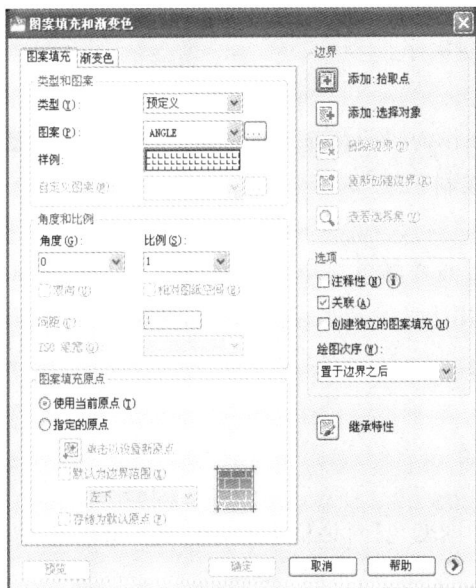

图 2-57 "图案填充和渐变色"对话框

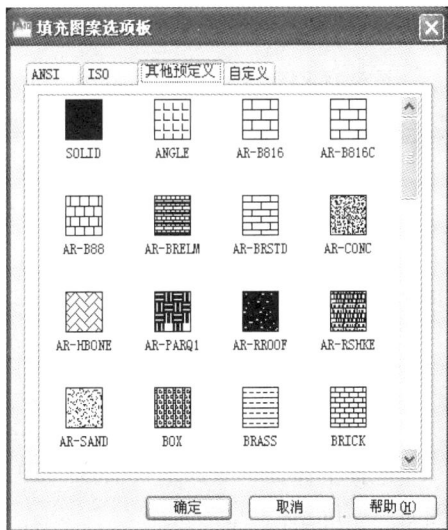

图 2-58 "填充图案选项板"对话框

(3)"图案填充原点"选择框

"图案填充原点"是控制填充图案生成的起始位置。某些图案填充时需要与图案填充边界上的一点对齐。例如,在剖视图中进行二次局部剖时,虽然剖面符号的方向与间隔要相同,但剖面线要错开,这就需要重新设置起始位置。默认情况下,所有图案填充原点都对应于当前的坐标原点。

◇ 使用当前原点(T) 该选项为默认选项,填充图案生成的起始位置为坐标原点。

◇ 指定的原点 指定新的图案填充原点。

(4)"边界"选择框

◇ 添加拾取点 在需要填充的封闭区域内拾取一点确定填充边界。系统将自动搜索并生成最小封闭区域,其边界以虚线醒目显示。

◇ 添加选择对象 用拾取实体对象的方式建立填充边界。

◇ 删除边界 当发现作为填充边界的对象选择错时,可以用此命令删除多余边界。

◇ 重新创建边界 围绕选定的图案填充或填充对象创建多段线或面域,并使其与图案填充对象相关联。

◇ 查看选择集 暂时关闭对话框,并使用当前的图案填充或填充设置显示当前定义的边界。如果未定义边界,则此选项不可用。

(5)"选项"选择框

◇ 注释性(N)　指定图案填充为注释性。

◇ 关联(A)　关联是指填充图案与边界的关系。如果选择"关联",当边界发生改变时,填充图案的范围随之改变。

◇ 创建独立的填充图案(H)　该选项是用来控制当拾取了几个独立的闭合边界时,是创建单个图案填充对象,还是创建多个图案填充对象。主要用在画装配图时,快速画出剖面线。

◇ 绘图次序(W)　该选项为填充图案指定绘图次序。

(6)"继承特性"图标

该选项用于选择当前图形中一个已有的填充和作为当前填充图案。单击"继承特性"图标后,"边界填充图案"对话框暂时消失,光标变成刷子状。

4."渐变色"选项卡说明

该选项卡是定义要应用的渐变填充的外观。用渐变颜色来填充对象,而不是用某种线条图案来填充对象,会得到预想不到的效果。主要用于产品造型设计和建筑装饰设计图中。其命令格式如下:

● 单击图标: 在"绘图"工具栏中。

● 下拉菜单:单击菜单栏中的"绘图"→"渐变色"命令。

● 由键盘输入命令:gd↙(Gradient 的缩写)

选择上述任一方式输入命令,弹出"图案填充和渐变色"对话框中的"渐变色"选项卡,如图 2-59 所示。

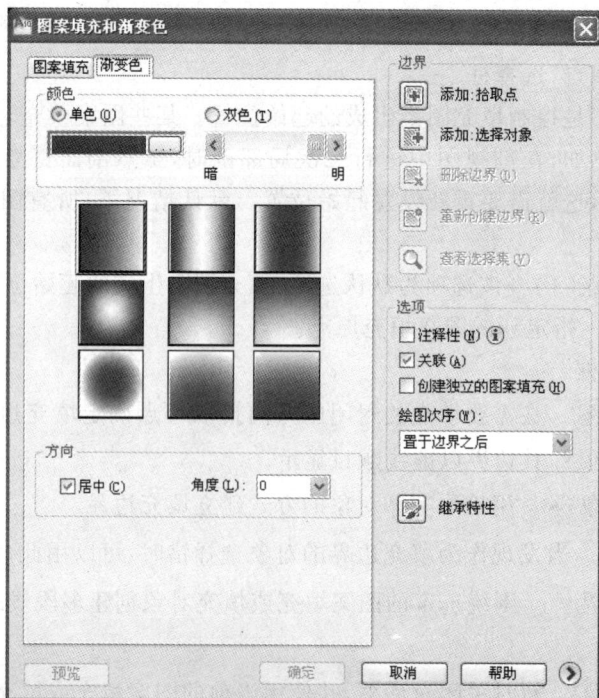

图 2-59

◇ 单色(O)　该选项是为了指定使用从较深着色到较浅着色的色调平滑过渡的单色填充。

◇ 双色(T)　该选项是为了指定在两种颜色之间平滑过渡的双色渐变填充。

◇ 居中(C)　指定对称的渐变配置。如果没有选定此选项,渐变填充将朝左上方变化,创建光源在对象左边的图案。

◇ 角度(L)　是指定渐变填充的角度。相对当前 UCS 指定角度。可在角度翻页箭头选项中选择角度,也可以直接输入角度值。此选项与指定给图案填充的角度互不影响。

◇ 渐变图案　显示用于渐变填充的9种固定图案。

二、剖视图的画法

假想用剖切面剖开物体,将处在观察者和剖切面之间的部分移去,而将其余部分向投影面投射所得的图形,称为剖视图。剖切面与物体的接触部分,要画出剖面符号。

【例2-12】　选择适当的表达方法,画出如图2-60所示物体的剖视图。

分析:根据已知的主视图、俯视图可以想像出该形体是箱体类零件。底板有 4 个沉孔,前面有凸台,上下是通孔,左右是对称结构,如图 2-61 所示。因为箱盖左右对称,且前面有凸台,所以将主视图改为半剖视。为了表达底板 4 个沉孔,在半剖的主视图中进行局部剖。为了表示底板和箱体圆角,俯视图保留原投影不变。为了表示凸台孔,将左视图改为全剖。

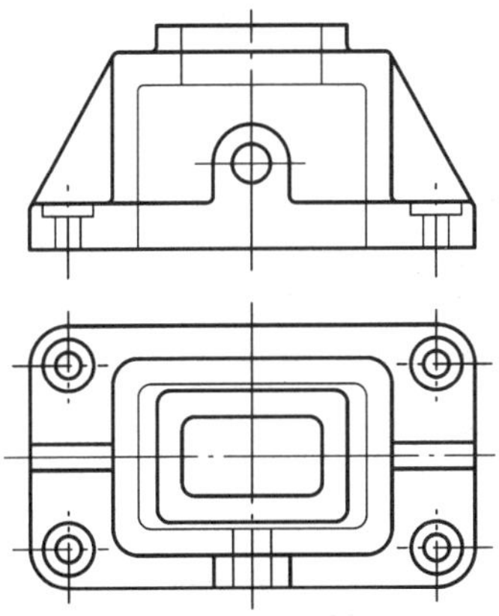

图 2-60　箱盖零件 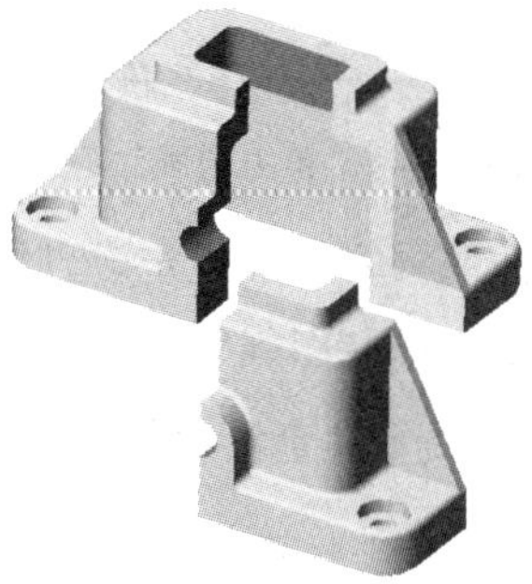　　　　　　　图 2-61　箱盖零件的立体形状

画图步骤如下:

(1)单击"修剪"图标 ⊹,选择主视图中的轴线、底板与箱体之间的圆角、箱盖与上凸台之间的圆角为剪切边,删除与之相交的相关线段,如图 2-62 所示。

(2)单击"删除"图标 ⬧,删除主视图表示外形部分的所有虚线、剖切部分表示凸台的粗实线、表示底板沉孔的虚线,如图 2-63 所示。

(3)将细实线层设置为当前层。单击"样条曲线"图标 ∿,在底板左边绘制波浪线。单击"修剪"图标 ⊹,删除多余波浪线。在等待命令状态下,拾取主视图中的所有虚线,单击图层翻页箭头,拾取粗实线层,按 Esc 键结束命令,将虚线改为粗实线,如图 2-64 所示。

(4)单击"图案填允"图标 ▦,弹出"图案填充和渐变色"对话框。单击"拾取点"图标 ⊞,对话框消失。在主视图需要画剖面符号的线框内拾取点,点击右键弹出快捷菜单,单击"确认"选项,回到原对话框。在"图案"翻页中选择"ANSI31"图案,单击 确定 按钮,完成剖面线的绘制,如图 2－65 所示。

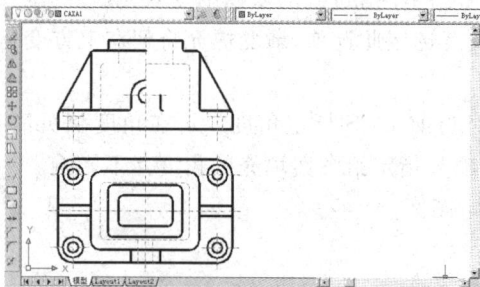

图 2－62　箱盖的画法(一)

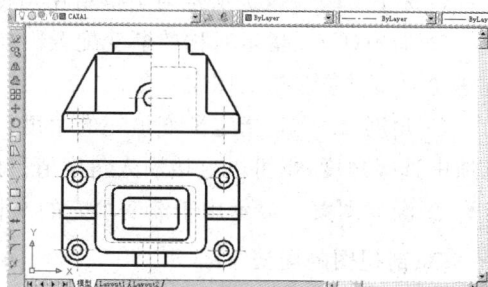

图 2－63　箱盖的画法(二)

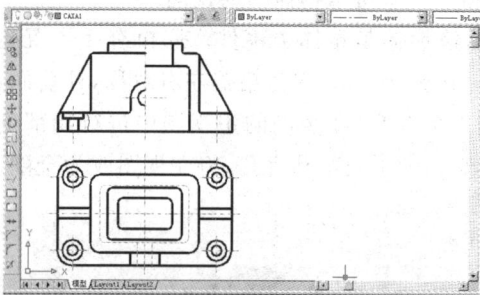

图 2－64　箱盖的画法(三)

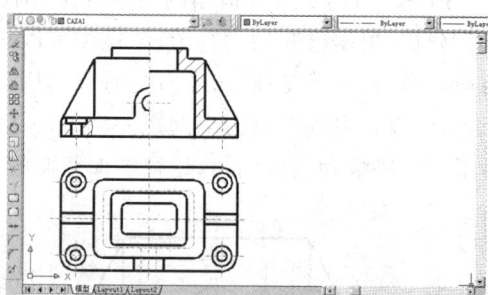

图 2－65　箱盖的画法(四)

注意:按照国家标准规定,沿肋板纵向剖切时,肋板部分不画剖面符号。

(5)单击"复制"图标 ,拾取俯视图为复制对象,将其向右复制一个,如图 2－66 所示。

(6)单击"旋转"图标 ,拾取复制的俯视图为旋转对象,将其旋转 90°,如图 2－67 所示。

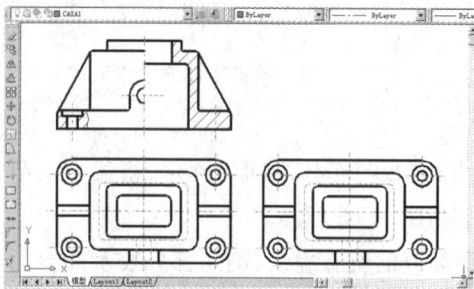

图 2－66　箱盖的画法(五)

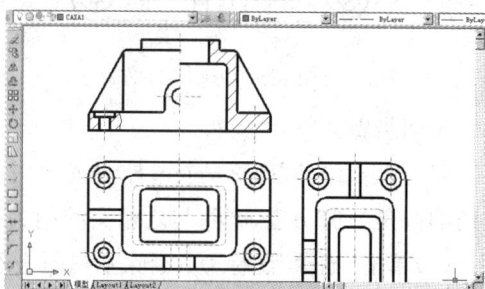

图 2－67　箱盖的画法(六)

(7)将粗实线层设置为当前层。用"对象捕捉"和"对象追踪"方式,单击"多段线"图标 ,画出箱盖全剖左视图的轮廓线,如图 2－68 所示。

(8)单击"圆角"图标 ,采用修剪模式,半径取 $R1$,画出圆角。将点画线层设置为当前层,单击"直线"图标 ,画出两条轴线,如图 2－69 所示。

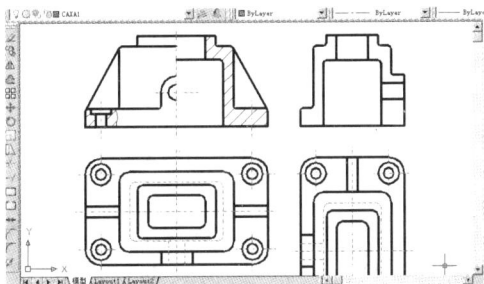

图 2-68 箱盖的画法(七)

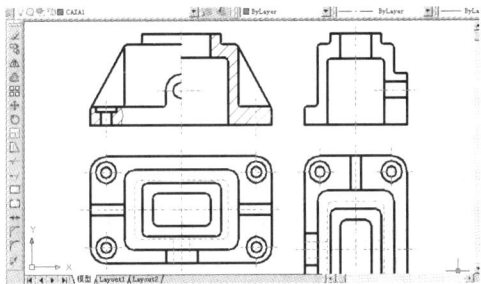

图 2-69 箱盖的画法(八)

(9)将细实线层设置为当前层。单击"图案填充"图标 ▨,画出剖面符号,如图 2-70 所示。

(10)单击"删除"图标 ✎,删除通过复制和旋转的俯视图,完成剖视图的绘制,如图 2-71 所示。

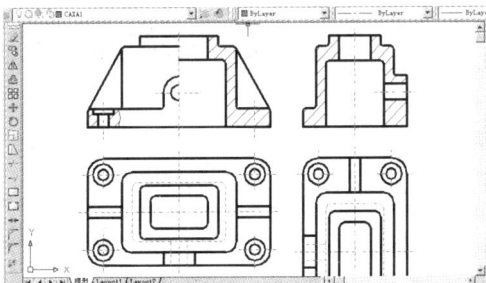

图 2-70 箱盖的画法(九)

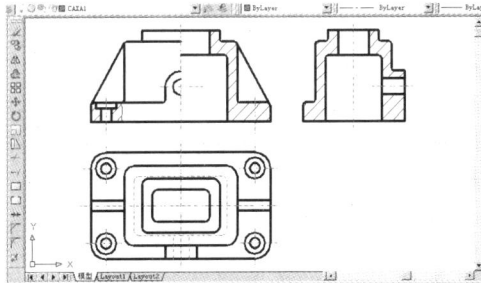

图 2-71 箱盖的画法(十)

第四节 文字的输入与编辑

在绘制工程图样时,不仅仅有图形,还有尺寸、符号和文字等。AutoCAD 提供了较强的文字标注和编辑功能,包括 Word 软件的基本功能。为方便文字操作,设有"文字"工具栏,如图 2-72 所示。

图 2-72 "文字"工具栏

一、设置文字样式

1. 功能

文字样式可用来创建、修改或设置符合标准规范或用户要求的文字样式,包括图形中所使用的字体、高度和宽度系数等。

2. 命令格式

● 单击图标: ⒜ 在"文字"工具栏中。

● 下拉菜单:单击菜单栏中的"格式"→"文字样式"命令。

● 由键盘输入命令：st ↙（Style 的缩写）

选择上述任一方式输入命令，弹出"文字样式"对话框，如图 2 – 73 所示。

3. 对话框说明

◇ 样式名列表框　在该列表框中显示当前所选的字样名和当前图形文件中已定义的所有字样名。

◇ 新建(N)... 按钮　该按钮是用来创建新字体样式的。单击该按钮，弹出"新建文字样式"对话框，如图 2 – 74 所示。在该对话框的编辑框中输入用户所需要的样式名，单击 确定 按钮，返回"文字样式"对话框，在对话框中对新命名的文字进行设置。

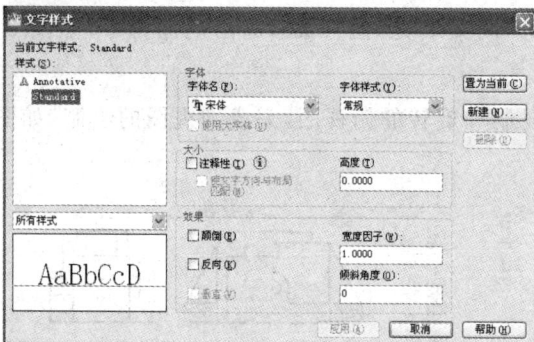

图 2 – 73　"文字样式"设置对话框　　　图 2 – 74　"新建文字样式"对话框

◇ 字体控制框　该控制框主要用来选择字体，设置字体样式、高度以及选择是否使用大字体。

◇ 字体名(F)列表框　在该列表框中显示和设置中西文字体，单击该列表框的翻页箭头，在下拉列表中选取所需要的中西文字体。在列表框中列出所有注册的"TrueType"字体和 AutoCAD Fonts 文件夹中 AutoCAD 编译的"SHX"形字体的字体族名。从列表框中选择名称后，AutoCAD 将读出指定字体的文件。除非文件已经由另一个文字样式使用，否则，将自动加载该文件的字符定义。

◇ 使用大字体(U)　指定亚洲语言的大字体文件。只有在"字体名"中指定 .shx 文件，才能使用大字体。程序支持 Unicode 字符编码标准。Unicode 字体可包含 65535 个字符和为多种语言设计的形。Unicode 字体包含的字符比系统中定义的多。因此，要想使用不能直接从键盘上输入的字符，可以输入转义序列 \U＋nnnn，其中 nnnn 表示字符的 Unicode 十六进制值。现在所有 SHX 形字体都是 Unicode 字体。

◇ 字体样式(Y)列表框　在该列表框中更改样式的字体。如果选用了 .shx 文件字体，在使用大字体时，原显示"字体样式"处变为显示"大字体"，可在该列表框中选择大字体的样式。

◇ 注释性(I)　指定文字为注释性。

◇ 高度(T)输入框　该输入框主要用于设置文字高度。如果输入大于 0.0 的高度，则设置该样式的文字高度。

◇ 效果控制框　该控制框主要用来修改字体的特性。例如，宽度因子、倾斜角度、颠倒、反向等。

◇ 预览框　随着字体的改变和效果的修改，动态显示文字样例。

◇ 　应用(A)　按钮　将对话框中所做的样式更改,应用到图形中具有当前样式的文字。

◇ 　关闭(C)　按钮　将更改应用到当前样式。只要对"样式名"中的任何一个选项作出更改,"取消"就会变为"关闭"。更改、重命名或删除当前样式,以及创建新样式等操作立即生效,无法取消。

二、输入文本

(一)单行文本的输入

1. 功能

在图中注写单行文本,标注中可以使用回车键换行,也可以在另外的位置单击左键,以确定一个新的起始位置。不论换行还是重新确定起始位置,将每次输入的一行文本作为一个独立的实体。

2. 命令格式

● 单击图标:A 在"文字"工具栏中。

● 下拉菜单:单击菜单栏中的"绘图"→"文字"→"单行文字"命令。

● 由键盘输入命令:dt ↙(Dtext 的缩写)

选择上述任一方式输入,命令行提示:

当前文字样式:Standard 当前文字高度:2.5000

指定文字的起点或[对正(J)/样式(S)]:

3. 选项说明

◇ 指定文字的起点　该选项为默认选项,输入或拾取注写文字的起点位置。

◇ 对正(J)　该选项用于确定文本的对齐方式。确定文本位置采用 4 条线,即顶线、中线、基线和底线,如图 2-75 所示。

图 2-75　文本排列位置的基准线

输入 j↙后,命令行提示:

输入选项[对齐(A)/调整(F)/中心(C)/中间(M)/右(R)/左上(TL)/中上(TC)/右上(TR)/左中(ML)/正中(MC)/右中(MR)/左下(BL)/中下(BC)/右下(BR)]:

各种定位方式的含义如下:

◇ 对齐(A)　通过输入两点,确定字符串底线的长度,如图 2-76 所示。这种定位方式根据输入文字的多少确定字高,字高与字宽比例不变。即在两对齐点位置不变的情况下,输入的字数越多,字就越小。

◇ 调整(F)　通过输入两点,根据字符串底线的长度和原设定好的字高确定字的定位。即字高始终不变,当两定位点确定之后,输入的字多,字就变窄,反之字就变宽,如图 2-77 所示。

AutoCAD　　AutoCAD 2006　　**AutoCAD**　　**AutoCAD 2006**

图 2-76　用对齐方式定位字数对大小的影响　　　图 2-77　用调整方式定位字数对字形的影响

◇ 其他定位点　　其他各定位点的位置如图 2-78 所示，不再详述。

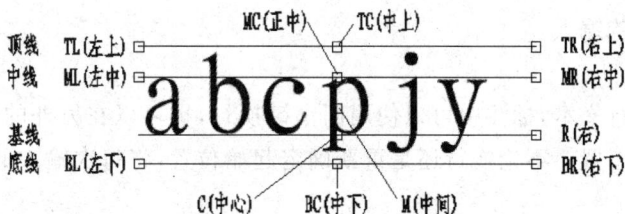

图 2-78　各定位点的位置

◇ 样式（S）　该选项是用于改变当前文字样式。输入 s，命令行提示：

输入样式名或[?]＜Standard＞：

输入的样式名必须是已经设置好的文字样式。系统默认的样式名为：Standard，其字体文件名为 txt.shx，采用"单行文字"命令时，这种字体不能用于输入中文字符，输入的汉字只能显示为"?"。

在上句提示行中输入"?"并回车后，屏幕上弹出"AutoCAD 文本窗口"，显示已设置的文字样式名及其所选字体文件名，如图 2-79 所示。

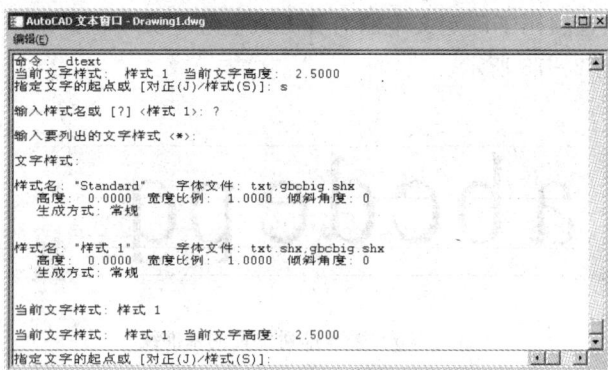

图 2-79　显示文字样式的"AutoCAD 文本窗口"

（二）多行文字的输入

1. 功能

在一个虚拟的文本框内生成一段文字，用户可以定义文字边界，指定边界内文字的段落宽度、文字的对齐方式等内容。

2. 命令格式

● 单击图标：**A** 在"文字"或"绘图"工具栏中。

● 下拉菜单：单击菜单栏中的"绘图"→"文字"→"多行文字"命令。

● 由键盘输入命令：mt↙（Mtext 的缩写）

选择上述任一方式输入命令,命令行提示:

当前文字样式:"样式1"当前文字高度:2.5

指定第一角点:(指定虚拟框的第一角点,命令行继续提示)

指定对角点或[高度(H)/对正(J)/行距(L)/旋转(R)/样式(S)/宽度(W)]:

3. 选项说明

◇ 指定对角点　该选项为默认选项,用于指定虚拟文本框的另一角点,确定文字行的宽度,以虚拟框的顶边为字符串的顶线,确定第一行字符串的位置。当输入或指定另一顶点后,弹出"文字格式"对话框,如图2-79所示。

◇ 高度(H)　该选项用于指定文字高度。

◇ 对正(J)　该选项用于定义多行文字对象在虚拟文本框中的9种对齐排列方式,可利用"文字格式"对话框中的对正方式6个图标组合选用。缺省方式为"左上(TL)"。

◇ 行距(L)　该选项用于设置多行文字行与行之间的间距。

◇ 旋转(R)　该选项用于指定虚拟文本框的旋转角度。

◇ 样式(S)　该选项用于重新输入文字样式名。

◇ 宽度(W)　该选项用于指定文字行的宽度。

4. "文字格式"对话框

当指定输入文字范围的矩形对角点后,弹出"文字格式"对话框,如图2-80所示。

图2-80　"文字格式"对话框

◇ 文字样式　该选项用于设置文字样式。单击文字样式右边的翻页箭头,可选择已设置好的样式。

◇ 字体　该选项用于设置字体。单击字体右边翻页箭头可选择不同字体。

◇ 文字高度　该选项用于设置文字高度。单击右边的翻页箭头可选择已设置的字高,也可以直接输入字高。

◇ 堆叠　该选项是控制用分数、公差与配合的输出形式。将要堆叠的字符中间加入堆叠控制码,然后选中,再点击堆叠图标,完成堆叠操作。堆叠有如下三种形式:

用"/"堆叠控制码堆叠成分数形式。如键入"H7/h6",选中 H7/h6 后点击图标,则显示"$\frac{H7}{h6}$"。

用"♯"堆叠控制码堆叠成分数形式。如键入"H7♯h6",选中 H7#h6 后点击图标,则显示"$H7/_{h6}$"。

用"^"堆叠控制码堆叠成分数形式。如键入"R^a",选中 R^a 后点击图标,则显示"R_a"。

◇ 选项　该选项为下拉菜单形式,具有快速插入各种符号和字符串等功能。

◇ 其他选项　对于标尺、加粗 B、斜体 I、下划线 U、放弃、重做 和颜色等,与一般软件图标含义一样,这里不再叙述。

（三）特殊字符的输入

AutoCAD 提供了制图中常用的符号，可通过键盘键入特殊字符代码的方式输入（或从"选项"下拉菜单中选取）。

特殊字符"φ"，代码为"％％c"。例如：φ10，键入"％％c10"。

特殊字符"°"，代码为"％％d"。例如：45°，键入"45％％d"。

特殊字符"±"，代码为"％％p"。例如：±0.000，键入"％％p0.000"。

三、编辑文本

（一）文字编辑

1. 功能

对选定的文字进行修改。

2. 命令格式

● 单击位置：在"文字"工具栏中。

● 下拉菜单：单击菜单栏中的"修改"→"对象"→"文字"→"编辑"命令。

● 由键盘输入命令：Ddeit↙

选择上述任一方式输入命令，命令行提示：

选择注释对象或[放弃(U)]：（根据拾取的文字对象不同所要编辑的内容也不同）

3. 编辑单行文字

拾取单行文字后，文字范围内加上阴影。单击后直接近入编辑状态。可重新输入、删除或增添文字。双击回车键，完成编辑操作。

4. 编辑多行文字

拾取多行文字后，弹出"文字格式"对话框（如图 2-80 所示）。在对话框中可重新输入、删除或增添文字，并可进行字高、字体、颜色等其他内容的修改。完成修改后，单击 确定 按钮，完成编辑操作。

（二）查找和替换

1. 功能

指定要查找、替换或选择的文字和控制搜索的范围及结果。

2. 命令格式

● 单击图标：在"文字"工具栏中。

● 下拉菜单：单击菜单栏中的"编辑"→"查找"命令。

● 由键盘输入命令：find↙

选择上述任一方式输入命令，弹出"查找和替换"对话框，如图 2-81 所示。

图 2-81　"查找和替换"对话框

(三)缩放文字

1．功能

保持选定文字对象位置不变，对其进行放大或缩小。

2．命令格式

● 单击图标：▣ 在"文字"工具栏中。

● 下拉菜单：单击菜单栏中的"修改"→"对象"→"文字"→"比例"命令。

● 由键盘输入命令：Scaletext ↙

选择上述任一方式输入命令，命令行提示：

选择对象：(拾取要缩放的文字)

选择对象：(可继续拾取要缩放的文字，直接回车，结束拾取。命令行继续提示)

输入缩放的基点选项：[现有(E)/左(L)/中心(C)/中间(M)/右(R)/左上(TL)/中上(TC)/右上(TR)/左中(ML)/正中(MC)/右中(MR)/左下(BL)/中下(BC)/右下(BR)]<现有>：

指定一个位置作为缩放基点。按照基点提示，可以选择某个位置作为缩放基点，供每个选定的文字对象单独使用。缩放基点位于文字选项的一个插入点处，但是即使选项与选择插入点时的选项相同，文字对象的对正也不受影响。当输入基点选项后，命令行提示：

指定新模型高度或[图纸高度(P)/匹配对象(M)/比例因子(S)]<2.5>：

3．选项说明

◇ 指定新模型高度　可以仅指定非注释性对象的模型高度。

◇ 图纸高度(P)　可以仅指定注释性对象的图纸高度。

◇ 匹配对象(M)　缩放最初选定的文字对象，与选定的文字对象大小匹配。

◇ 比例因子(S)　按参照长度和指定的新长度缩放所选文字对象。

(四)对正文字(Justifytext)

1．功能

重新定义文字的插入点而不移动文字。

2．命令格式

● 单击图标：▣ 在"文字"工具栏中。

● 下拉菜单：单击菜单栏中的"修改"→"对象"→"文字"→"对正"命令。

● 由键盘输入命令：Justifytext ↙

选择上述任一方式输入命令，命令行提示：

选择对象：(拾取要缩放的文字，可以选择单行文字对象、多行文字对象、引线文字对象和属性对象)

选择对象：(可继续拾取要缩放的文字，回车结束拾取。命令行继续提示)

输入对正选项：[左对齐(L)/对齐(A)/布满(F)/居中(C)/中间(M)/右对齐(R)/左上(TL)/中上(TC)/右上(TR)/左中(ML)/正中(MC)/右中(MR)/左下(BL)/中下(BC)/右下(BR)]<居中>：

3．选项说明

指定新的对正点的位置，Text命令介绍了上面显示的对正点选项。单行文字的对正点选项，除"对齐"、"调整"和"左"文字选项与左下(BL)多行文字附着点等价外，其余选项与多行文字的选项相似。输入对正选项后，结束命令。

第五节　创建表格

表格是在行和列中包含数据的对象。可以从空表格或表格样式创建表格对象。还可以将表格链接至 Microsoft Excel 电子表格中的数据。表格创建完成后,用户可以单击该表格上的任意网格线以选中该表格,然后通过使用"特性"选项板或夹点来修改该表格。

与文字样式一样,用户可以为表格定义样式。

一、设置表格样式

1. 功能
制定表格的基本形状。

2. 命令格式

● 单击图标:▣ 在"样式"工具栏中。

● 下拉菜单:单击菜单栏中的"格式"→"表格样式"命令。

● 由键盘输入命令:Tablestyle↙

选择上述任一方式输入命令,弹出"表格样式"对话框,如图 2-82 所示。

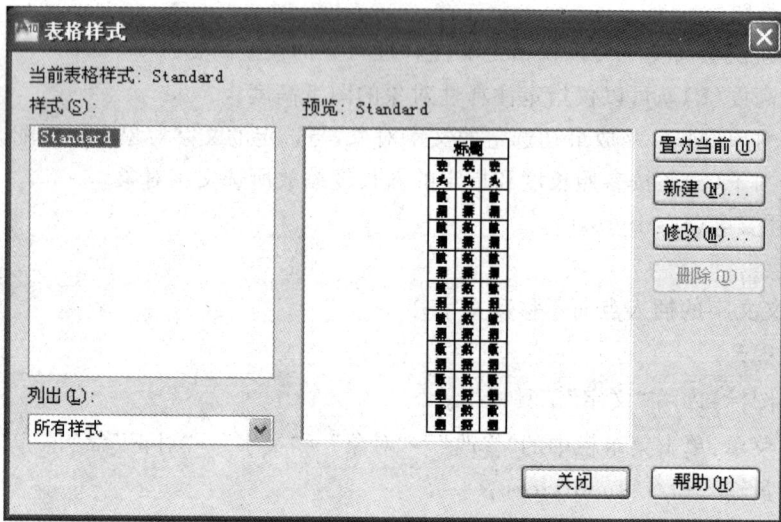

图 2-82　"表格样式"对话框

3. 对话框说明

◇ "当前表格样式"　说明当前的表格样式。

◇ "样式"列表框　显示当前已建立的表格样式,当前样式的名字以高亮显示。在该列表框中点击右键,弹出快捷菜单,在其中进行指定当前样式、重命名、删除样式等操作。

◇ 预览窗口　显示"样式"列表中选定样式的预览图像。

◇ 置为当前(U) 和 删除(D) 按钮　分别用于将在"样式"列表框中选中的表格样式置为当前、删除对应的表格样式。

◇ 新建(N)... 和 修改(M)... 按钮　分别用于新建表格样式和修改已有的表格样式。

下面介绍如何新建和修改表格样式。

单击"表格样式"对话框中的 新建(N)... 按钮，AutoCAD 弹出"创建新的表格样式"对话框，如图 2-83 所示。通过对话框中的"基础样式"下拉列表选择基础样式，并在"新建样式名"文本框中输入新样式的名称（如输入"表格 1"），单击 继续 按钮，AutoCAD 弹出"新建表格样式"对话框，如图 2-84 所示。

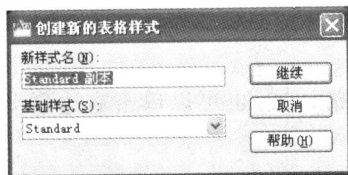

图 2-83　"创建新的表格样式"对话框

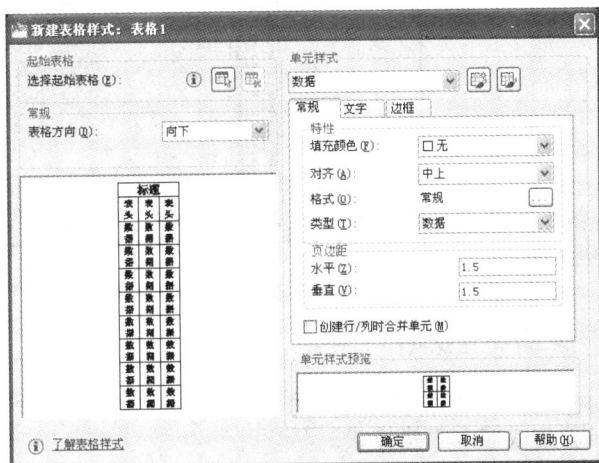

图 2-84　"新建表格样式"对话框

下面介绍图 2-84 对话框中主要项的功能：

◇ 起始表格　可以在图形中选定一个表格作为样例来设置新表格样式的格式，也可以将所选表格从当前指定的表格样式中删除。

◇ 常规选项区　用于更改表格的方向。

◇ 向下　是默认方式。选择该项将创建由上而下读取的表，即标题行和列标题行位于表的顶部。单击"插入行"并单击"下"时，将在当前行的下面插入新行。

◇ 向上　选择该方式将创建由下而上读取的表，即标题行和列标题行位于表的底部。单击"插入行"并单击"上"时，将在当前行的上面插入新行。

◇ 单元样式选项区　用于设置表中各种数据单元所用的文字外观。数据、标题、表头三个选项分别设置表格的数据、标题、表头对应的格式。

◇ 单元样式预览　用来显示当前表格样式设置后的效果图例。

二、创建表格

1. 功能

创建空的表格对象。

2. 命令格式

● 单击图标：▦ 在"文字"工具栏中。

● 下拉菜单：单击菜单栏中的"绘图"→"表格"命令。

● 由键盘输入命令：Table ↙

选择上述任一方式输入命令，弹出"插入表格"对话框，如图 2-85 所示。

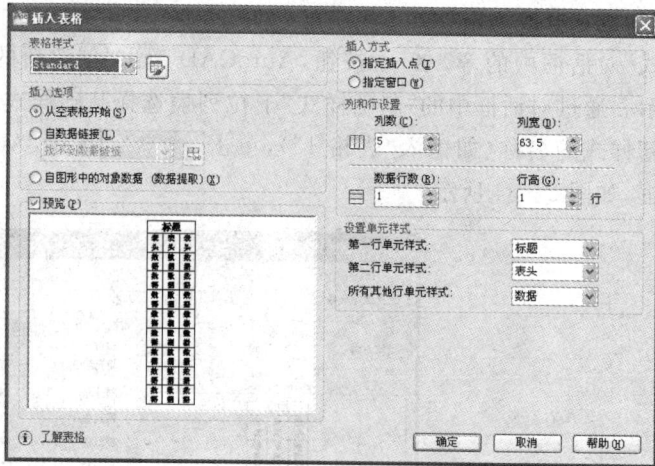

图 2-85 "插入表格"对话框

3. 对话框说明

◇ "表格样式"栏　该栏可以用右边的翻页箭头选择表格样式，也可以单击右边 图标，新建或修改表格样式。

◇ 插入选项　指定插入表格的方式。从空表格开始，创建可以手动填充数据的空表格；从自动数据链接，从外部电子表格中的数据创建表格；从数据提取开始，启动"数据提取"向导。

◇ 预览　控制是否显示预览。如果从空表格开始，则预览将显示表格样式的样例。如果创建表格链接，则预览将显示结果表格。处理大型表格时，清除此选项以提高性能。

◇ 插入方式　指定表格位置。指定插入点，指定表格左上角的位置，可以使用定点设备，也可以在命令提示下输入坐标值，如果表格样式将表格的方向设置为由下而上读取，则插入点位于表格的左下角；指定窗口，指定表格的大小和位置。可以使用定点设备，也可以在命令提示下输入坐标值，选定此选项时，行数、列数、列宽和行高取决于窗口的大小以及列和行设置。

◇ 列和行设置　在该栏可以指定行数、行高、列数、列宽。其中行高和列宽在指定窗口中自动等分确定。

◇ 设置单元样式　对于那些不包含起始表格的表格样式，请指定新表格中行的单元格式。第一行单元样式，指定表格中第一行的单元样式，默认情况下，使用标题单元样式；第二行单元样式，指定表格中第二行的单元样式，默认情况下，使用表头单元样式；所有其他行单元样式，指定表格中所有其他行的单元样式，默认情况下，使用数据单元样式。

通过"插入表格"对话框中进行相应的设置后，单击 **确定** 按钮，系统在指定的插入点或窗口中自动插入一个空表格，并显示"文字格式"工具栏，同时将表格中的第一个单元格醒目显示，此时就可以直接向表格输入文字，如图 2-86 所示。

输入文字时，可以利用 Tab 键和箭头在各单元格之间切换，以便在各单元格中输入文字。单击"文字格式"工具栏中的"确定"按钮，或在绘图屏幕上任意一点单击鼠标左键，则会关闭"文字格式"工具栏。

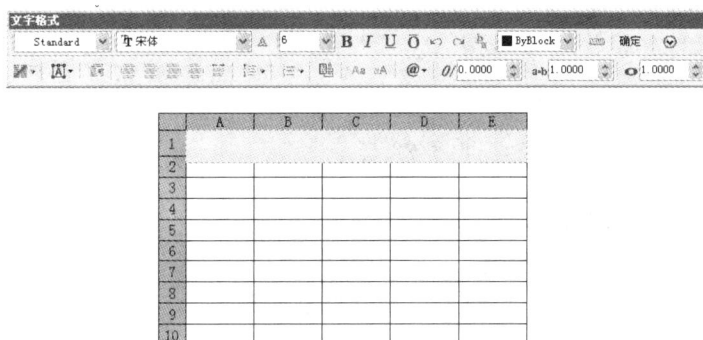

图 2-86　在表格中输入文字的界面

【例 2-13】　创建如图 2-87 所示的表格。

明细表			
序号	名称	件数	备注
1	螺栓	4	GB27-88
2	螺母	4	GB41-76
3	压板	2	发蓝
4	压块	2	发蓝

图 2-87　表格

操作步骤如下：

(1)定义表格样式"表格 1"(过程略)。

(2)执行"插入表格"命令,AutoCAD 弹出"插入表格"对话框,从中进行对应的设置,如图 2-88 所示。

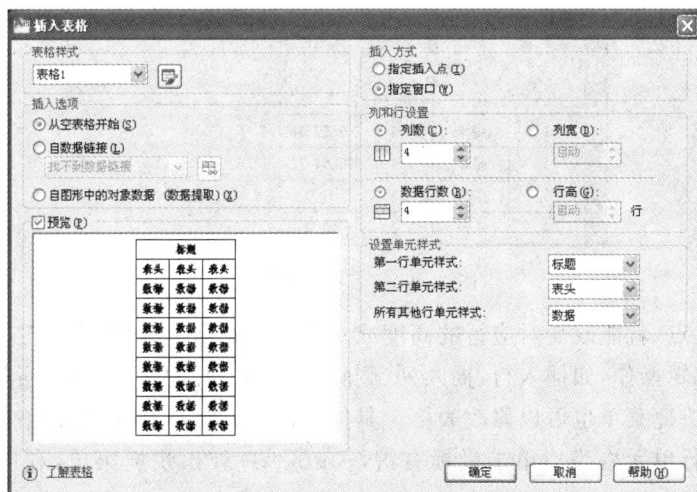

图 2-88　表格设置

(3)单击"确定"按钮,根据提示确定表格的位置,并填写表格。如图 2-89 所示。

图 2-89　填写表格

4. 单击工具栏中的"确定"按钮，完成表格的填写。结果如图 2-87 所示。

三、编辑表格

用户既可以修改已创建表格中的数据，也可以修改已有表格，如更改行高、列宽、合并单元格等。

1. 编辑表格数据

编辑表格数据的方法很简单，双击绘图屏幕中已有表格的某一单元格，弹出 AutoCAD "文字格式"工具栏，并将表格显示成编辑模式，同时将所双击的单元格醒目显示，其效果与图 2-89 类似。在编辑模式修改表格中的各数据后，单击"文字格式"工具栏中的"确定"按钮，即可完成表格数据的修改。

2. 修改表格

利用夹点功能可以修改已有表格的列宽和行高。更改方法为：选择对应的单元格，AutoCAD 会在该单元格的 4 条边上各显示出一个夹点，并显示出一个"表格"工具栏，如图 2-90 所示。

图 2-90　表格编辑模式

通过拖拽夹点，就能改变对应行的高度或对应列的宽度。利用"表格"工具栏，可以对于表格进行各种编辑操作，如插入行、插入列、删除行、删除列以及合并单元格等。

提示：利用快捷菜单也可以修改表格。具体方法为：选定对应的单元格（或几个单元格，某列单元格，某行单元格等），单击鼠标右键，AutoCAD 弹出快捷菜单，利用其即可执行各种编辑操作。

实 训 二

实训目的

1. 熟悉 AutoCAD 系统绘图命令的使用。
2. 掌握选择编辑目标的方法。
3. 熟悉对象选择模式的设置。
4. 掌握编辑命令键盘输入、下拉菜单及工具的使用及编辑命令应用。
5. 掌握对象快速选择。
6. 掌握文本注写、编辑及表格绘制

绘图训练

1. 绘制实训图 2-1、实训图 2-2 所示图形,不标注尺寸。

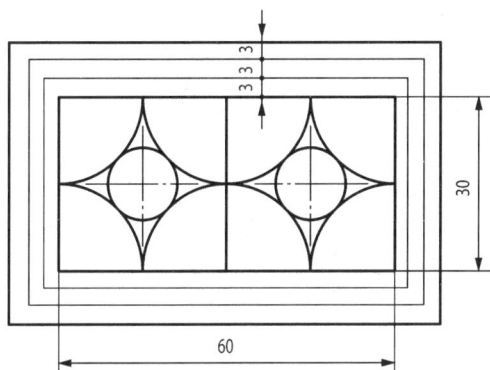

实训图 2-1

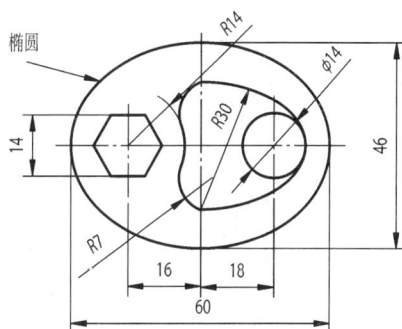

实训图 2-2

2. 绘制实训图 2-3、实训图 2-4 所示图形,不标注尺寸。

实训图 2-3

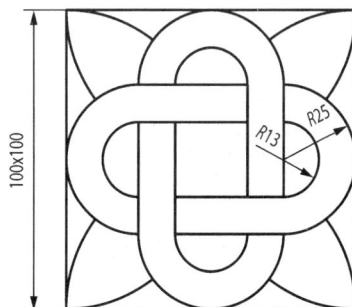

实训图 2-4

3. 绘制实训图 2-5 所示图形,不标注尺寸。
4. 绘制实训图 2-6、实训图 2-7 所示图形,不标注尺寸。
5. 绘制实训图 2-8、实训图 2-9 所示图形,不标注尺寸。
6. 绘制实训图 2-10 所示图形,不标注尺寸。

实训图 2－5

实训图 2－6

实训图 2－7

实训图 2－8

实训图 2－9

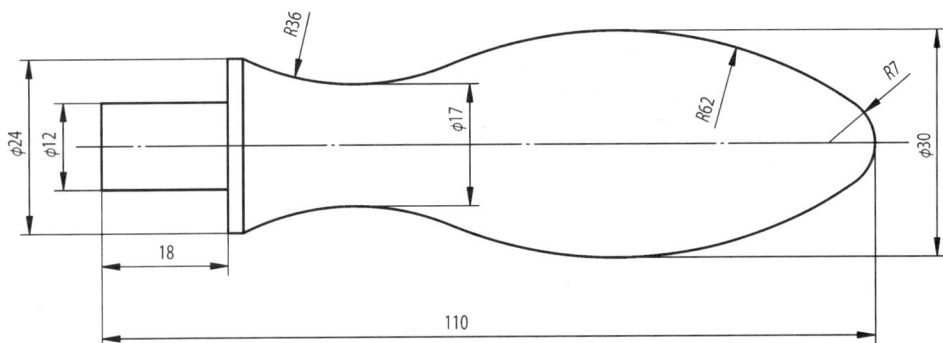

实训图 2-10

7. 绘制如实训图 2-11 所示的雨伞。

8. 绘制如实训图 2-12 所示的五环旗。

9. 绘制如实训图 2-13 所示铰套。

图 2-11

实训图 2-12

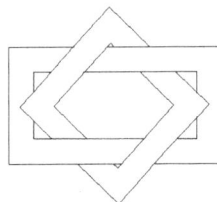

实训图 2-13 铰套

10. 抄画实训图 2-14、实训图 2-15 所示两视图,并补画第三视图,不标注尺寸。

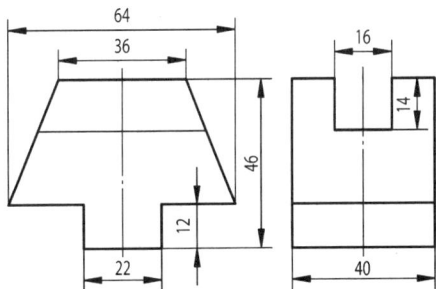

实训图 2-14

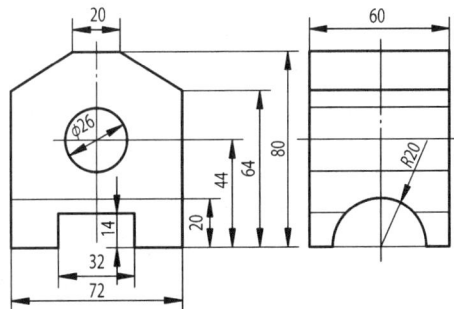

实训图 2-15

第三章 尺寸标注

第一节 设置尺寸标注样式

AutoCAD 提供了十余种具有强大功能的标注工具用以标注图形对象,尺寸标注的工具栏如图 3－1 所示,下拉菜单如图 3－2 所示。AutoCAD 的标注工具可以标注线性尺寸,也可以标注直径、半径、角度等尺寸,并可以进行多重引线标注、快速标注和公差标注等。还可以对标注的尺寸进行各种编辑操作。AutoCAD 系统设置了多种标注样式,有些样式比较接近我国的标注习惯(如 ISO－25 标注样式),但仍然需对这些标注样式进行修改,才能完全符合我国的制图国家标准。因此,在标注尺寸前先要对尺寸标注样式进行设置。

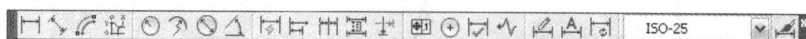

图 3－1 标注工具栏

一、尺寸的组成要素和类型

1. 尺寸的组成要素

在机械制图或其他工程绘图中,尺寸标注有多种类型和外观,但其基本构成元素一样,都是由尺寸线、延伸线、尺寸箭头和尺寸文本等 4 部分内容组成,如图 3－3 所示。AutoCAD 将尺寸作为一个块,以块的形式放在图形文件内。因此,一个尺寸可看成是一个实体。

（1）尺寸线　尺寸线用来表示尺寸标注的范围,它一般是一条带有双箭头的单线段。对于角度的标注,尺寸线为弧线。

（2）延伸线(即尺寸界线)　为了标注清晰,通常用延伸线将标注的尺寸引出被标注对象之外。有时也用对象的轮廓线或中心线代替延伸线。

（3）尺寸箭头　尺寸箭头位于尺寸线的两端,用于标记标注的起始和终止位置。"箭头"是一个广义的概念,AutoCAD 提供各种箭头供用户选择,也可以用短划线、点或其他标记代替尺寸箭头。

（4）尺寸文本　尺寸文本可以只反映基本尺寸、可以带尺寸公差,还可以按极限尺寸形式标注。如果延伸线内放不下尺寸文字,AutoCAD 会自动地将其放到外部。尺寸文字用来确定实体实际尺寸的大小,可以使用 AutoCAD 自动测量值,也可以使用文

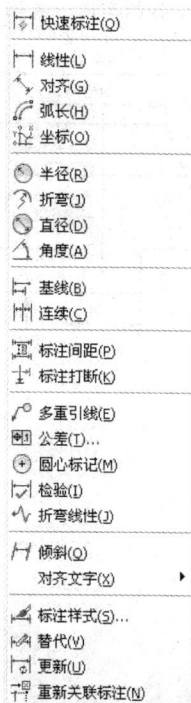

图 3－2 标注下拉菜单

字对测量值进行替代,这种方式称之为文字替代。

2. 尺寸标注的类型

尺寸标注类型有连续标注、基线标注和并列标注三种,如图3-3所示。

(1)连续标注 连续标注是指同一方向尺寸首尾相连,一般尺寸线在一条线上。这样标注整齐,占图面少。但累积误差较大,一般用在尺寸要求不高的场合,主要用在土木工程图样上。

(2)基线标注 基线标注是指同一方向尺寸从同一基准点测量的尺寸,各尺寸有一个公共的延伸线。这样标注占用图面较大,但最大限度地减少了累积误差,主要用在机械图样上。

(3)并列标注 并列标注是指同一方向尺寸都是对称的,是以对称面为基准的标注方法。不管在什么场合,只要是对称图形就可以采用并列标注。

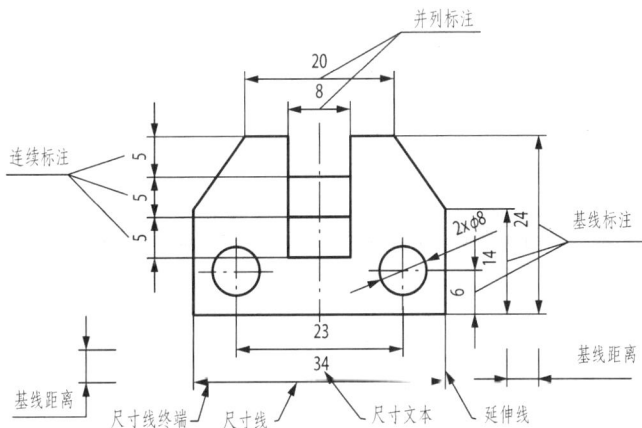

图3-3 尺寸的组成和类型

3. 尺寸标注的方式

尺寸标注方式分为线性尺寸标注、弧长尺寸标注、坐标尺寸标注、半径尺寸标注、折弯尺寸标注、直径尺寸标注、角度尺寸标注、引线标注、中心标记等。

(1)线性尺寸标注 线性尺寸标注指标注长度方向的尺寸,又分为以下几种:

① 水平标注 表示所标注对象的尺寸线沿水平方向放置。

② 垂直标注 表示所标注对象的尺寸线沿铅垂方向放置。

③ 对齐标注 对齐标注的尺寸线与两延伸线起始点的连线相平行。

(2)弧长尺寸标注 用来标注弧线的长度尺寸。

(3)坐标尺寸标注 用来标注相对于坐标原点的坐标。

(4)半径尺寸标注 用来标注圆或圆弧的半径。

(5)折弯尺寸标注 用来标注大圆或大圆弧的半径尺寸。

(6)直径尺寸标注 用来标注圆或圆弧的直径。

(7)角度尺寸标注 用来标注角度尺寸。

(8)引线标注 利用引线标注,用户可以标注一些注释、说明。

(9)中心标记 中心标记,用来画圆或圆弧的中心标记或中心线。

二、利用对话框设置尺寸标注样式

使用标注样式可以控制尺寸标注的格式和外观,建立和强制执行图形的绘图标准,这样有利于对标注格式及用途进行修改。在 AutoCAD 中,系统总是使用当前的标注样式创建标注,如以公制为样板创建新的图形,则默认的当前样式是国际标准化组织的 ISO－25 样式,用户也可以创建其他样式并将其设置为当前样式。

用户可以选择"格式"→"标注样式"命令,在"标注样式管理器"对话框创建和设置标注样式。

(一)标注样式命令

1. 功能

用于管理已存在的尺寸标注样式、新建尺寸标注样式及设置尺寸变量。

2. 命令格式

● 单击图标:在"标注"工具栏中。

● 下拉菜单:单击菜单栏中的"格式"→"标注样式"命令。

● 由键盘输入命令:d↙(Dimstyle 的缩写)

选择上述任一方式输入命令,弹出"标注样式管理器"对话框,如图 3－4 所示。各选项功能如下:

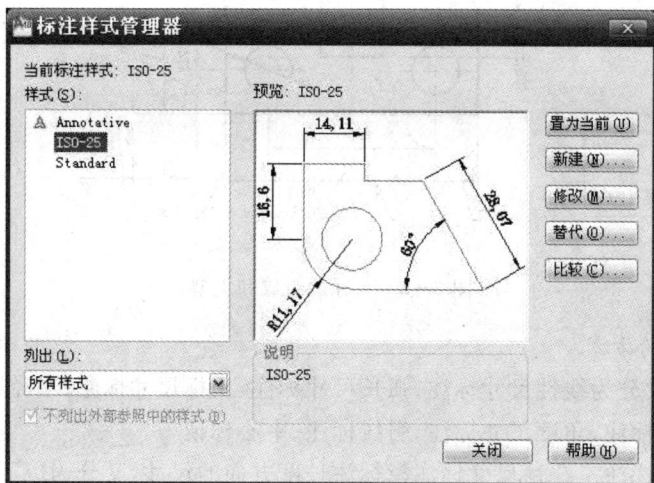

图 3－4 "标注样式管理器"对话框

◇ 当前标注样式 显示当前标注样式的名称。图 3－4 中说明当前有"ISO－25",这是 AutoCAD 提供的默认标注样式。

◇ 样式框 显示当前图形文件中已定义的所有尺寸标注样式。图 3－4 中说明当前有"ISO－25","Annotative"和"Sardard"等样式。"Annotative"为注释性尺寸样式(因为样式名前有图标▲)。

◇ 预览框 显示当前尺寸标注样式设置的各种特征参数的最终效果。

◇ 列出框 用于控制在当前图形文件中是否全部显示所有的尺寸标注样式。

◇ 置为当前(U)按钮 用于设置当前标注样式。对每一种新建立的标注样式或对原式样的修改,均要置为当前设置才有效。

◇ 新建(N)... 按钮　用于创建新的标注样式。

◇ 修改(M)... 按钮　用于修改已有标注样式中的某些尺寸变量。

◇ 替代(O)... 按钮　用于创建临时的标注样式。当采用临时标注样式标注某一尺寸后,再继续采用原来的标注样式标注其他尺寸时,其标注效果不受临时标注样式的影响。

◇ 比较(C)... 按钮　用于比较不同标注样式中不同的尺寸变量,并用列表的形式显示出来。

（二）新建尺寸标注样式

1. 新建尺寸标注样式操作步骤

建立新的标注样式,并将它置为当前样式。其操作步骤如下:

（1）单击"标注样式管理器"对话框（如图 3－4 所示）中的 新建(N)... 按钮,弹出"创建新标注样式"对话框,如图 3－5 所示。在"新样式名"一栏中输入尺寸标注样式名,单击 继续 按钮,进入"新建标注样式:副本"对话框中的"线"选项卡,如图 3－6 所示。

（2）在"新建标注样式:副本"对话框中,分别对"符号和箭头"、"文字"、"调整"、"主单位"等选项卡中的某些选项进行重新设置,设定后单击 确定 按钮,返回到"标注样式管理器"对话框。

（3）单击 置为当前(U) 按钮,并关闭对话框,则刚设置的新标注样式即成为当前标注样式。

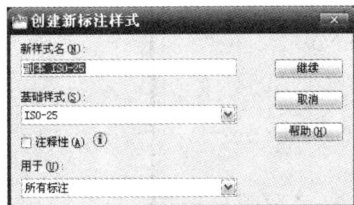

图 3－5　"创建新标注样式"对话框　　　　　图 3－6　"线"选项卡

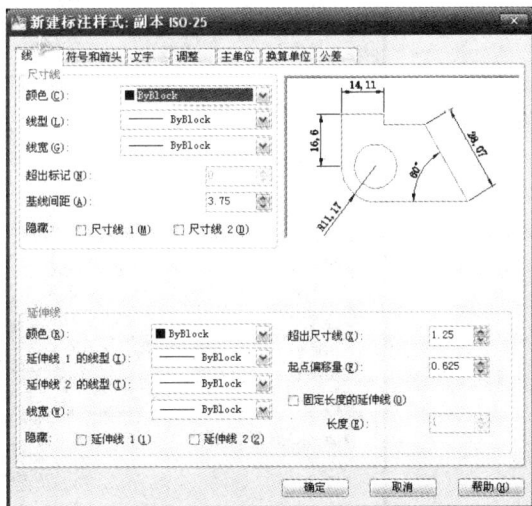

2."新建标注样式"对话框中各选项卡的说明

（1）"线"选项卡（如图 3－6 所示）

① 尺寸线组框　设置尺寸线的特征参数。

◇ 颜色、线型与线宽　用于设置尺寸线的颜色线型和线宽。

◇ 超出标记　用于设置尺寸线超出延伸线的长度,该选项只有当箭头样式为斜线或无箭头时才能用。

◇ 基线间距　用于控制标注并列尺寸和基线尺寸时尺寸线之间的间距（如图 3－3

所示）。

　　◇ 隐藏　用于控制是否显示尺寸线，主要用在半标注中。国家标准规定，对称形体允许画一半，但标注尺寸时要标整体大小。

　　② 延伸线组框　设置延伸线的特征参数。

　　◇ 颜色　用于设置延伸线的颜色。

　　◇ 延伸线 1 的线型　用于设置延伸线 1 线型。

　　◇ 延伸线 2 的线型　用于设置延伸线 2 的线型。

　　◇ 线宽　用于设置延伸线的线宽。

　　◇ 超出尺寸线　指定延伸线超出尺寸线的距离。

　　◇ 起点偏移量　设置自图形中定义标准的点到延伸线的偏移距离。

　　◇ 隐藏　用于控制是否显示延伸线。

　　◇ 固定长度的延伸线　当选择该复选框时，可设置固定的延伸线长度。不管尺寸线与所标线段有多远，延伸线只按设置的长度画出。一般用在房屋建筑工程图中。

　　(2)"符号和箭头"选项卡（如图 3-7 所示）

　　① 箭头组框　设置尺寸线终端的箭头形状及尺寸，从列表框中选取。

　　◇ 第一个与第二个　用于设置尺寸线第一端点和第二端点的箭头形状。

　　◇ 引线　用于设置指引线终端的箭头形状。

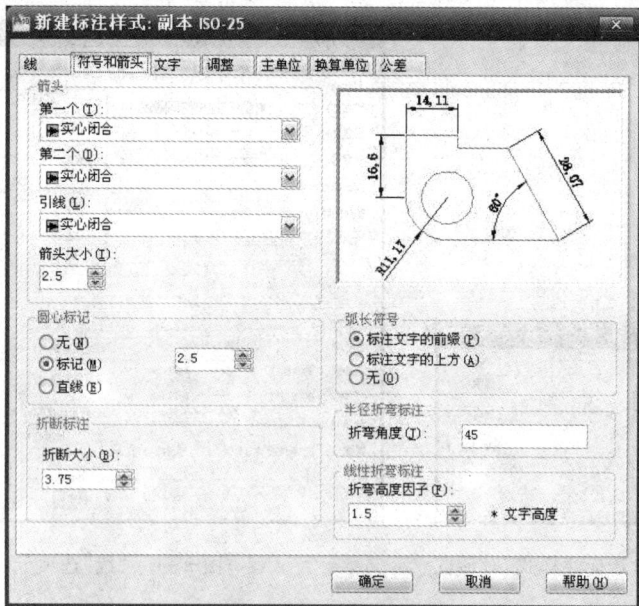

图 3-7　"符号和箭头"选项卡

　　② 圆心标记组框　设置圆或圆弧的圆心标记。

　　◇ 单选框　用于设置圆或圆弧的圆心标记类型。其中"无"表示对圆或圆弧的圆心不作任何标记；"标记"表示对圆或圆弧的圆心以十字线符号作为标记；"直线"表示圆或圆弧的圆心标记为中心线。

　　◇ 大小　用于设置圆心标记的半长度和中心线超出圆或圆弧轮廓线的长度。

③ 弧长符号组框　设置弧长标注形式。它有三个单选框，"标注文字的前缀"表示将圆弧符号放在弧长尺寸数字的前面；"标注文字的上方"表示将圆弧符号放在弧长数字的上面；"无"表示不加圆弧符号。

④ 半径折弯标注框　设置大圆弧标注时，半径的尺寸线折弯角度。默认为 $90°$，一般选择 $45°$ 比较好。

（3）"文字"选项卡（如图 3-8 所示）

① 文字外观组框　设置尺寸文本的字体样式、字体高度及颜色等参数。

◇ 文字样式　设置尺寸文本的当前字体样式。单击翻页箭头，可从下拉列表中选择已设置的文字样式；也可单击 ... 按钮进入"文字样式"对话框，进行创建或修改文字样式。

◇ 文字颜色　用于设置文字颜色。

◇ 填充颜色　用于设置文字填充背景颜色。

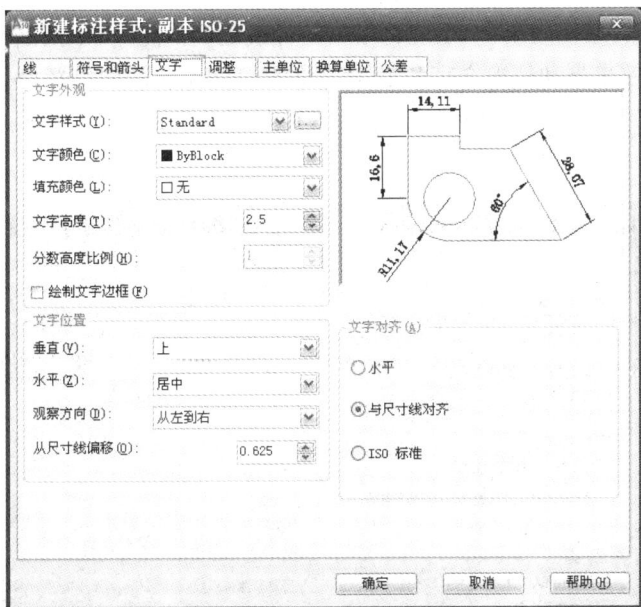

图 3-8　"文字"选项卡

◇ 文字高度　用于设置文字高度。

◇ 分数高度比例　用于设置分数文本的相对字高，主要用于标注尺寸公差。

◇ 绘制文字边框　用于设置标注基本参考尺寸，即是否用一矩形框包围文字。

② 文字位置组框　用于控制尺寸文本相对于尺寸线和延伸线的位置。

◇ 垂直　用于设置尺寸文本相对于尺寸线在垂直方向的位置。它有四种位置，"置中"表示尺寸文本位于尺寸线的中断处；"上"表示尺寸文本位于尺寸线的上方；"外部"表示尺寸文本位于尺寸线的外侧；"JIS"表示按日本国工业标准规定的方式放置尺寸文本。

◇ 水平　用于标注文字在尺寸线上相对于延伸线的水平位置。它有五种位置，"置中"表示尺寸文本位于两延伸线中间；"第一条延伸线"表示尺寸文本沿尺寸线与第一条延伸线左对正，延伸线与标注文字的距离是箭头大小加上文字间距之和的两倍；"第二条延伸线"表示尺寸文本沿尺寸线与第二条延伸线右对正，延伸线与标注文字的距离是箭头大小加上文字间距之和的两倍;"第一条延伸线上方"表示沿第一条延伸线放置标注文字或将标注文字放在第一条延伸线之上;"第二条延伸线上方"表示沿第二条延伸线放置标注文字或将标注文字放在第二条延伸线之上。

◇ 从尺寸线偏移 用于确定尺寸文本底部与尺寸线之间的偏移量。

③ 文字对齐组框 用于设置尺寸文本的放置方式。

◇ 水平 表示所有标注的尺寸文本均水平放置。

◇ 与尺寸线对齐 表示所有尺寸文本均按尺寸线方向标注,即与尺寸线对齐。

◇ ISO 标准 表示所标注的尺寸文本符合国际标准,即位于延伸线之内沿尺寸线方向标注;位于延伸线之外,沿水平方向标注。

(3)"调整"选项卡(如图 3-9 所示)

① 调整选项组框 控制基于延伸线之间可用空间的文字和箭头的位置。如果有足够大的空间,文字和箭头都将放在延伸线内。否则,将按照"调整"选项放置文字和箭头。

◇ 文字或箭头(最佳效果) 系统将根据延伸线之间的距离,来判断文字和箭头放置的位置,并会以最佳效果自动调整文字和箭头的位置。当标注圆的直径时,如数字放在圆外,则两箭头由外指向圆,如图 3-10a 所示。当直径数字放在圆内,只显示一个箭头,如图 3-10b 所示。

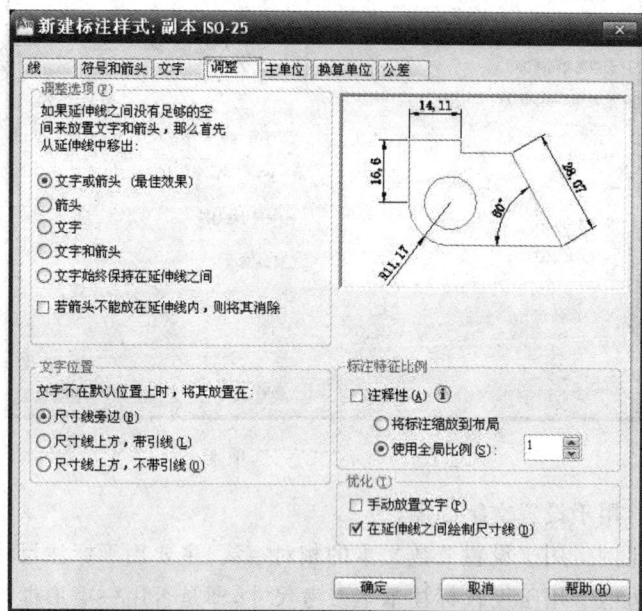

图 3-9 "调整"选项卡

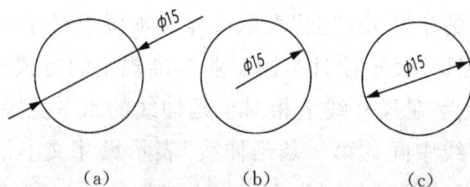

(a)   (b)   (c)

图 3-10 圆的直径三种标注方法

◇ 箭头　表示当延伸线内空间不足时,将箭头放置在延伸线外面。

◇ 文字　表示当延伸线内空间不足时,将尺寸文本放置在延伸线外面。

◇ 文字和箭头　表示当延伸线内空间不足时,尺寸文本和箭头均放置在延伸线外面。当标注圆的直径时,数字始终在圆内,尺寸线两端都有箭头,且由圆内指向圆,如图 3 - 10c 所示。

◇ 文字始终保持在延伸线之间　表示所标注的尺寸文本始终放置在延伸线之间。

◇ 若箭头不能放在延伸线内,则将其消除　表示当两延伸线之间没有足够空间放置箭头时,则隐藏箭头。

② 文字位置组框　当尺寸文本离开其默认位置时的放置位置。

◇ 尺寸线旁边　表示当所标注的尺寸文本不能放置在默认位置时,将尺寸文本放置在延伸线的旁边,如图 3 - 11a 所示。

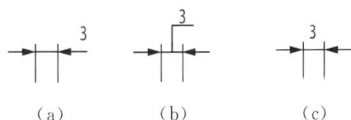

图 3 - 11　三种文字位置

◇ 尺寸线上方,带引线　表示所标注的尺寸文本不能放置在默认位置时,系统将自动创建引线,将尺寸文本放置在尺寸线上方,如图 3 - 11b 所示。

◇ 尺寸线上方,不带引线　表示所标注的尺寸文本不能放置在默认位置时,将尺寸文本放置在尺寸线上方,不创建引线,如图 3 - 11c 所示。

③ 标注特征比例组框　设置全局标注比例值或图纸空间比例。

◇ 注释性　用于确定标注样式是否为注释性样式。

◇ 将标注缩放到布局　根据当前模型空间视口和图纸空间之间的比例确定比例因子。

◇ 使用全局比例　为所有标注样式设置设置一个比例,这些设置指定了大小、距离或间距,包括文字和箭头大小。该缩放比例并不更改标注的测量值。即实际标注参数与设置参数的大小之比。如设置字高为 2.5,全局比例为 2,则标注出来的实际字高为 5。

④ 优化组框　设置尺寸文本的精细微调选项。

◇ 手动放置文字　忽略所有水平对正设置并把文字放在"尺寸线位置"提示下指定的位置。

◇ 在延伸线之间绘制尺寸线　即使箭头放在测量点之外,也在测量点之间绘制尺寸线。

(4)"主单位"选项卡(如图 3 - 12 所示)

① 线性标注组框　用于设置线性标注的格式和精度。

◇ 单位格式　用于设置除角度之外的工程尺寸的单位类型。在下拉列表中提供的选项有科学、小数、工程、建筑、分数和 Windows 桌面。

◇ 精度　用于确定工程尺寸的精度。

◇ 分数格式　用于设置分数的格式,该选项只有当"单位格式"设为"分数"时才有效。可选项中包括水平、对角、非堆叠。

◇ 小数分隔符　用于设置十进制的整数部分和小数部分之间的分隔符。可选项中包括句号、逗号、空格。

◇ 舍入　用于设定小数点的精确位数。如有两个尺寸分别为 20.2536 和 20.1457,若将"舍入"值由原来的 0.0000 改为 0.0100,则这两个数将显示为 20.25 和 20.15。

◇ 前缀和后缀　用于设置给标注的文本添加一个前缀或后缀。例如,如果使用的单位不是 mm,而是 m,则可在"后缀"一栏中输入 m。

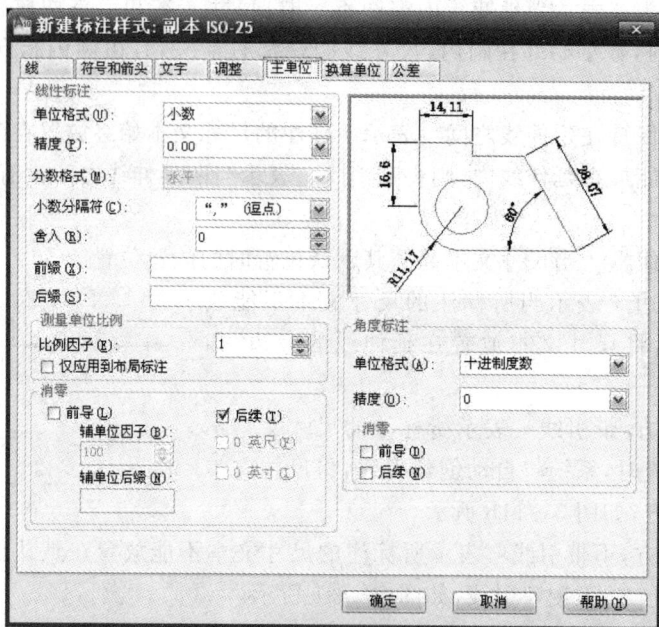

图 3-12　"主单位"选项卡

② 测量单位比例组框　用于设置比例因子,控制该比例因子是否只应用到布局标注中。

◇ 比例因子　用于设置除角度之外的所有标注测量值的比例因子,缺省值为 1,即系统将按实际测量值标注尺寸。如设置比例因子为 2,实际绘图尺寸为 20,则所标注的尺寸为 40。

◇ 仅应用到布局标注　表示所设置的比例因子仅在布局中创建的标注有效,而对模型空间的尺寸标注无效。

③ 消零组框　用于控制前导和后续零。

◇ 前导　选取该项,表示系统不输出十进制尺寸的前导零。例如,实际尺寸为"0.4000",而标注时则显示为".4000"。

◇ 后续　选取该项,表示系统不输出十进制尺寸的后续零。例如,实际尺寸为"0.4000"而标注时则显示为"0.4"。

④ 角度标注组框　用于设置角度标注的格式。

◇ 单位格式　用于设置角度单位的类型。选项中包括十进制度数、度/分/秒、百分度、弧度。

◇ 精度　用于确定角度的精度。

⑤ 消零组框　用于控制角度尺寸的前导和后续零。

(5)"换算单位"选项卡(如图 3-13 所示)

① 显示换算单位复选框　用于控制是否显示经过换算后标注文字的值。选中该选项时,在标注文字中将同时显示以两种单位标识的测量值。

② 换算单位和消零组框　该组框中的选项是用于控制经过换算后的值,其中单位格式、精

度、舍入精度、前缀、后缀、前导和后续在前面已叙述过,下面只介绍前面没有涉及的选项。

　　◇ 换算单位倍数　用于确定主单位尺寸和换算单位尺寸之间的换算因子。

　　③ 位置组框　用于控制换算单位尺寸与主单位尺寸的相对位置。

　　◇ 主值后　选取该选项,表示换算单位尺寸放置在主单位尺寸的后面。

　　◇ 主值下　选取该选项,表示换算单位尺寸放置在主单位尺寸的下面。

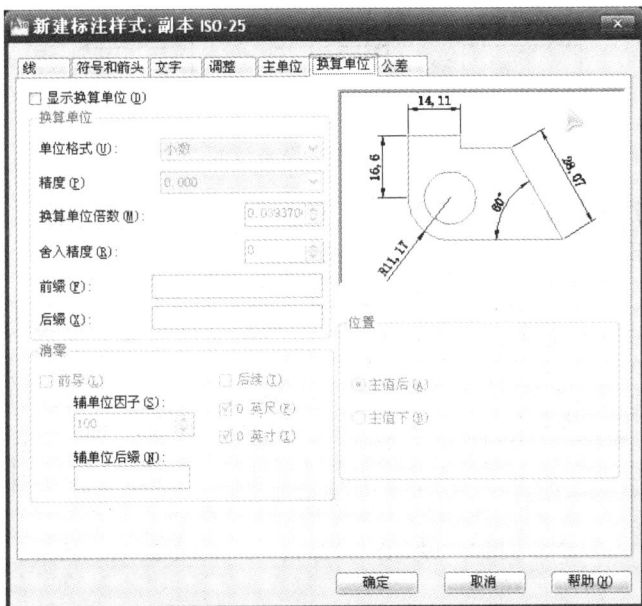

图 3-13　"换算单位"选项卡

(5)"公差"选项卡(如图 3-14 所示)

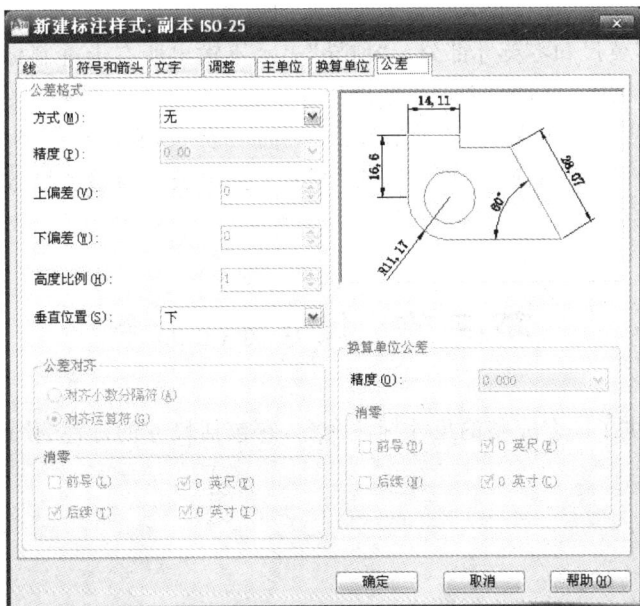

图 3-14　"公差"选项卡

① 公差格式组框　用于控制公差格式。

◇ 方式　用于设置显示公差的方式。选项中包括五种方式，如图 3-15 所示。"无"表示不标注偏差；"对称"表示按上下偏差绝对值相等的标注方式标注尺寸；"极限偏差"表示按上下偏差不等的标注方式标注尺寸；"极限尺寸"表示按极限尺寸进行标注；"基本尺寸"表示基本尺寸标注在矩形框内。

图 3-15　显示公差的方式

◇ 精度　用于确定偏差值的精度。

◇ 上偏差与下偏差　用来输入上、下偏差值。

◇ 高度比例　用于设置偏差数字高度与基本尺寸数字高度之比。

◇ 垂直位置　用于控制基本尺寸相对于上下偏差的位置。选项中包括三种位置，如图 3-16所示。

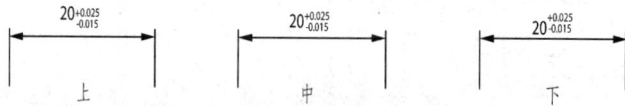

图 3-16　公差文字的三种对齐方式

② 公差对齐组框　用于堆叠时，控制上偏差值和下偏差值的对齐。其中"对齐小数分隔符"表示使小数分隔符对齐，通过值的小数分割符堆叠值；"对齐运算符"则表示运算符对齐，通过值的运算符堆叠值。

③ 换算单位公差组框　用于设置换算单位的精度和消零方式，控制是否禁止输出前导零和后续零以及零英尺和零英寸部分。"前导"表示不输出所有十进制标注中的前导零，例如，0.5000 变成 .5000。"后续"表示不输出所有十进制标注的后续零。例如，12.5000 变成 12.5，30.0000 变成 30。"0 英尺"表示如果长度小于一英尺，则消除英尺一英寸标注中的英尺部分。例如，0′−61/2″变成 61/2″。"0 英寸"表示如果长度为整英尺数，则消除英尺一英寸标注中的英寸部分。例如，1′−0″变为 1′。

第二节　尺寸标注命令

AutoCAD 提供了一套完整的尺寸标注命令，它包括尺寸的标注、修改和编辑及快速标注等功能。

一、线性标注

1. 功能

标注水平、垂直和倾斜的线性尺寸。

2．命令格式

● 单击图标：凵在"标注"工具栏中。

● 下拉菜单：单击菜单栏中的"标注"→"线性"命令。

● 由键盘输入命令：dli↙（Dimlinear 的缩写）

选择上述任一方式输入命令，命令行提示：

命令：_dimlinear

指定第一条延伸线原点或<选择对象>：(指定点或↙选择要标注的对象)

指定第二条延伸线原点：

指定尺寸线位置或

[多行文字(M)/文字(T)/角度(A)/水平(H)/垂直(V)/旋转(R)]：

3．选项说明

◇ 指定尺寸线位置　使用指定点定位尺寸线并且确定绘制延伸线的方向。指定位置之后，将绘制标注。

◇ 多行文字(M)　显示当前文字编辑器，可用它来编辑标注文字。要添加前缀或后缀，则在生成的测量值前后输入前缀或后缀。要编辑或替换生成的测量值，请删除文字，输入新文字，然后单击"确定"。

◇ 文字(T)　在命令提示下，自定义标注文字。生成的标注测量值显示在尖括号中。

输入标注文字<当前>：

输入标注文字，或按 ENTER 键接受生成的测量值。要包括生成的测量值，则用尖括号（<>）表示生成的测量值。

◇ 角度(A)　修改标注文字的角度。

◇ 水平(H)　创建水平线性标注。

◇ 垂直(V)　创建垂直线性标注。

◇ 旋转(R)　创建旋转线性标注。

【例 3-1】　标注如图 3-17a 所示尺寸。

命令：_dimlinear

指定第一条延伸线原点或<选择对象>：(选 P_1 点)

指定第二条延伸线原点：(选 P_2 点)

指定尺寸线位置或

[多行文字(M)/文字(T)/角度(A)/水平(H)/垂直(V)/旋转(R)]：(鼠标单击 P_3 点附近)

此时在 P_3 点附近标注出图示尺寸，其中尺寸文本是系统提供的，未对其进行修改。

结果如图 3-17a 所示。

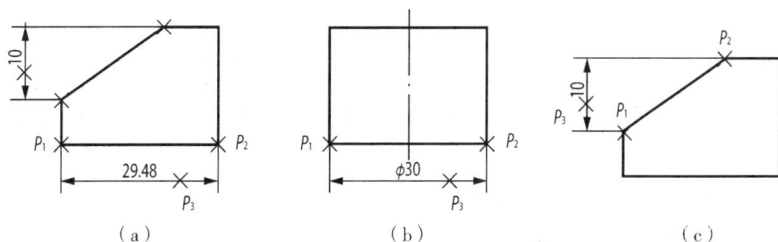

(a)　　　　　　(b)　　　　　　(c)

图 3-17　线性标注示例

【例 3 - 2】 标注如图 3 - 17b 所示尺寸。

命令：_dimlinear

指定第一条延伸线原点或＜选择对象＞：（选 P_1 点）

指定第二条延伸线原点：（选 P_2 点）

指定尺寸线位置或

[多行文字(M)/文字(T)/角度(A)/水平(H)/垂直(V)/旋转(R)]：T ↙

输入标注文字＜29.48＞：%%c30 ↙

 指定尺寸线位置或

[多行文字(M)/文字(T)/角度(A)/水平(H)/垂直(V)/旋转(R)]：（鼠标单击 P_3 点附近）

 结果如图 3 - 17b 所示。

【例 3 - 3】 标注如图 3 - 17c 所示尺寸。

命令：_dimlinear

指定第一条延伸线原点或＜选择对象＞：（选 P_1 点）

指定第二条延伸线原点：（选 P_2 点）

指定尺寸线位置或

[多行文字(M)/文字(T)/角度(A)/水平(H)/垂直(V)/旋转(R)]：V ↙

指定尺寸线位置或[多行文字(M)/文字(T)/角度(A)]：T ↙

输入标注文字＜9.68＞：10 ↙

指定尺寸线位置或[多行文字(M)/文字(T)/角度(A)]：（鼠标单击 P_3 点附近）

 结果如图 3 - 17c 所示。

二、对齐标注

1. 功能

用于标注带有倾斜尺寸线的尺寸标注。

2. 命令格式

● 单击图标：在"标注"工具栏中。

● 下拉菜单：单击菜单栏中的"标注"→"对齐"命令。

● 由键盘输入命令：dal ↙（Dimaligned 的缩写）

选择上述任一方式输入命令，命令行提示：

命令：_dimaligned

指定第一条延伸线原点或＜选择对象＞：（指定点或↙选择要标注的对象）

指定第二条延伸线原点：

指定尺寸线位置或

[多行文字(M)/文字(T)/角度(A)]：

3. 选项说明

◇ 指定第一条延伸线原点 该选项为默认选项，用两点确定所标尺寸。

◇ 选择对象 用选择直线、圆或圆弧实体，以实体的端点或圆上任意点作为测量点标尺寸。

【例 3 - 4】 标注如图 3 - 18 所示尺寸。

命令：LINEALIGNED

指定第一条尺寸界线原点或[选择对象]：（选 P_1 点）

指定第二条尺寸界线原点:(选 P_2 点)

　指定尺寸线位置或

[多行文字(M)/文字(T)/角度(A)]:T ↙

输入标注文字<23.4>:24 ↙

　指定尺寸线位置或[多行文字(M)/文字(T)/角度(A)]:(在 P_3 点附近单击鼠标)

　结果如图 3-18 所示。

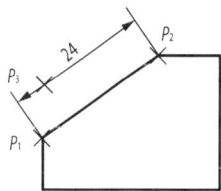

图 3-18　对齐标注示例

三、弧长标注

1. 功能

弧长标注用于测量圆弧或多段线圆弧段上的距离。弧长标注的延伸线可以正交或径向。在标注文字的上方或前面将显示圆弧符号。

2. 命令格式

● 单击图标:🖉在"标注"工具栏中。

● 下拉菜单:单击菜单栏中的"标注"→"弧长"命令。

● 由键盘输入命令:dimarc ↙

选择上述任一方式输入命令,命令行提示:

命令:_dimarc

选择弧线段或多段线圆弧段:(拾取圆弧或多段线中的圆弧,命令行继续提示)

　指定弧长标注位置或[多行文字(M)/文字(T)/角度(A)/部分(P)/引线(L)]:

3. 选项说明

◇ 指定弧长标注位置　该选项为默认选项。

◇ 多行文字(M)/文字(T)/角度(A):　这三个选项与线性标注中相应的选项含义相同,不再重述。

◇ 部分(P)缩短弧长标注的长度。

◇ 引线(L)　添加引线对象。仅当圆弧(或圆弧段)大于 90 度时才会显示该选项。引线是按径向绘制的,指向所标注圆弧的圆心。

　指定弧长标注位置或[多行文字(M)/文字(T)/角度(A)/部分(P)/无引线(N)]:

指定点或输入选项。引线将自动创建。"无引线"选项可在创建引线之前取消"引线"选项。要删除引线,先删除弧长标注,然后重新创建不带引线选项的弧长标注。

四、坐标标注

1. 功能

坐标标注测量原点(称为基准)到特征(例如部件上的一个孔)的垂直距离。这种标注保持特征点与基准点的精确偏移量,从而避免增大误差。

2. 命令格式

● 单击图标:在"标注"工具栏中。

● 下拉菜单:单击菜单栏中的"标注"→"坐标"命令。

● 由键盘输入命令:dor ↙(Dimordinate 的缩写)

选择上述任一方式输入命令,命令行提示:

命令:_dimordinate

指定点坐标:

指定引线端点或[X基准(X)/Y基准(Y)/多行文字(M)/文字(T)/角度(A)]:

3. 选项说明

◇ 指定引线端点　使用点坐标和引线端点的坐标差可确定它是 X 坐标标注还是 Y 坐标标注。如果 Y 坐标的坐标差较大,标注就测量 X 坐标,否则就测量 Y 坐标。

◇ X 基准　测量 X 坐标并确定引线和标注文字的方向。将显示"引线端点"提示,从中可以指定端点。

◇ Y 基准　测量 Y 坐标并确定引线和标注文字的方向。将显示"引线端点"提示,从中可以指定端点。

◇ 多行文字(M)　显示在位文字编辑器,可用它来编辑标注文字。要添加前缀或后缀,则在生成的测量值前后输入前缀或后缀。要编辑或替换生成的测量值,先删除文字,输入新文字,然后单击"确定"。

◇ 文字　在命令提示下,自定义标注文字。生成的标注测量值显示在尖括号中。

输入标注文字<当前>:(输入标注文字,或↙接受生成的测量值)

◇ 角度　修改标注文字的角度。

指定标注文字的角度:(输入角度。例如,要将文字旋转 45 度,请输入 45)

指定角度后,将再次显示"引线端点"提示。要包括生成的测量值,请用尖括号(<>)表示生成的测量值。

五、半径标注

1. 功能

用于标注圆或圆弧的半径尺寸。

2. 命令格式

● 单击图标:在"标注"工具栏中。

● 下拉菜单:单击菜单栏中的"标注"→"半径"命令。

● 由键盘输入命令:dra↙(Dimradius 的缩写)

选择上述任一方式输入命令,命令行提示:

选择圆弧或圆:(拾取要标注尺寸的圆弧或圆)

标注文字=(测量值)

指定尺寸线位置或[多行文字(M)/文字(T)/角度(A)]:(确定尺寸线位置,即完成圆弧或圆尺寸的标注)

六、折弯标注

1. 功能

测量选定对象的半径,并显示前面带有一个半径符号的标注文字。可以在任意合适的位置指定尺寸线的原点。一般用于大圆弧半径的标注。

2. 命令格式

● 单击图标:在"标注"工具栏中。

● 下拉菜单:单击菜单栏中的"标注"→"折弯"命令。

● 由键盘输入命令:djo↙(Dimjogged 的缩写)

选择上述任一方式输入命令,命令行提示:

选择圆弧或圆:(拾取圆弧或圆,命令行继续提示)

指定中心位置替代:(指定一点为替代的圆心,命令行继续提示)

标注文字=(测量的半径值)

指定尺寸线位置或[多行文字(M)/文字(T)/角度(A)]:(确定尺寸线位置,即完成圆或圆弧半径的标注)

指定折弯位置:(指定折弯的位置,结束命令)

七、直径标注

1. 功能

用于标注圆或圆弧的直径尺寸。

2. 命令格式

● 单击图标:🚫在"标注"工具栏中。

● 下拉菜单:单击菜单栏中的"标注"→"直径"命令。

● 由键盘输入命令:ddi↙(Dimdiameter 的缩写)

选择上述任一方式输入命令,命令行提示:

选择圆或圆弧:(拾取要标注尺寸的圆或圆弧)

标注文字=(测量值)

尺寸线位置或[多行文字(M)/文字(T)/角度(A)]:(确定尺寸线位置,即完成圆或圆弧尺寸的标注)

八、角度标注

1. 功能

用于标注圆弧的中心角、两条非平行线之间的夹角或指定 3 个点所确定的夹角。

2. 命令格式

● 单击图标:△在"标注"工具栏中。

● 下拉菜单:单击菜单栏中的"标注"→"角度"命令。

● 由键盘输入命令:dan↙(Dimangular 的缩写)

选择上述任一方式输入命令,命令行提示:

选择圆弧、圆、直线或<指定顶点>:

3. 选项说明

◇ 选择圆弧 在圆弧上拾取一点,系统会以弧线中心与弧线两端点的连线,作为两条夹角边测量出角度值,并以拖动方式显示尺寸标注,命令行提示:

指定标注弧线位置或[多行文字(M)/文字(T)/角度(A)]:(确定弧线位置,系统会自动绘制一条圆弧尺寸线,并标注出圆弧的角度,如图 3-19a 所示)

◇ 选择圆 在圆上拾取一点,拾取点与圆心的连线构成夹角边的第一条延伸线,命令行提示:

指定角的第二个端点:(在圆上任取一点,拾取点与圆心的连线构成夹角边的第二条延伸线,命令行继续提示)

指定标注弧线位置或[多行文字(M)/文字(T)/角度(A)]:(确定弧线位置,系统会自动绘制一条圆弧尺寸线,并标注出弧的圆心角度,如图 3－19b 所示)

◇ 选择直线　分别选择两非平行直线,并以拖动方式显示出尺寸标注,命令行提示:

指定标注弧线位置或[多行文字(M)/文字(T)/角度(A)]:(确定弧线位置,系统会自动绘制一条圆弧尺寸线,并标注出两直线间的夹角,如图 3－19c 所示)

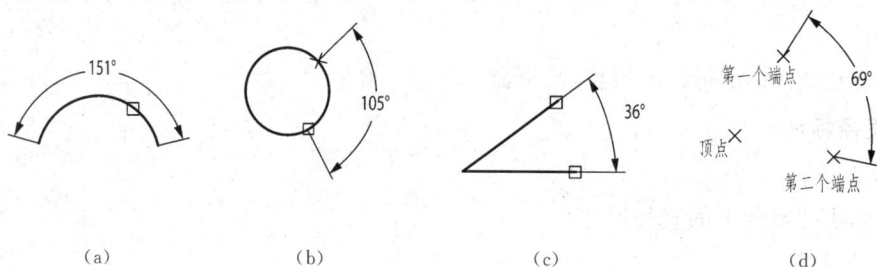

(a)　　　　　　(b)　　　　　　(c)　　　　　　(d)

图 3－19　角度尺寸标注

◇ 指定顶点　系统会自动按三点方式绘制角度标注尺寸,命令行提示:

指定角的顶点:(指定一点作为角的顶点,命令行继续提示)

指定角的第一个端点:(指定一点作为角的第一个端点,命令行继续提示)

指定角的第二个端点:(指定一点作为角的第二个端点,命令行继续提示)

指定标注弧线位置或[多行文字(M)/文字(T)/角度(A)]:(确定弧线位置,完成角度尺寸标注,如图 3－19d 所示)

九、基线标注

1. 功能

用于多个尺寸标注使用同一条延伸线作为基准,创建一系列由相同的标注原点测量出来的尺寸标注。

2. 命令格式

● 单击图标:在"标注"工具栏中。

● 下拉菜单:单击菜单栏中的"标注"→"基线"命令。

● 由键盘输入命令:dba ✓(Dimbaseline 的缩写)

在采用基线标注形式之前,则必须先标注一个尺寸,如图 3－3 所示的基线标注之前,先标注 6,然后再进行基线标注。

选择上述任一方式输入命令,命令行提示:

指定第二条延伸线原点或[放弃(U)/选择(S)]<选择>:(拾取第二个尺寸的第二条延伸线原点,命令行继续提示)

标注文字＝14

指定第二条延伸线原点或[放弃(U)/选择(S)]<选择>:(拾取第三个尺寸的第二条延伸线原点,命令行继续提示)

标注文字＝24

指定第二条延伸线原点或[放弃(U)/选择(S)]<选择>:✓(结束基线尺寸标注)

十、连续标注

1. 功能

用于标注一连串的尺寸,即每一个尺寸的第二个延伸线原点,是下一个尺寸的第一个延伸线的原点(如图 3-3 所示)。

2. 命令格式

● 单击图标: 田在"标注"工具栏中。

● 下拉菜单:单击菜单栏中的"标注"→"连续"命令。

● 由键盘输入命令:dco ↙(Dimcontinue 的缩写)

在采用连续标注形式之前,则必须先标注一个尺寸,如图 3-3 所示的尺寸 5。

选择上述任一方式输入命令,命令行提示:

指定第二条延伸线原点或[放弃(U)/选择(S)]<选择>:(拾取第二个尺寸的第二条延伸线原点,命令行继续提示)

标注文字=5

指定第二条延伸线原点或[放弃(U)/选择(S)]<选择>:(拾取第三个尺寸的第二条延伸线原点,命令行继续提示)

标注文字=6

指定第二条延伸线原点或[放弃(U)/选择(S)]<选择>:↙(结束连续尺寸标注)

十一、快速标注

1. 功能

可快速创建一系列标注。特别适合创建系列基线或连续标注,或为一系列圆、圆弧创建标注,它是并列标注的唯一方法。

2. 命令格式

● 单击图标: 在"标注"工具栏中。

● 下拉菜单:单击菜单栏中的"标注"→"快速标注"命令。

● 由键盘输入命令:ddim ↙

选择上述任一方式输入命令,命令行提示:

选择要标注的几何图形:(在选择了一个或多个需要标注的对象后,命令行继续提示)

指定尺寸线位置或[连续(C)/并列(S)/基线(B)/坐标(O)/半径(R)/直径(D)/基准点(P)/编辑(E)/设置(T)]<连续>:(若↙或点击右键确定,则系统按当前选项对所选对象进行快速标注;否则,用户可根据提示输入一个选项,完成标注)

3. 选项说明

◇ 连续　创建一系列连续标注尺寸,为缺省项。

◇ 并列　创建一系列并列标注尺寸。

◇ 基线　创建一系列基线标注尺寸。

◇ 坐标　创建一系列坐标标注尺寸。

◇ 半径　创建一系列半径标注尺寸。

◇ 直径　创建一系列直径标注尺寸。

◇ 基准点　为基线和坐标标注设置新的基准点。此时,系统将要求用户输入新的基准点,新的基准确定后,系统又返回前面的提示。

◇ 编辑 通过增加或减少尺寸标注点来编缉一系列尺寸。

提示:快速标注命令特别适合基线标注、连续标注及一系列圆的半径、直径尺寸的标注。

4.并列标注

(1)拾取需要标注的几何元素 单击"快速标注"图标 ,命令行提示:

关联标注优先级＝端点

选择要标注的几何图形:指定对角点:找到7个(用窗口拾取方法拾取需要标注的几何元素,如图3-20a所示,细实线矩形表示拾取窗口)

选择要标注的几何图形:(点击右键结束拾取,命令行继续提示)

指定尺寸线位置或

[连续(C)/并列(S)/基线(B)/坐标(O)/半径(R)/直径(D)/基准点(P)/编辑(E)/设置(T)]

<连续>:s✓(设置为并列标注类型,命令行继续提示)

指定尺寸线位置或

[连续(C)/并列(S)/基线(B)/坐标(O)/半径(R)/直径(D)/基准点(P)/编辑(E)/设置(T)]

<并列>:(这时可以看到尺寸,但不一定是理想的状态。有可能不需要标注的点被拾取,也有可能需要标的点未能被拾取,这就要对拾取点进行编辑)

(2)对拾取点进行编辑 当需要对拾取点进行编辑时,输入e✓,所有拾取点处有一个小叉表示,如图3-20b所示。命令行继续提示:

指定要删除的标注点或[添加(A)/退出(X)]<退出>:(拾取中心线上一个端点,命令行继续提示)

已删除一个标注点

指定要删除的标注点或[添加(A)/退出(X)]<退出>:拾取中心线上另一个端点,命令行继续提示)

已删除一个标注点

指定要删除的标注点或[添加(A)/退出(X)]<退出>:A✓(进入添加拾取点状态,命令行继续提示)

指定要添加的标注点或[删除(R)/退出(X)]<退出>:(拾取圆中心线的端点,命令行继续提示)

已添加一个标注点

指定要添加的标注点或[删除(R)/退出(X)]<退出>:(拾取另一个圆中心线端点,如图3-20c所示,命令行继续提示)

已添加一个标注点

指定要添加的标注点或[删除(R)/退出(X)]<退出>:x✓(输入x或点击右键结束编辑,回到原命令行提示状态)

指定尺寸线位置或

[连续(C)/并列(S)/基线(B)/坐标(O)/半径(R)/直径(D)/基准点(P)/编辑(E)/设置(T)]

<并列>:

(3)确定尺寸线位置 用光标拖动指定尺寸线位置后单击左键,完成并列标注,如图3-20d所示。

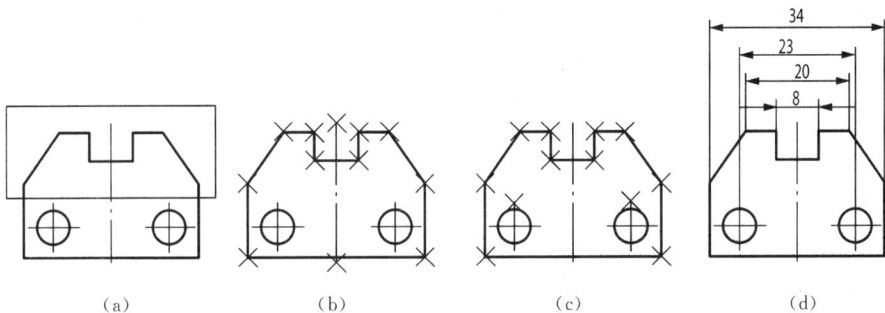

| （a） | （b） | （c） | （d） |

图 3-20　并列标注图例

十二、多重引线标注

（一）定义多重引线样式

1. 功能

设置当前多重引线样式，以及创建、修改和删除多重引线样式。

2. 命令格式

● 单击图标：在"样式"工具栏中。

● 下拉菜单：单击菜单栏中的"格式"→"多重引线样式"命令。

● 由键盘输入命令：Mleaderstyle ↙

选择上述任一方式输入命令，AutoCAD 弹出"多重引线样式管理器"对话框。如图 3-21所示。

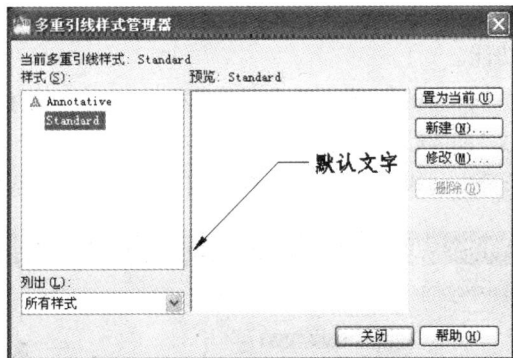

图 3-21　多重引线样式管理器

3. 选项说明

◇ 当前多重引线样式　显示当前多重引线样式名称。图 3-21 说明当前多重引线样式为"Standard"，这是 AutoCAD 提供的默认多重引线样式。

◇ "样式"列表框　列出已有的多重引线样式的名称。图 3-21 说明当前有两多重引线样式，即"Standard"和"Annotative"。"Annotative"为注释性多重引线样式，因为样式名前有图标。

◇ "列出"下拉列表框　确定要在"样式"列表框中列出哪些多重引线样式。可以通过下拉列表在"所有样式"和"正在使用的样式"之间选择

◇ "预览"图像框　预览在"样式"列表框中所选中的多重引线样式的标注效果。

◇ **置为当前(U)** 按钮　将指定的多重引线设为当前样式。设置方法为：在"样式"列表框中选择对应的多重引线样式，单击"置为当前"按钮。

◇ **新建(N)...** 按钮　创建新的多重引线样式。单击"新建"按钮。AutoCAD 弹出如图 3-22 所示的"创建新多重引线样式"对话框。用户可以通过对话框中的"新样式名"文本框指定新样式名称；通过"基础样式"下拉列表框确定用于创建新样式的基础样式。如果新定义的样式 ishi 注释性样式，应选中"注释格式性"复选框。确定了新样式的名称和相关设置后，单击 **继续(O)** "按钮，AutoCAD 弹出"修改多重引线样式"对话框，如图 3-23 所示。

◇ **修改(M)...** 按钮　修改已有的多重引线样式。从"样式"列表框中选择要修改的多重引线样式，单击 **修改(M)...** 按钮 AutoCAD 弹出与图 3-23 类似的"修改多重引线样式"对话框，用于样式的修改。

◇ **删除(D)** 按钮　删除已有的多重引线样式。从样式列表框中选择要删除的多重

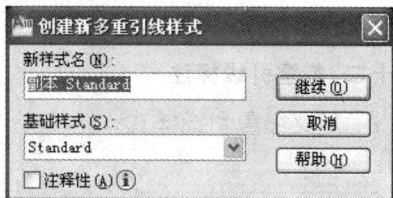

图 3-22　"创建新多重引线样式"对话框

引线样式，单击 **删除(D)** 按钮即可将其删除。提示：只能删除当前图形中没有使用的多重引线样式。

如图 3-23 所示的对话框中有"引线格式"、"引线结构"和"内容"3 个选项卡，下面分别介绍这些选项卡的功能。

◇"引线格式"选项卡　此选项卡用于设置引线格式，图 3-23 是对应的对话框。下面介绍选项卡中主要项的功能。

"常规"选项组框：设置引线的外观。其中，"类型"下拉列表框用于设置引线的类型，列表中有"直线"、"样条曲线"和"无"3 个选项，分别表示引线为直线、样条曲线或没有引线；"颜色"、"线型"和"线宽"下拉列表框分别用于设置引线的颜色、线型以及线宽。

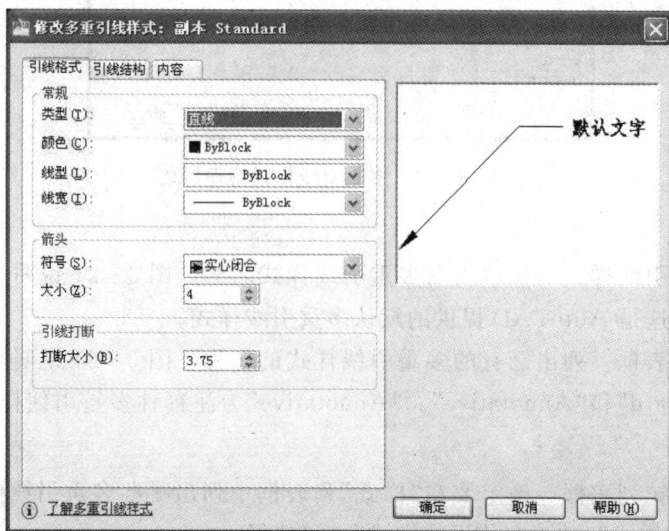

图 3-23　"修改多重引线样式"对话框

"箭头"选项组框:设置箭头的样式与大小。可以通过"符号"下拉列表框选择样式,通过"大小"组合框指定大小。

"引线打断"选项框:设置引线打断时的打断距离值,通过"打断大小"组合框设置即可。

预览框:预览对应的引线样式。

◇"引线结构"选项卡 设置引线的结构,图 3-24 是对应的对话框,下面介绍选项卡中主要项的功能。

"约束"选项组框:控制多重引线的结构。其中,"最大引线点数"复选框用于确定是否要指定引线端点的最大数量。选中复选框表示要指定,此时可以通过其右侧的组合框指定具体的值;"第一段角度"和"第二段角度"复选框分别用于确定是否设置反映引线中第一段线条和第二段直线方向的角度(如果引线时样条曲线,则分别设置第一段样条曲线和第二段样条曲线起点切线的角度)。选中复选框后,用户可以在对应的组合框中指定角度。需要说明的是,一旦指定了角度,对应线段(或曲线)的角度方向会按设置值的整数倍变化。

"基线设置"选项组框:设置多重引线中的基线(即在如图 3-24 所示的对话框中的预览框中,引线上的水平直线部分)。其中,"自动包含基线"复选框用于设置引线是否含基线。选中复选框表示含有基线,此时还可以通过"设置基线距离"组合指定基线的长度。

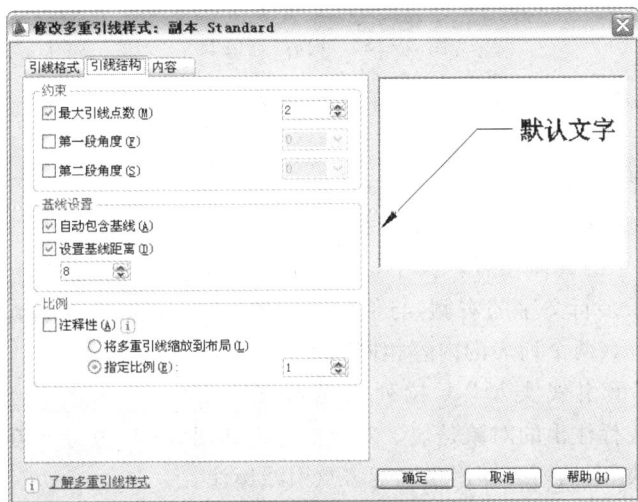

图 3-24 "引线结构"选项卡

"比例"选项组框:设置多重引线标注的缩放关系。"注释性"复选框用于确定多重引线样式是否为注释性样式;"将多重引线缩放到布局"单选按钮表示将根据当前模型空间视口和图纸空间之间的的比例确定比例因子;"指定比例"单选按钮用于为所有多重引线标注设置一个缩放比例。

◇"内容"选项卡 设置多重引线标注的内容。图 3-25 为对应的对话框。下面介绍选项卡中主要项的功能。

"多重引线类型"下拉列表框:设置多重引线标注的类型。列表中有"多行文字"、"块"和"无"3 个选项,即表示由多重引线标注的对象分时多行文字、块或没有内容。

"文字选项"选项组框:如果在"多重引线类型"下拉列表中选中"多行文字",则会显示出此选项组,用于设置多重引线标注的文字内容。其中,"默认文字"框用于确定多重引线标注中使用的默认文字,可以单击右侧的按钮,从弹出的文字编辑器中输入。"文字样式"下拉列表框用于确定所采用的文字样式;"文字角度"下拉列表框用于确定文字的倾斜角度;"文字颜色"下拉列表框和"文字高度"组合框分别用于确定文字的颜色和高度;"始终左对正"复选框用于确定是否使文字左对齐;"文字加框"复选框用于确定是否要为文字加边框。

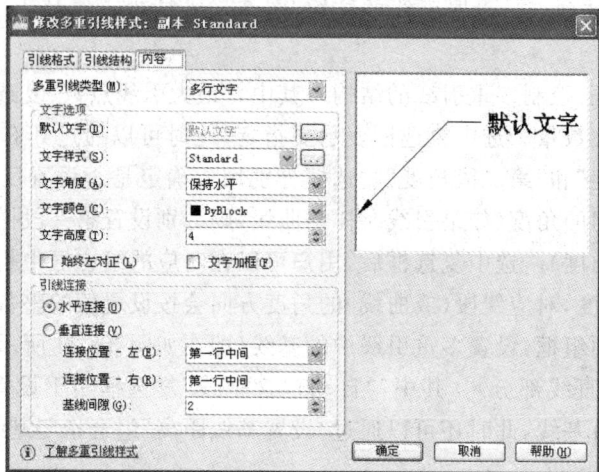

图 3-25 "内容"选项卡

"引线连接"选项组框:"水平连接"单选按钮表示以引线终点位于所标注文字的左侧或右侧。"垂直连接"单选按钮表示引线终点位于所标注文字的上方和下方。如果选中"水平连接"单选按钮,可以设置基线相对于文字的具体位置。其中,"连接位置-左"表示引线位于多行文字的右侧,与他们对应的列表如图 3-26 所示(两个列表的内容相同)。

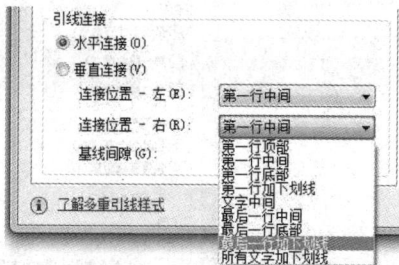

图 3-26 "连接位置"下拉列表

如果通过"多重引线类型"下拉列表选择了"块",表示多重引线标注出的对象是块。对应的界面如图 3-27 所示。在对话框中的"块选项"选项组中,"源块"下拉列表框用于确定多重引线标注。

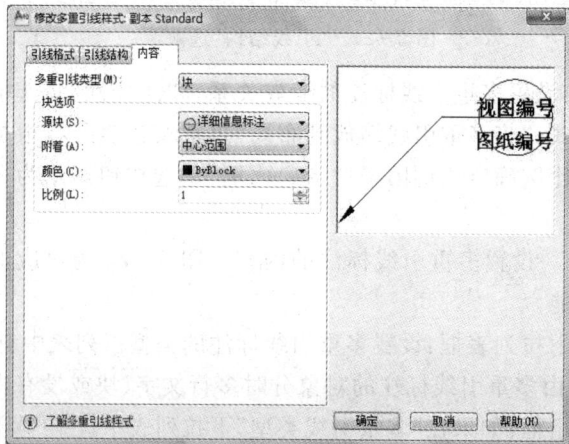

图 3-27 多重引线类型设为块后的界面

"源块"列表如图 3－28 所示。列表中位于各项目前面的图标说明了对应块的形状。实际上,这些块是含有属性的块,即标注后还允许用户输入文字信息。列表中的"用户块"项用于选择用户自己定义的块。

"附着"下拉列表框用于指定块与引线的关系。

"颜色"下拉列表框用于指定块的颜色,但一般采用"ByBlock"(随块)。

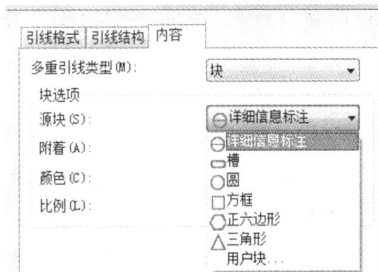

图 3－28 "源块"列表

(二)多重引线标注

1. 功能

引线用于指示图形中包含的特征,并注出关于这个特征的信息。通常用于倒角或形位公差代号的标注,在装配图中用来标注零件序号。在化工工艺图、电气工程图和给排水工程图中也有广泛的应用。多重引线对象通常包含箭头、水平基线、引线或曲线和多行文字对象或块。多重引线可创建为箭头优先、引线基线优先或内容优先。可以从图形中的任意点或部件创建引线并在绘制时控制其外观。引线可以是直线段或平滑的样条曲线。如果已使用多重引线样式,则可以从该指定样式创建多重引线。

2. 命令格式

● 单击图标：∕° 在如图 3－29 所示"标注"工具栏中。

● 下拉菜单：单击菜单栏中的"标注"→"多重引线"命令。

● 由键盘输入命令：Mleader ↙

图 3－29 "多重引线标注"工具栏

选择上述任一方式输入命令,命令行提示:

指定引线箭头的位置或[引线基线优先(L)/内容优先(C)/选项(O)]<选项>:

3. 选项说明

(1)箭头优先　指定多重引线对象箭头的位置。

(2)引线基线优先(L)　指定多重引线对象的基线的位置。如果先前绘制的多重引线对象是基线优先,则后续的多重引线也将先创建基线(除非另外指定)。

(3)内容优先(C)指定与多重引线对象相关联的文字或块的位置。如果先前绘制的多重引线对象是内容优先,则后续的多重引线对象也将先创建内容(除非另外指定)。将与多重引线对象相关联的文字标签的位置设置为文本框。完成文字输入后,单击"确定"或在文本框外单击。也可以如上所述,选择以引线优先的方式放置多重引线对象。如果此时选择"端点",则不会有与多重引线对象相关联的基线。

(4)选项　指定用于放置多重引线对象的选项。执行该选项 AutoCAD 提示:

输入选项[引线类型(L)/引线基线(A)/内容类型(C)/最大节点数(M)/第一个角度(F)/第二个角度(S)/退出选项(X)]:

其中,引线类型(L)选项用于确定引线的类型;引线基线(A)选项用于确定是否使用基线;内容类型(C)选项用于确定多重引线标注的内容(多行文字、块或无);最大节点数(M)选项用于确定引线端点的最大数量;第一角度(F)和第二角度(S)选项用于确定前两段引线的方向角度。

执行 Mleade 命令后,如果在"指定引线箭头的位置或[引线基线优先(L)/内容优先

（C）/选项（O）]＜选项＞："提示下指定一点，即指定引线的箭头位置后，AutoCAD 提示：

指定下一点：

指定下一点：

指定引线基线的位置：

在这样的提示下依次指定各点后按 Enter 键，AutoCAD 弹出文字编辑器，如图 3-30 所示（如果设置了最大点数，达到此点数后会自动显示出文字编辑器）。

通过文字编辑器输入对应的多行文字后，单击"文字格式"工具栏上的确定按钮，即可完成引线标注。

图 3-30 "输入多行文字"

【例 3-1】 对如图 3-31a 所示的图形进行多重引线标注，结果如图 3-31b 所示。

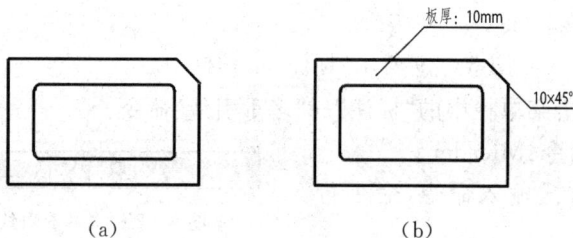

（a） （b）

图 3-31 多重引线标注

操作步骤如下：

（1）定义多重引线标注样式

执行 Mleaderstyle 命令，AutoCAD 弹出"多重标注样式管理器"对话框，单击其中的"新建"按钮，在弹出的"创建新多重引线样式"对话框中的"新样式名"文本框中输入"1"，其余采用默认设置，如图 3-32 所示。

单击"继续"按钮，在"引线格式"选项卡中，将"箭头"选项组中的"符号"项设为"无"，如图 3-33 所示。

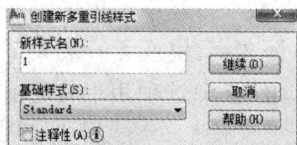

图 3-32 创建新多重引线标注

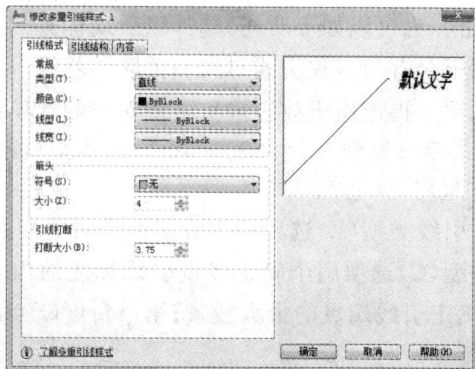

图 3-33 "引线格式"选项卡设置

在"引线结构"选项卡中,将"最大引线点数"设为"2",不使用基线,如图 3 - 34 所示。

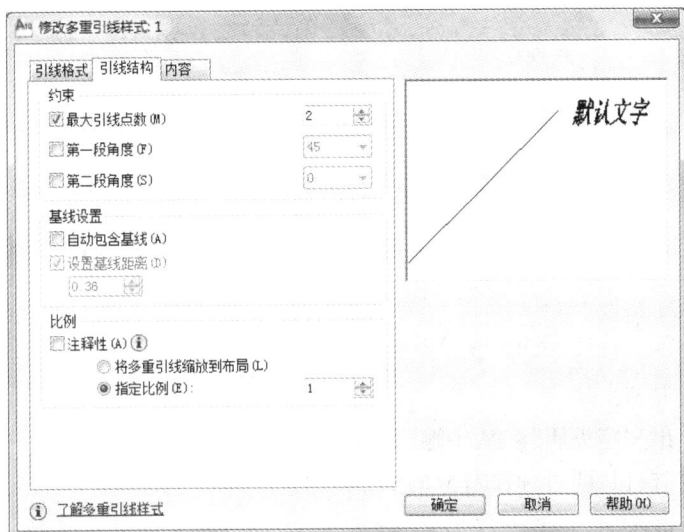

图 3 - 34 "引线结构"选项卡设置

在"内容"选项卡中,将"连接位置－左"和"连接位置－右"均设为"最后一行加下划线",如图 3 - 35 所示(注意预览图像所示的标注效果)。

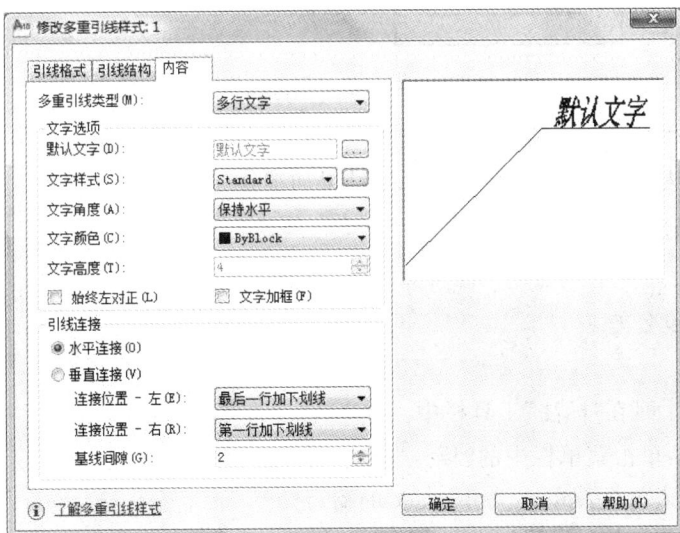

图 3 - 35 "内容"选项卡设置

单击"确定"按钮,AutoCAD 返回"多重引线样式管理器"对话框,如图 3 - 36 所示。

单击"关闭"按钮,完成新多重引线样式"1"的定义,并将新样式"1"设为当前样式。

(2)标注倒角尺寸

执行 Mleader 命令,AutoCAD 提示:

指定引线箭头的位置或[引线基线优先(L)/内容优先(C)/选项(O)]<选项>:

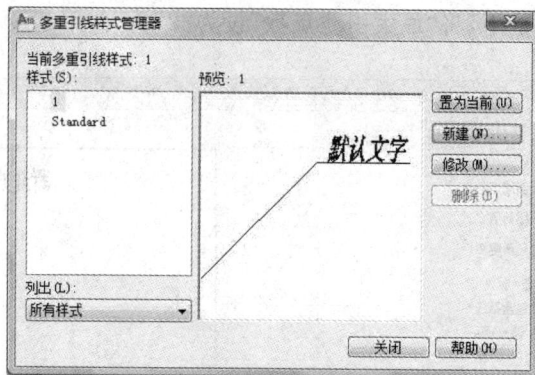

图 3-36　"多重引线样式管理器"对话框

指定引线基线的位置：

AutoCAD 弹出文字编辑器，从中输入对应的文字，如图 3-37 所示。单击"文字格式"工具栏上的"确定"按钮，即可标注对应的倒角尺寸。

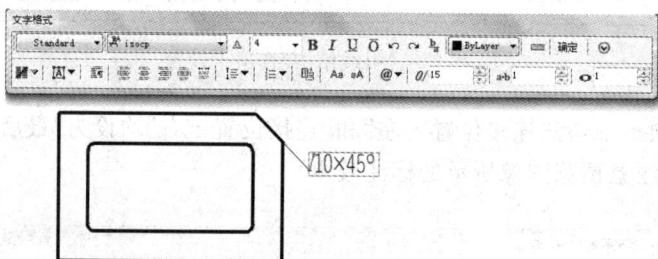

图 3-37　输入倒角尺寸

（3）标注文字"板厚：10mm"

用类似的方法标注文字"板厚：10mm"，结果如图 3-31b 所示。

十三、公差标注

1. 功能

用于标注形位公差。

2. 命令格式

● 单击图标：⊞ 在"标注"工具栏中。

● 下拉菜单：单击菜单栏中的"标注"→"公差"命令。

● 由键盘输入命令：tol↙（Tolerance 的缩写）

选择上述任一方式输入命令，弹出"形位公差"对话框，如图 3-38 所示。

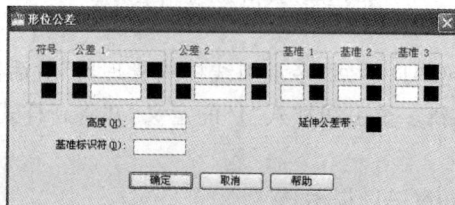

图 3-38　"形位公差"对话框

3.选项说明

◇ 符号　用于设置形位公差符号。单击下面小黑框,将弹出"符号"对话框,如图3-39所示,供用户选择形位公差符号,若不想选则点击白格。

◇ 公差1　用于在特征控制框中创建第一个公差值。可在公差值前插入直径符号,在其后插入包容条件符号。输入第一个公差值方法如下:单击"公差1"列前面的小黑色方框,插入一个直径符号。在"公差1"列中框内输入第一个公差值。单击"公差1"列后面的小黑色方框,将弹出"包容条件"对话框,如图3-40所示。可从中选择包容条件符号。在该对话框中自左向右依次为"最大包容条件"、"最小包容条件"和"不考虑特征条件"。

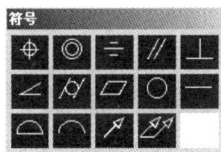

图3-39　"符号"对话框　　　图3-40　"包容条件"对话框

◇ 公差2　输入第二个公差值,方法同上。

◇ 基准1、基准2和基准3　在文本框中输入第一基准、第二基准和第三基准的有关参数。

【例3-6】　完成如图3-41所示图形中直径、倒角和位置公差的尺寸标注。

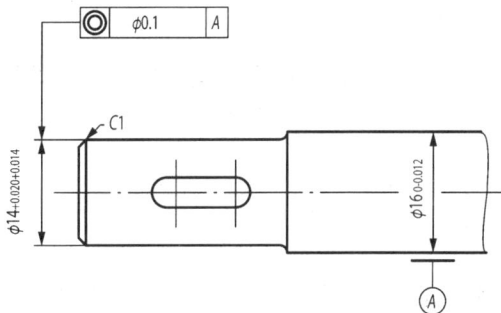

图3-41　引线及公差标注应用举例

操作步骤如下:

(1)标注轴径尺寸

① 设置尺寸标注样式。按国家标准规定,在"新建标注样式"对话中对各选项卡进行设置。

② 标注轴径尺寸。单击"线性"图标 ⊢,命令行提示:

指定第一条延伸线原点或<选择对象>:(拾取 $\phi14$ 轴径的最上素线投影一点,命令行继续提示)

指定第二条延伸线原点:(拾取 $\phi14$ 轴径的最下素线投影一点,命令行继续提示)

指定尺寸线位置或

[多行文字(M)/文字(T)/角度(A)/水平(H)/垂直(V)/旋转(R)]:m ✓(选择用多行文字方式重新输入尺寸,弹出"文字格式"对话框。在该对话框中输入"%%c14+0.020^+0.014",然后用光标选中"+0.020^+0.014",单击"堆叠"图标 ⅛,完成公差的堆叠后,单击 确定 按钮,完

成尺寸的重新输入。命令行继续提示）

指定尺寸线位置或

[多行文字(M)/文字(T)/角度(A)/水平(H)/垂直(V)/旋转(R)]:（用光标拖动尺寸线到适当位置单击左键,完成尺寸标注）

标注文字＝14（命令行显示原始尺寸数值,结束命令）

采用同样方法,标注另一个直径尺寸。

提示:为了整齐美观,在 0 偏差值前面加一空格,在堆叠时选中包括空格在内,这样使上下偏差个位对齐。

（2）标注例角尺寸

① 设置"多重引线"的标注样式。如图 3－42 所示。

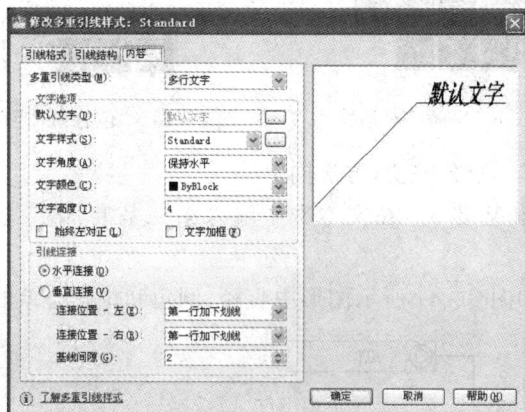

图 3－42　设置"多重引线"的标注样式

② 标注倒角尺寸。单击"多重引线"图标 ，命令行提示:

指定引线箭头的位置或[引线基线优先(L)/内容优先(C)/选项(O)]＜选项＞:

指定引线基线的位置:

AutoCAD 弹出文字编辑器,从中输入对应的文字,如图 3－43 所示。单击"文字格式"工具栏上的"确定"按钮,即可标注对应的倒角尺寸。

（3）标注形位公差代号

① 设置"多重引线"的尺寸样式。在"引线结构"选项卡中,设置最大引线数为"3",角度约束中的第一段为"90°"、第二段为"水平"。

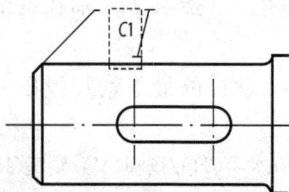

图 3－43　标注出对应的倒角尺寸

② 画引线。单击"多重引线"图标 ，命令行提示：

指定引线箭头的位置或[引线基线优先(L)/内容优先(C)/选项(O)]<选项>：

指定引线基线的位置：

如图 3-44 所示，完成引线绘制。

③ 标注形位公差。单击"公差"图标 ，弹出"形位公差"对话框（图 3-38）。单击"符号"区里的第一个小黑框，弹出"符号"对话框（图 3-39）。选取符号 （同轴度公差），返回"形位公差"对话框。单击"公差 1"区的第一个小黑方框，填加

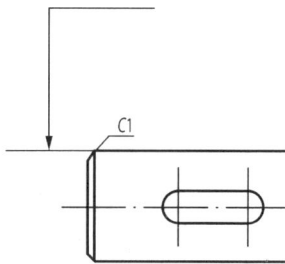

图 3-44 引线的绘制

一个符号 ϕ，在第二个白色框中输入 0.1，在"基准 1"区第一栏内输入 A，单击 确定 按钮，完成形位公差的设置。用光标拖动捕捉引线右端点后单击左键，完成形位公差的标注。

(4)标注基准代号

① 用"直线"命令绘制一条线宽为 1、长度为 6～10 且与 $\phi16$ 圆柱面轮廓线平行的特粗线段。再捕捉特粗线中点画一条长为 4～6 且与之垂直的细实线段。

② 用两点画圆命令，捕捉细实线端点且正交，绘制直径为 10 的细实线圆，在圆内写出基准字母 A，完成基准代号的绘制。

第三节 编辑尺寸标注

当需要更改已标注的尺寸时，不必删除已标注的尺寸并重新标注，而是使用 AutoCAD 所提供的尺寸编辑命令来实现尺寸的修改。本节主要介绍尺寸编辑、文本位置的调整、尺寸标注变量的替代。

一、编辑标注

1. 功能

用于改变已标注文本的内容、转角、位置，同时改变延伸线与尺寸线的相对倾角。

2. 命令格式

● 单击图标： 在"标注"工具栏中。

● 下拉菜单：单击菜单栏中的"标注"→"对齐文字"→"默认"命令。

● 由键盘输入命令：ded ↙（Dimedit 的缩写）

选择上述任一方式输入命令，命令行提示：

输入标注编辑类型[默认(H)/新建(N)/旋转(R)/倾斜(O)]<默认>：

3. 选项说明

◇ 默认（H） 可以使改变过位置的标注文本恢复到标注样式定义的缺省位置。

◇ 新建（N） 用于更改已标注的文本。

◇ 旋转（R） 可对已标注的文本按指定的角度进行旋转。

二、调整尺寸文本位置

1. 功能

用于改变标注文本相对于尺寸线的位置（使用"左"、"右"、"中心"、"默认"选项）和角度（使用"旋转"选项）。

2. 命令格式

● 单击图标：在"标注"工具栏中。

● 下拉菜单：单击菜单栏中的"标注"→"对齐文字"→下拉菜单项。

● 由键盘输入命令：dimted ∠（Dimtedit 的缩写）

选择上述任一方式输入命令，命令行提示：

选择标注：（拾取要调整的标注文本对象，命令行继续提示）

指定标注文字的新位置或[左(L)/右(R)/中心(C)/默认(H)/角度(A)]：

3. 选项说明

◇ 指定标注文字的新位置　用手动改变文字和尺寸线位置。

◇ 左(L)　将尺寸文本移至靠近左延伸线的位置。

◇ 右(R)　将尺寸文本移至靠近右延伸线的位置。

◇ 中心(C)　将尺寸文本移至延伸线中心处（在延伸线内有足够空间的情况下）。

◇ 默认(H)　将尺寸文本恢复到原来的缺省位置。

◇ 角度(A)　改变标注文本的旋转角度。

三、尺寸替代

1. 功能

用于临时修改某个尺寸标注的系统变量，而不改动整个尺寸标注样式。该操作只对指定的尺寸对象进行修改，修改后不影响原系统变量的设置。

2. 命令格式

● 下拉菜单：单击菜单栏中的"标注"→"替代"命令。

● 由键盘输入命令：dov ∠（Dimoverride 的缩写）

选择上述任一方式输入命令，命令行提示：

输入要替代的标注变量名或[清除替代(C)]：

3. 选项说明

◇ 输入要替代的标注变量名　直接输入尺寸标注系统变量名。

◇ 清除替代(C)　用于消除已替代的尺寸变量，恢复到原来状态。该选项只对已替代的尺寸才有效。

四、标注更新

1. 功能

更新当前的标注样式内容。

2. 命令格式

● 单击图标：在"标注"工具栏中。

● 下拉菜单：单击菜单栏中的"标注"→"更新"命令。

● 输入命令：dimstyle ∠

选择上述任一方式输入命令,命令行提示:

当前标注样式:

ISO－25 注释性:否

输入标注样式选项

[注释性(AN)/保存(S)/恢复(R)/状态(ST)/变量(V)/应用(A)/?]＜恢复＞:(输入选项或按 ENTER 键)可以将标注系统变量保存或恢复到选定的标注样式。

3.选项说明

◇ 注释性(AN)　创建注释性标注样式。

创建注释性标注样式[是(Y)/否(N)]＜是＞:

◇ 保存(S)　将标注系统变量的当前设置,保存到标注样式。

◇ 恢复(R)　将标注系统变量设置,恢复为选定标注样式的设置。

◇ 状态(ST)　显示所有标注系统变量的当前值。

◇ 变量(V)　列出某个标注样式或选定标注的标注系统变量设置,但不修改当前设置。

◇ 应用(A)　将当前尺寸标注系统变量设置应用到选定标注对象,永久替代应用于这些对象的任何现有标注样式。但不更新现有基线标注之间的尺寸线距离,标注文字变量设置也不更新现有引线文字。

◇ ?　列出当前图形中命名的标注样式。

五、调整标注间距

1.功能

可以自动调整图形中现有的平行线性标注和角度标注,以使其间距相等或在尺寸线处相互对齐。

2.命令格式

● 单击图标:▥在"标注"工具栏中。

● 下拉菜单:单击菜单栏中的"标注"→"等距标注"命令。

● 输入命令:Dimspace ↙

选择上述任一方式输入命令,命令行提示:

选择基准标注:(选择作为基准的尺寸)

选择要产生间距的标注:(依次选择要调整间距的尺寸)

选择要产生间距的标注:↙

输入值或[自动(A)]＜自动＞:

3.选项说明

如果输入距离值后按 Enter 键,AutoCAD 调整各尺寸线的位置,使它们之间的距离值为指定的值。如果直接按 Enter 键,AutoCAD 会自动调整尺寸线的位置。

六、折弯线性

1.功能

可以将折弯线性添加到线性标注。折弯线用于表示不显示实际测量值的标注值。通常,标注的实际测量值小于显示的值。

2.命令格式

● 单击图标：〰 在"标注"工具栏中。

● 下拉菜单：单击菜单栏中的"标注"→"折弯"命令。

● 输入命令：Dimjogline ↙

选择上述任一方式输入命令，命令行提示：

选择要添加折弯的标注或[删除(R)]：(选择线性标注或对齐标注)

指定折弯位置(或按 ENTER 键)：(指定一点作为折弯位置，或按 ENTER 键以将折弯放在标注文字和第一条延伸线之间的中点处，或基于标注文字位置的尺寸线的中点处)

3.选项说明

◇ 添加折弯

指定折弯位置(或按 ENTER 键)：(指定一点作为折弯位置，或按 ENTER 键以将折弯放在标注文字和第一条延伸线之间的中点处，或基于标注文字位置的尺寸线的中点处)

◇ 删除指定要从中删除折弯的线性标注或对齐标注。

选择要删除的折弯：(选择线性标注或对齐标注)。

七、检验

检验使用户可以有效地传达检查所制造的部件的频率，以确保标注值和部件公差位于指定范围内。可以将检验添加到任何类型的标注对象。

2.命令格式

● 单击图标：☑ 在"标注"工具栏中。

● 下拉菜单：单击菜单栏中的"标注"→"检验"命令。

● 输入命令：Diminspect ↙

选择上述任一方式输入命令，弹出检验对话框，如图 3 - 45 所示。

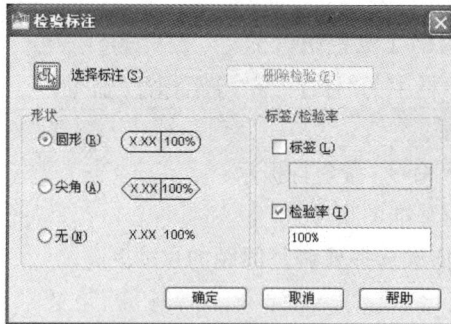

图 3 - 45 "检验"对话框

2.选项说明

◇ 选择标注 指定应在其中添加或删除检验标注。

◇ 删除检验 从选定的标注中删除检验标注。

◇ 形状 控制围绕检验标注的标签、标注值和检验率绘制的边框的形状。

圆形：使用两端点上的半圆创建边框，并通过垂直线分隔边框内的字段。

尖角：使用在两端点上形成 90°角的直线创建边框，并通过垂直线分隔边框内的字段。

无:指定不围绕值绘制任何边框,并且不通过垂直线分隔字段。

◇ 标签/检验率组框 为检验标注指定标签文字和检验率。

标签:打开和关闭标签字段显示

标签值:指定标签文字。选择"标签"复选框后,将在检验标注最左侧部分中显示标签。

检验率:打开和关闭比率字段显示。

检验率值:指定检查部件的频率。值以百分比表示,有效范围从 0 到 100。选择"检验率"复选框后,将在检验标注的最右侧部分中显示检验率。

实 训 三

实 训 目 的

1. 掌握建立尺寸样式的方法。
2. 掌握尺寸标注命令的键盘输入、工具栏、下拉菜单的使用。
3. 掌握各种类型的尺寸标注方法。
4. 掌握尺寸公差的标注方法。
5. 掌握快速尺寸标注方法。
6. 掌握中心标注、多重引线标注及快速引线标注的方法。
7. 掌握形位公差标注方法。
8. 掌握尺寸编辑修改方法。

绘 图 训 练

(1)绘制实训图 3-1 中的图形,并标注尺寸。

(2)绘制实训图 3-2 中的图形,并标注尺寸。

(3)绘制实训图 3-3 中的图形,并标注尺寸。

(4)绘制实训图 3-4 中的图形,并标注尺寸。

(5)绘制实训图 3-5 中的图形,并标注尺寸。

(6)抄画实训图 3-6 中的齿轮轴零件图(选用 A4 幅面,横放)。

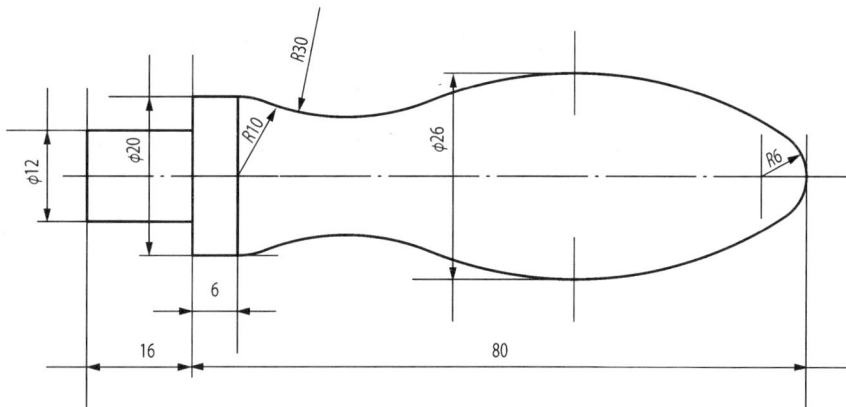

实训图 3-1

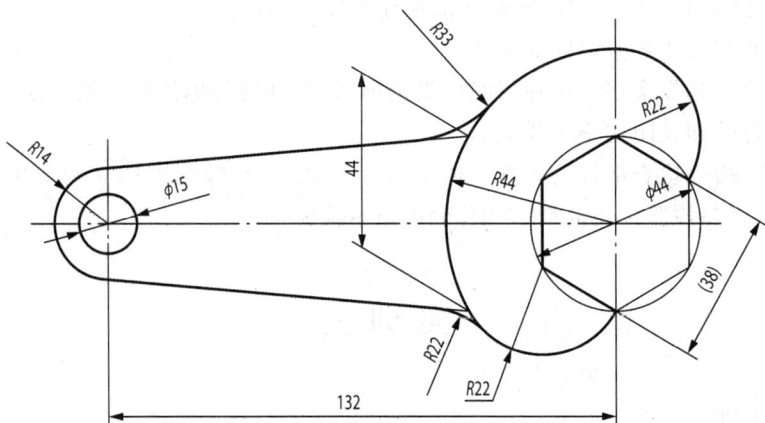

实训图 3-2

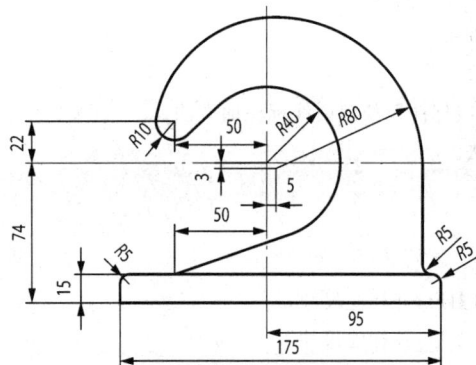

实训图 3-3

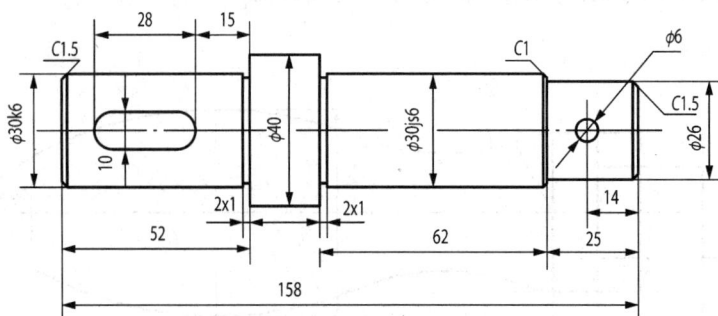

实训图 3-4

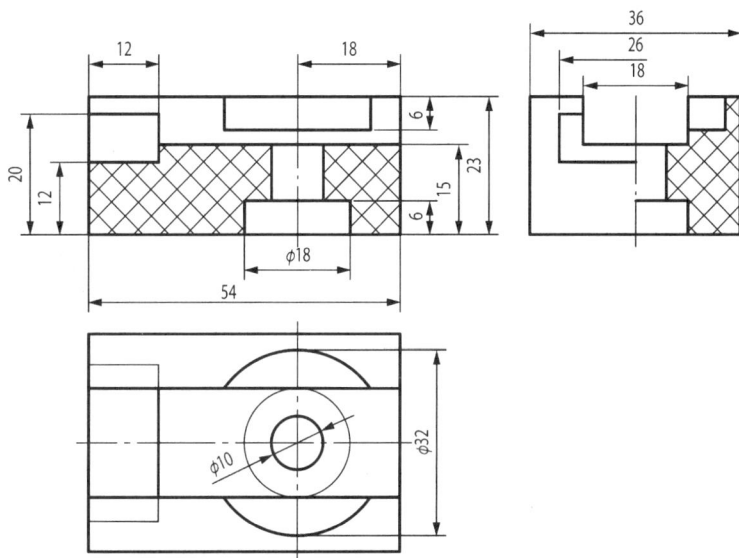

实训图 3－5

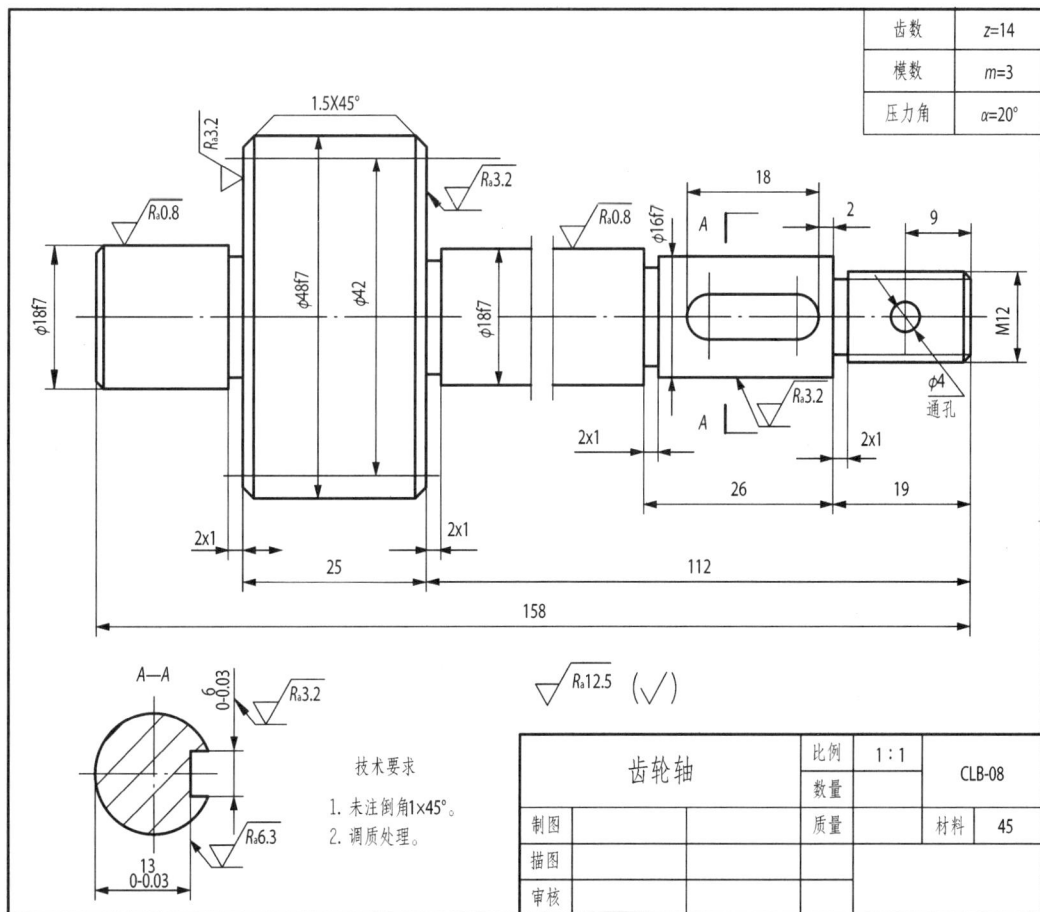

技术要求

1. 未注倒角1×45°。
2. 调质处理。

齿轮轴		比例	1：1	CLB-08
		数量		
制图		质量		材料	45
描图				
审核				

齿数	z=14
模数	m=3
压力角	α=20°

实训图 3－6

（7）抄画实训图 3-7 中的图形，标注尺寸、表面粗糙度和公差。

实训图 3-7

第四章 零件图的绘制

用于表达零件结构、大小与技术要求的图样称为零件图。它是生产过程中必备的技术资料。零件图包括一组视图、全部尺寸、技术要求和标题栏四部分内容。零件形状千变万化,但可以将其分为四类典型零件,即轴套类、盘盖类、支架类、箱体类。本章主要介绍图块的定义及使用等;外部参照的使用方法;样板文件的定制;用 AutoCAD 绘制典型零件图的一般方法及实用作图技巧。

第一节 图块与外部参照

块是由多个对象组成并赋予块名的一个整体。可以将块当作一个单一的对象插入到零件图或装配图中,同时可以缩放和旋转。块是系统提供给用户的重要工具之一,具有以下特点:

(1)提高绘图速度 在绘制零件图和装配图时,常常要绘制一些重复出现的图形对象(如表面粗糙度、标准件、常用件、序号等),这时就可以用插入块的方法实现,避免大量重复性的工作,提高绘图速度。

(2)节省存储空间 一个块尽管包含若干个图形信息,但系统把每个块只当作一个图形信息来处理。块定义越复杂,插入的次数越多,越能体现其优越性。

(3)便于修改图形 一张工程图样往往需要进行多次修改,当需要修改的图形是块时,则只需将该块重新定义,图中所引用该图块的地方会自动更新。

(4)可以加入属性 块加入文本信息称之为属性,这些信息可以在每次插入块时改变,而且还可以设置它的可见性,从图形中提取这些文本信息,传送给外部数据库进行管理。

一、块的定义与插入

1. 块的定义(Block)

(1)功能

对已有的图形定义为一个块,并给出块名。

(2)命令格式

● 单击图标: ⊞ 在"绘图"工具栏中。

● 下拉菜单:单击菜单栏中的"绘图"→"块"→"创建"命令。

● 由键盘输入命令:b↙(Block 的缩写)

选择上述任一方式输入命令,弹出"块定义"对话框,如图 4 - 1 所示。其各选项功能如下:

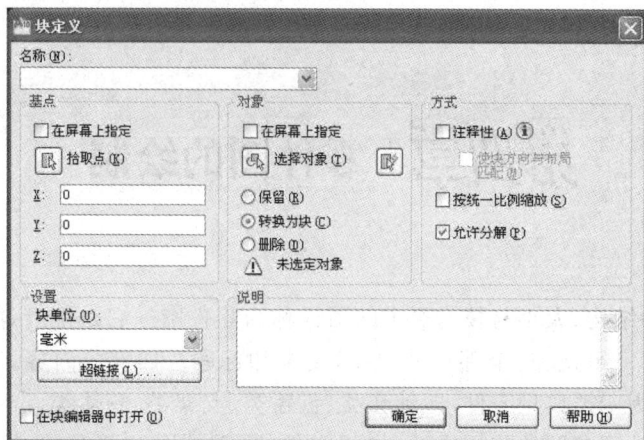

图 4-1　"块定义"对话框

① 名称栏　指定块的名称。名称最多可以包含 255 个字符，包括字母、数字、空格，以及操作系统或程序未作他用的任何特殊字符。块名称及块定义保存在当前图形中。

② 基点选项组框　指定基点的位置。

◇ "拾取点"图标 ▥　在屏幕上拾取块的基点，即插入图块时的参考点。

◇ 基点坐标文本框　在 X、Y、Z 文本框中直接输入基点坐标。

③ 对象选项组框　选择定义块的对象。

◇ "选择对象"图标 ▥　在屏幕上拾取组成图块的对象。确定对象后，按 Enter 键后再次返回原对话框。

◇ "快速选择"图标 ▥　用于过滤被选对象的特性。单击该图标，打开"快速选择"对话框，选择定义图块中的对象。

◇ "保留"单选按钮　创建图块后，将原选定对象保留在当前的图形中。

◇ "转换为块"单选按钮　创建图块后，将这些对象转换为图形中的图块。

◇ "删除"单选按钮　创建图块后，从图形中删除原选定的对象。

④ 设置选项组框　指定块的设置。

◇ "块单位"下拉列表框　指定块插入到图形中的缩放单位。

◇ "超链接"按钮　打开"超链接"对话框，可以使用该对话框将某个超链接与块定义相关连。

⑤ 方式选项组框　指定块的行为。

◇ "注释性"复选框　指定块为注释性。

◇ "使块方向与布局匹配"复选框　指定在图纸空间视口中的块参照的方向与布局的方向匹配。如果未选择"注释性"选项，则该选项不可用。

◇ "按统一比例缩放"复选框　指定是否阻止块参照不按统一比例缩放。

◇ "允许分解"复选框　指定块参照是否可以被分解。

⑥ "说明"文本框　输入与块有关的文字说明，如块的用途和用法等。

⑦ "在块编辑器中打开"复选框　选定复选框后，单击 确定 按钮，在块编辑器中打开当前的块定义。

【例 4 - 1】 创建一个表面粗糙度符号块。

操作步骤如下：

(1)绘制表面粗糙度符号

表面粗糙度符号的规定画法如图 4 - 2 所示,其中 $H = 1.4h$(h 为文字高度)。根据图中给定的尺寸,取 $h = 3.5$($H = 1.4 \times 3.5 = 4.9$)绘制该符号,操作过程(略)。

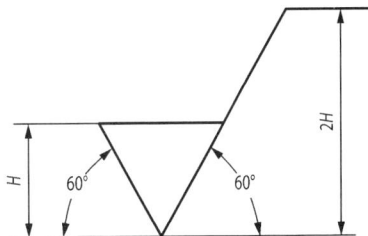

图 4 - 2　表面粗糙度符号画法

(2)将表面粗糙度符号创建为块

① 单击绘图工具栏中的"创建块"图标 (或单击菜单栏中的"绘图"→"创建块"命令),系统打开"块定义"对话框。

② 在该对话框中进行相关设置,如图 4 - 3 所示。从图中可看出,块名为"表面粗糙度符号",单击"拾取点"图标 ,选择图 4 - 2 中位于最下方的线交点作为基点;单击"选择对象"图标 ,选择图 4 - 2 中组成表面粗糙度符号的 4 条线;选择"转换为块"单选按钮,自动将所选择对象转换为块。

③ 单击 确定 按钮,完成表面粗糙度符号的块定义。

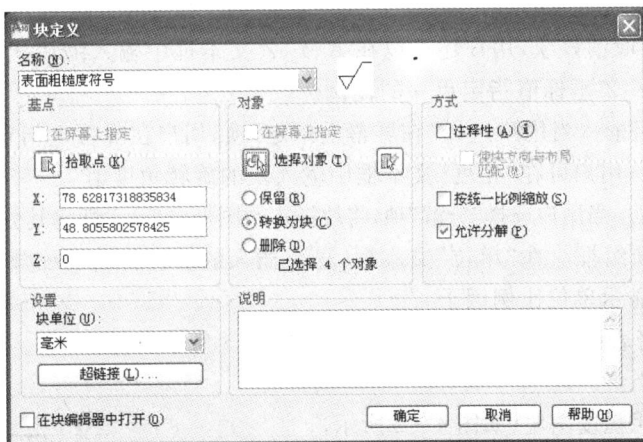

图 4 - 3　"块定义"对话框

2. 块的插入(Insert)

(1)功能

将已定义的块,插入到当前图形中指定的位置。在插入的同时,还可以改变所插入块图形的比例与旋转角度。

(2)命令格式

● 单击图标: 在"绘图"工具栏中。

● 下拉菜单:单击菜单栏中的"插入"→"块"命令。

● 由键盘输入命令:i↙(Insert 的缩写)

选择上述任一方式输入命令,弹出"插入"对话框,如图 4 - 4 所示。其各选项功能如下:

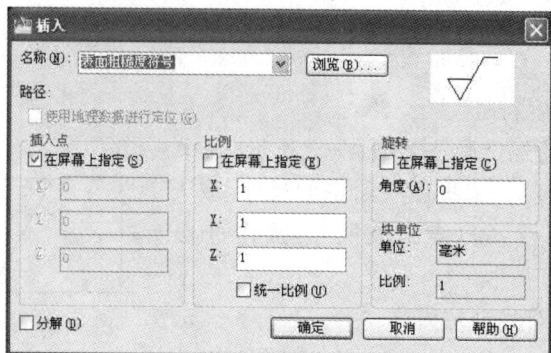

图 4-4 "插入"对话框

① 名称栏　下拉列表中选择要插入当前图形中已存在的块名。单击 浏览(B)... 按钮，弹出"选择图形文件"对话框，在该对话框中选择要插入的块或图形文件。当插入的是一个外部图形文件时，系统将把插入的图形自动生成一个内部块。单击 打开(0) ▼ 按钮，返回"插入"对话框。

② 插入点选项组框　当用户选择"在屏幕上指定"项，在屏幕上指定插入点。若取消该项，用户可以在 X、Y、Z 的文本框中输入插入点的坐标值。

③ 比例选项组框　当用户选择"在屏幕上指定"项，用户输入插入块时的 X、Y、Z 方向上的比例因子。若取消该项，用户还可以在 X、Y、Z 文本框中输入缩放比例。如果选择"统一比例"项，为 X、Y、Z 坐标值指定单一的比例。

④ 旋转选项组框　当用户选择"在屏幕上指定"项，用户在屏幕上指定插入块时的旋转角度。若取消该项，用户可在"角度"文本框中输入块的旋转角度值。

⑤ 分解复选框　当用户选择"分解"项，将块插入到图形中后，立即将其分解成基本的对象。

⑥ 块单位选项组框　在"单位"文本框，显示插入的块进行自动缩放所用的图形单位。在"比例"文本框，显示单位比例因子。

【例 4-2】 将表面粗糙度符号图块插入如图 4-5 所示位置。

操作步骤如下：

(1)创建表面粗糙度图块(如图 4-2 所示，操作步骤略)。

(2)由键盘输入命令：i↙

(3)弹出"插入"对话框。在"名称"栏的下拉列表中选择"表面粗糙度符号"，同时在"插入点"选项组、"缩放比例"选项组和"旋转"选项组中均选中"在屏幕上指定"选项，单击 确定 按钮，命令行提示：

指定插入点或[比例(S)/X/Y/Z 旋转(R)/预览比例(PS)/PX/PY/PZ/预览旋转(PR)]:(指定插入点 I，用捕捉"最近点")

指定比例因子<1>：↙

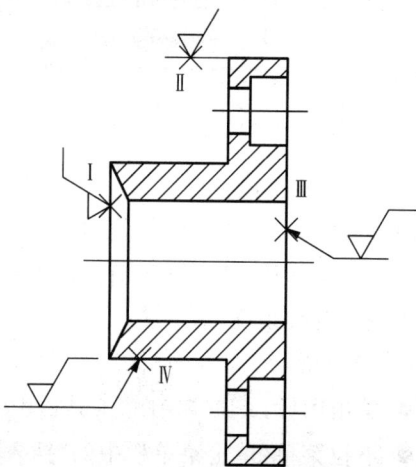

图 4-5 插入图块到指定位置

指定旋转角度<0>:90↙

重复上述操作,分别将图块插入到其余三个表面。

3.块的矩形阵列插入(Minsert)

(1)功能

按行、列的形式插入多个块。

(2)命令格式

● 由键盘输入命令:minsert↙

输入命令后,命令行提示:

输入块名或[?]:××(输入块名)↙

单位:毫米　转换:1.0000

指定插入点或[基点(B)/比例(S)/X/Y/Z/旋转(R)]:↙(给出插入点)

输入 X 比例因子,指定对角点,或[角点(C)/XYZ(XYZ)]<1>:↙

输入 Y 比例因子或<使用 X 比例因子>:↙

指定旋转角度<0>:××(输入阵列的旋转角度)↙

输入行数(－－－)<1>:××(行数)↙

输入列数(|||)<1>:××(列数)↙

输入行间距或指定单位单元(－－－):××(行间距)↙

指定列间距(|||):××(列间距)↙

说明:不能分解用 Minsert 命令插入的块,因为整个阵列是一个块。

二、图块的管理

1. 块存盘(Wblock)

(1)功能

将整个图形、对象或内部块以文件的形式保存起来,生成图形文件(文件格式为.dwg),又称为外部块。

(2)命令格式

● 由键盘输入命令:w↙(Wblock 的缩写)

输入命令后,弹出"写块"对话框,如图 4-6 所示。

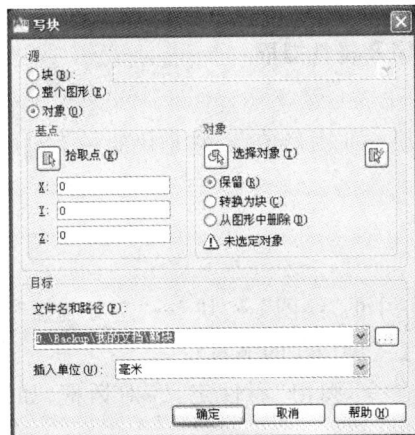

图 4-6　"写块"对话框

（3）对话框说明

① 源选项组　指定存盘对象的类型。

◇ "块"单选按钮　打开右侧的下拉列表,从中选择已定义的块来定义外部块文件。

◇ "整个图形"单选按钮　将当前整个图形来定义外部块。

◇ "对象"单选按钮　从屏幕上选择要作为外部块的对象及基点。

② 基点选项组　确定块在插入时的参考点。

③ 对象选项组　选择所组成外部块的对象。

④ 目标选项组　确定外部块文件的名称、存盘路径及在插入时所采用的单位。

2. 块的更新

当用户需要修改块而并不改变原块的块名时,可采用块的更新来完成。其操作步骤如下:

（1）在图形中先插入要修改的块。

（2）将块进行分解,使其还原为各自独立的对象。

（3）对组成块的对象进行修改。

（4）将修改后的对象重新定义为块,并输入与修改前相同的块名。当屏幕出现如图4-7所示的"警告"对话框时,选择"重新定义块"表示确认,此时即完成了块的更新。对当前图形中所有已插入的同名块,都将自动更新为新定义的块。

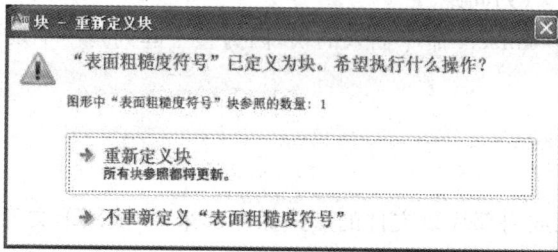

图4-7　块重新定义警告框

说明:当某个块是由多个块组成时,这种块中含块的现象称为块的嵌套。用"分解"命令一次只能分解一级实体,所以对嵌套的块需进行多次分解,才能使该块分解为各自独立的对象。

三、图块的属性、属性编辑及属性提取

1. 图块的属性

图块的属性是从属于图块的非图形信息,它是块的一个组成部分,并通过"定义属性"命令以字符串的形式表现出来。

2. 块的属性定义

其命令格式有以下两种。

● 下拉菜单:单击菜单栏中的"绘图"→"块"→"定义属性"命令。

● 由键盘输入命令:att ↙（Attdef 的缩写）

选择上述任一方式输入命令,弹出"属性定义"对话框,如图4-8所示。各选项功能如下:

① 模式选项组框　规定属性的特性。

◇"不可见"复选框 表示在插入块时不显示其属性。

◇"固定"复选框 表示块的属性已设为指定值,块在插入时不再提示属性信息,也不能对其属性值进行修改。

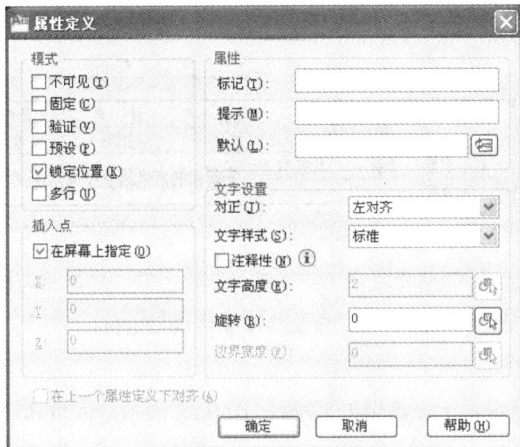

图 4-8 "属性定义"对话框

◇"验证"复选框 表示在插入块时,对每个属性值都会进行提示,要求用户验证属性值的输入是否正确。如有误,则要求重新输入正确的属性值。

◇"预设"复选框 该选项的功能与"固定"选项的功能类似,其主要区别在于可以修改其属性值。

◇"锁定位置"复选框 确定是否锁定属性在块中的位置,如果没有锁定,插入块后,可以利用夹点功能改变属性的位置。

◇"多行"复选框 指定属性值是否可以包含多行文字。如果选中此复选框,可以通过"文字设置"选项组中的"边界宽度"文本框中输入对应信息即可。

② 属性选项组框 输入属性标记、属性提示、属性值。

◇"标记"文本框 输入用来确认属性的名称。属性名必须为字符串,最长可达 256 个字符。属性名不能为空值,属性中的字母总是以大写形式出现。

◇"提示"文本框 用于输入提示用户的信息。

◇"默认"文本框 设置属性的默认值。如单击"插入字段"图标 ⎙,显示"字段"对话框。可以插入一个字段作为属性的全部或部分值。

③ 插入点选项组框 确定属性值在图形中的位置。用户可在图形中指定一个点作为属性值的定位点,也可以在 X、Y、Z 栏中输入定位点的坐标值。

④ 文字设置选项组框 确定属性文字的对齐方式、文字样式、文字高度、文字的旋转角度等。

⑤ "在上一个属性定义下对齐"复选框 选取该选项表示属性的字体、文字样式、文字高度、旋转角度的设置均与上一个属性相同。

说明:在定义了第一个属性后,才可以使用"在上一个属性定义下对齐"选项。

3. 定义带有属性的块

在需要定义带有属性的块时,应先绘制出所要组成图块的对象,然后使用"定义属性"命令来建立块的属性,最后定义带有属性的图块。

【例 4-3】 将标题栏定义为一个带属性的块文件,块名为"标题栏",并将该块插入到 A4 的图幅中去,并按图 4-9 所示内容,填写图名、制图人姓名、日期、比例、材料、图号、校名及班名等。

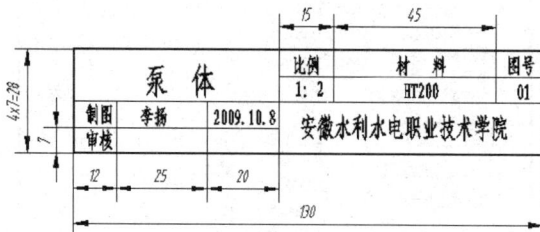

图 4-9 定义块的属性应用图例

操作步骤如下:

(1)首先按尺寸画出标题栏,并填写标题栏中各项内容,如图 4-10 所示。

(2)在标题栏中定义块的属性。下面以"图名"为例,说明定义块属性的过程:

① 单击菜单栏中的"绘图"→"块"→"定义属性"命令,弹出"定义属性"对话框。

② 在"属性"选项组内的'标记'栏内输入"图名"。

③ 在标题栏内的 a 点处拾取一点作为属性文字的定位点如图 4-11 所示。

④ 在"文字选项"选项组内设定文字样式(可书写汉字样式)、文字高度(5)、旋转角度(0)及对齐方式(左),单击 确定 按钮。

重复使用"定义属性"命令,依次按指定的文字定位点 b、c、d、e、f、g,定义出属性名为"制图人姓名"、"日期"、"校名及班名"、"比例"、"材料"、"图号",其中设"校名及班名"文字高度为 5,其他均为 2.5。完成属性定义的标题栏,如图 4-11 所示。

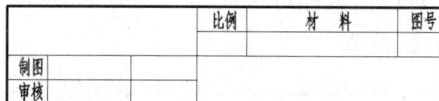

图 4-10 标题栏及项目名称

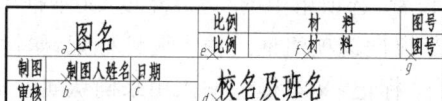

图 4-11 定义属性后的标题栏

(3)将定义属性后的标题栏保存为块文件标题栏,其过程如下:

① 在命令行内输入块存盘命令 w↙,弹出"写块"对话框,在"文件名和路径"栏内,指定存储块文件的路径和块名。

② 在"基点"选项组内单击"拾取点"图标 ,拾取标题栏右下角为基点。

③ 在"对象"选项组内单击"选择对象"图标 ,选取整个标题栏,单击 确定 按钮。

(4)将标题栏块文件插入到图幅右下角,其过程如下:

① 建立新的图形文件,绘制 A4 图幅的图框,单击菜单栏中的"插入"→"块"命令,弹出"插入"对话框。

② 单击 浏览(B)... 按钮,弹出"选择图形文件"对话框,按存入块文件的路径选中"标题栏"文件,单击 打开(O) 按钮,返回原对话框。

③ 在插入点、缩放比例和旋转三个选项组内,均选取"在屏幕上指定"选项,单击

【确定】按钮，命令行提示：

指定插入点或[比例(S)/X/Y/Z/旋转(R)/预览比例(PS)/PX/PY/PZ/预览旋转(PR)]:（捕捉标题栏右下角点Ⅰ为插入点）

指定比例因子<1>:↙

指定旋转角度<0>:↙

校名及班名:安徽水利水电职业技术学院↙

图号:01↙

材料:HT200↙

比例:1∶1↙

制图:李扬↙

图样名称:泵体↙

日期:2009.10.8↙

插入标题栏后的图幅，如图4-12所示。

4. 块的属性编辑

(1)编辑属性定义(Ddedit)

① 功能

在属性定义与块相联之前对属性进行修改。

② 命令格式

● 单击图标：A/ 在"文字"工具栏中。

● 下拉菜单:单击菜单栏中的"修改"→"对象"→"文字"→"编辑"命令。

图4-12　插入标题栏后的图幅

● 由键盘输入命令:ddedit↙

选择上述任一方式输入命令，命令行提示：

选择注释对象或[放弃(U)]:（选择要进行编辑的属性定义）

弹出"编辑属性定义"对话框，可对选定的属性内容进行修改，如图4-13所示。

图4-13　"编辑属性定义"对话框

(2)编辑块属性

① 功能

用于修改已插入到图形中的块的属性值。

② 命令格式

● 单击图标: 在"修改Ⅱ"工具栏中。

● 下拉菜单:单击菜单栏中的"修改"→"对象"→"属性"→"单个"命令。

● 由键盘输入命令:eattedit↙

选择上述任一方式输入命令，命令行提示：

选择块：↙（选择要修改的带属性的图块）

弹出"增强属性编辑器"对话框，重新设置属性，如图 4－14 所示。

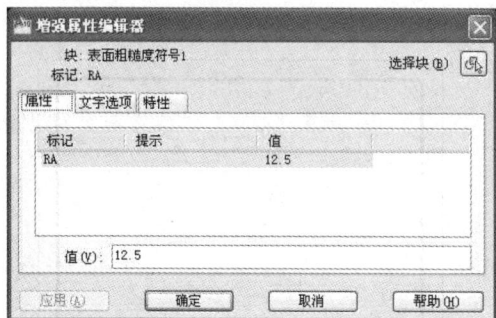

图 4－14　"增强属性编辑器"对话框　　　　　图 4－15　"文字"选项卡

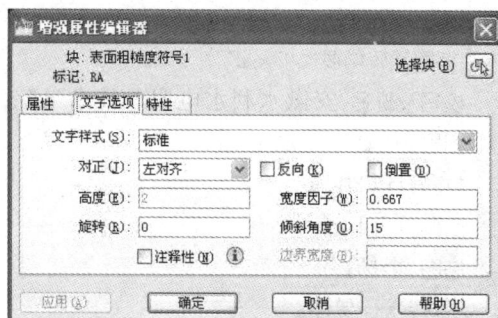

"增强属性编辑器"对话框中各选项卡的功能如下：

◇ 属性选项卡　该选项卡（图 4－14）的列表框显示了块中每个属性的标记、提示和值。在列表框中选择某一属性后，在"值"文本框中将显示出该属性对应的属性值，用户可以通过它来修改属性值。

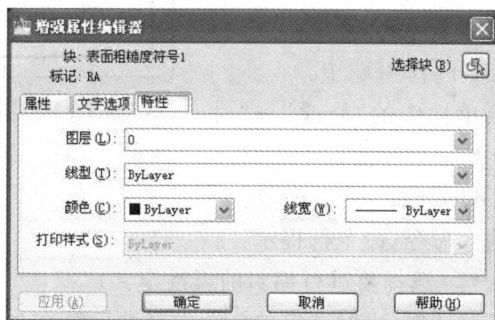

图 4－16　"特性"选项卡

◇ 文字选项卡　该选项卡（图 4－15）用于修改属性值的文字格式，即对文字的样式、文字的对齐方式、文字高度、旋转角度、文字的宽度系数和文字的倾斜角度等进行设置。其中"反向"和"倒置"两个选项，分别表示文字行是否反向显示、以及是否上下颠倒显示。

◇ 特性选项卡　该选项卡（图 4－16）用于修改属性值文字的图层以及线宽、线型、颜色及打印样式等。

5. 块属性管理器

（1）功能

用于管理块的属性。

（2）命令格式

● 单击图标：🔲 在"修改Ⅱ"工具栏中。

● 下拉菜单：单击菜单栏中的"修改"→"对象"→"属性"→"块属性管理器"命令。

● 由键盘输入命令：battman ↙

选择上述任一方式输入命令,弹出"块属性管理器"对话框,如图 4-17 所示。各选项功能如下:

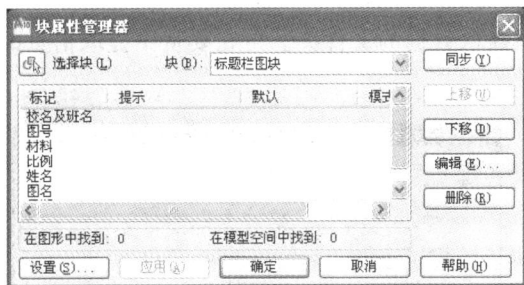

图 4-17 "块属性管理器"对话框

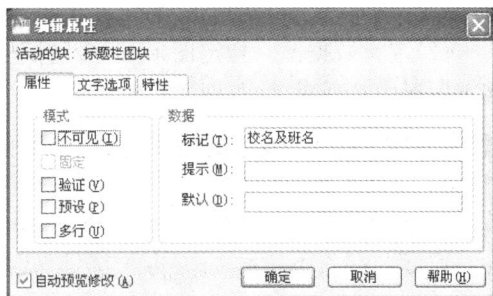

图 4-18 "编辑属性"对话框

◇ "选择块"图标 🕒 单击该图标,切换到绘图窗口,在绘图窗口中选择需要操作的块。

◇ 块列表框 在列表框中列出了当前图形中含有属性的所有块的名称,也可通过下拉列表框选定要操作的块。

◇ 同步(Y) 按钮 更新已修改的属性特性实例。

◇ 上移(U) 按钮 将选中的属性上移,每按一次上移一个位置。

◇ 下移(D) 按钮 将选中的属性下移,每按一次下移一个位置。

◇ 编辑(E)... 按钮 单击该按钮,弹出"编辑属性"对话框,如图 4-18 所示。重新设置属性定义的构成、文字特性和图形特性等。

◇ 删除(R) 按钮 单击该按钮,可删除当前选中的属性。

◇ 设置(S)... 按钮 单击该按钮,弹出"设置"对话框,设置块属性列表中所显示的内容,如图 4-19 所示。

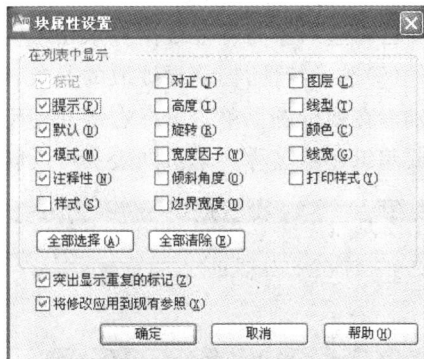

图 4-19 "设置"对话框

6. 数据提取

(1)概述

提供从对象、块和属性中提取信息(包括当前图形或一组图形中的图形信息)的逐步说明。将信息用于在当前图形中创建数据提取处理表,或保存到外部文件中,或两者同时进行。

(2)命令格式

● 单击图标: 🔲 在"修改Ⅱ"工具栏中。

● 下拉菜单:单击菜单栏中的"工具"→"数据提取"命令。

● 由键盘输入命令:Dataextraction ↙

【例 4-4】 用"数据提取"命令,提取如图 4-12 所示标题栏的属性。

操作步骤如下:

（1）单击修改Ⅱ工具栏中的"数据提取"图标 ⊞ ，弹出"数据提取－开始"对话框，如图 4
－20 所示。在"开始"页面中的数据提取向导上，单击"创建新数据提取"。如果要使用样板
（DXE 或 BLK）文件，请单击"将上一个提取用作样板"。单击"下一步"。

（2）定义数据源。指定图形文件，包括从中提取数据的文件夹。可在要从中提取信息的
当前图形中选择对象，如图 4－21 所示。

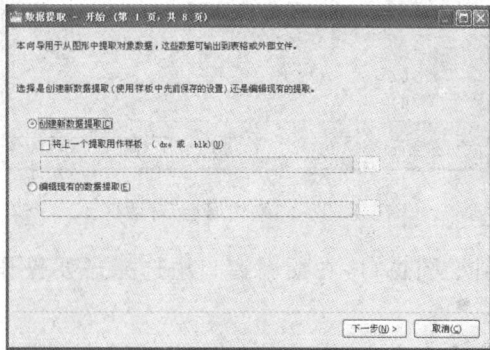

图 4－20 "属性提取－开始"对话框   图 4－21 "属性提取－选择图形"对话框

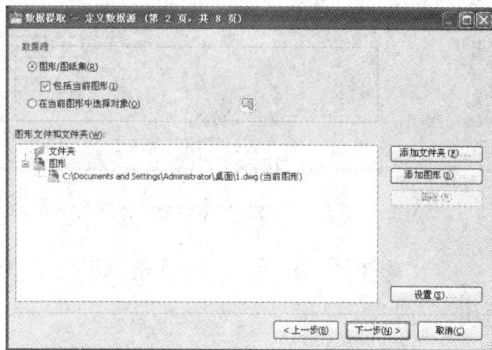

（3）文件夹快捷菜单。仅当使用"添加文件夹"按钮明确添加一个文件夹后，才能看到文
件夹的快捷菜单（以及在选定文件夹中列出的图形）。

（4）选择对象，指定要提取的对象类型（块和非块）和图形信息。默认情况下，勾选有效
对象，不会勾选选定图形中不存在的对象。单击列表头可反转排序顺序，可以调整列的大
小。已勾选对象的特性数据显示在"选择特性""页面上。如图 4－22 所示。

（5）选择特性，控制要提取的对象、块和图形特性。每行显示一个特性名、其显示名称和
类别。在列标题上单击鼠标右键并使用快捷菜单中的选项选中或清除所有项目、反转选择
集或编辑显示名称。单击列表头可反转排序顺序，可以调整列的大小，如图 4－23 所示。

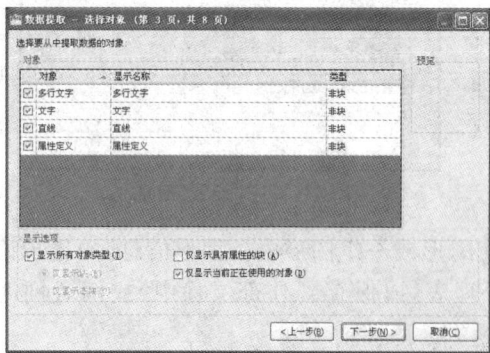

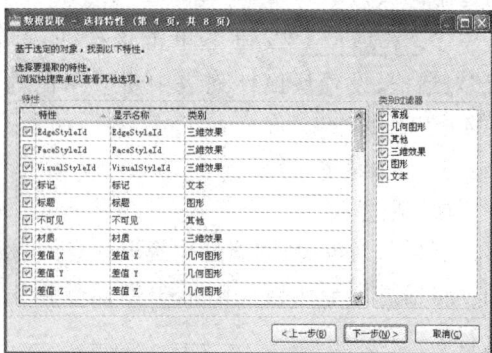

图 4－22 "数据提取－选择对象"对话框图   图 4－23 "数据提取－选择特性"对话框

（6）优化数据，修改数据提取处理表的结构。用户可以对列进行重排序、过滤结果、添加
公式列和脚注行，以及创建 Microsoft Excel 电子表格中数据的链接。如图 4－24 所示。

（7）选择输出，指定要将数据提取至的输出类型。如图 4－25 所示。

（8）表格样式，控制数据提取处理表的外观。只有选择了"选择输出"页面上的
"AutoCAD 表"，才会显示此页面。

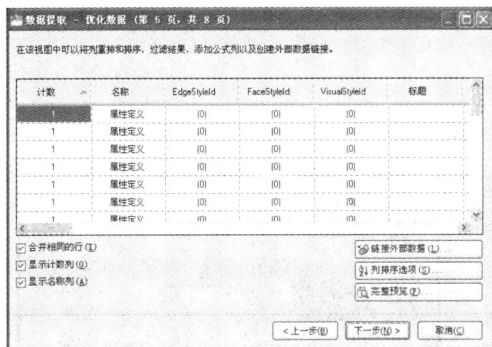

图4-24 "数据提取—优化数据"对话框图

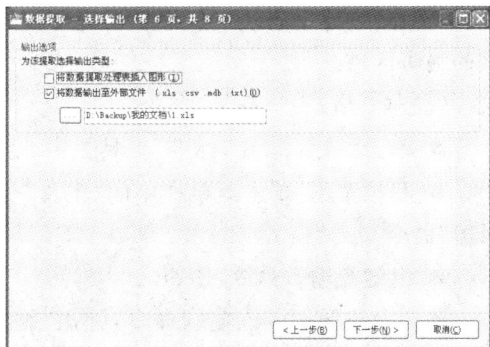

图4-25 "数据提取—选择输出"对话框

（9）在"完成"页面中，单击"完成"，如图4-26所示。

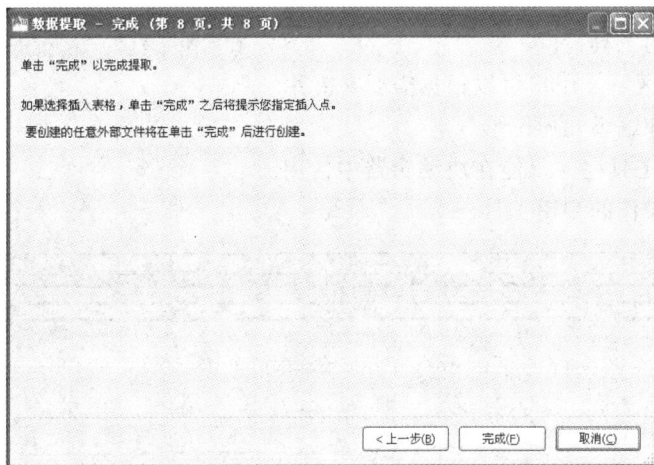

图4-26 "数据提取—完成"对话框

四、动态块

1. 动态块概述

块是大多数图形中的基本构成部分，用于表示现实中的物体。现实物体的不同种类需要定义不同的块，这就需要定义成千上万的块，在这种情况下，如果块的某个外观有些区别，用户就需要分解块来编辑其中的几何图形。这种解决方法会产生大量的、矛盾的和错误的图形。动态块功能使用户可编辑图形外观而不需要分解它们，用户可以在插入图形时或插入块后操作块实例。动态块大大增强了图块的功能及应用范围。具有灵活性和智能性。用户在操作时可以轻松地更改图形中的动态块参照，可以通过定义夹点或自定义特性，操作动态块参照中的几何图形。用户可以根据需要在位调整块，而无需重新定义该块或插入另一个块。

2. 动态块的创建

（1）功能

创建新的块定义；可以在位调整修改块，而不用重新定义现有的块或搜索另一个块以插入；可以向当前图形中存在的块定义中，添加动态行为或编辑其中的动态行为。一般使用

"块编辑器"创建动态块。块编辑器是专门用于创建块定义并添加能够使块成为动态块的元素的编写区域。

(2)命令格式

● 单击图标：在"标准"工具栏中。

● 下拉菜单：单击菜单栏中的"工具"→"块编辑器"命令。

● 由键盘输入命令：Bedit↙

选择上述任一方式输入命令，弹出"编辑块定义"对话框，如图4-27所示。输入要创建的块名或选择要编辑的块，单击按钮，打开块编辑器，如图4-28所示。

在块编辑器中，提供了专用绘图区域、编写选项板和一个专门的工具栏。

① 专用绘图区域　用户可以根据需要在专用绘图区域中绘制和编辑几何图形。

② 专用绘图工具栏　只能在块编辑器中使用。进行动态块操作的专用工具。

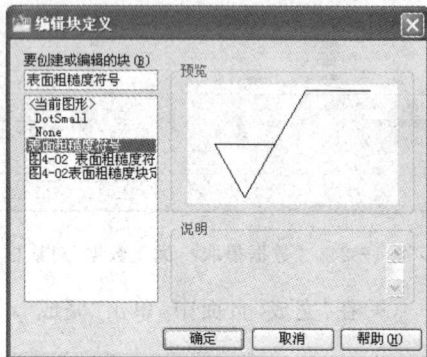

图4-27　"编辑块定义"对话框

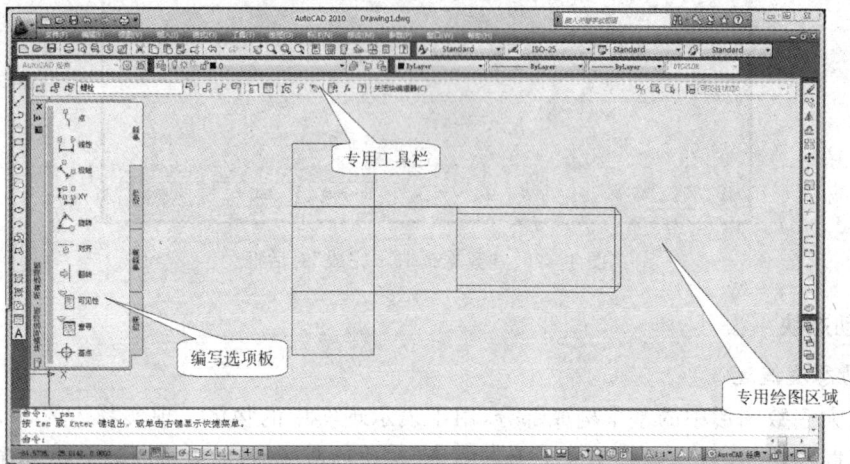

图4-28　块编辑器环境

③ 编写选项板　可以快速访问编写工具，如图4-29所示。

◇"参数"选项板　提供向块编辑器中的动态块定义中添加参数的工具。

◇"动作"选项板　提供向块编辑器中的动态块定义中添加动作的工具。

◇"参数集"选项板　提供向块编辑器中的动态块定义中添加一个参数和至少一个动作的工具。将参数集添加到动态块中时，动作将自动与参数相关联。将参数集添加到动态块中后，双击黄色警告图标，然后按照命令行上的提示，将动作与几何图形选择集相关联。

要成为动态块的块，至少包含一个参数以及一个与该参数关联的动作。向块中添加了这些元素，也就为块增添了灵活性和智能性。

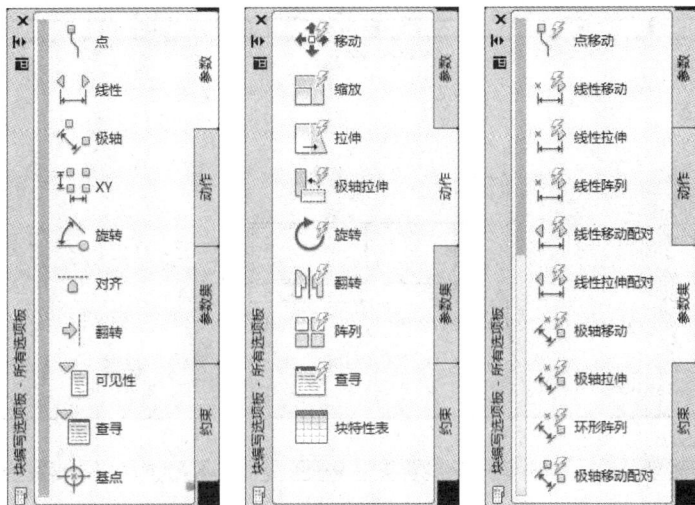

(a)参数选项板　　　(b)动作选项板　　　(c)参数集选项板

图 4-29　动态块编写选项板

【例 4-5】　在块编辑器中创建"螺栓 GB5782　M12×50"的图块。M12 螺栓的公称长度系列还有 45、50、55、60、65、70、80、90、100、110、120、130、140、150 和 160,添加动态行为,使插入的图块可以根据需要调整其公称长度。

操作步骤如下:

(1)绘图环境设置(略)。

(2)启动块编辑器。单击标准工具栏中的"块编辑器"图标 ,弹出"编辑块定义"对话框,如图 4-30 所示,在"要创建或编辑的块"文本框中输入"螺栓 M12",单击 确定 按钮,打开块编写区域,如图 4-31 所示。

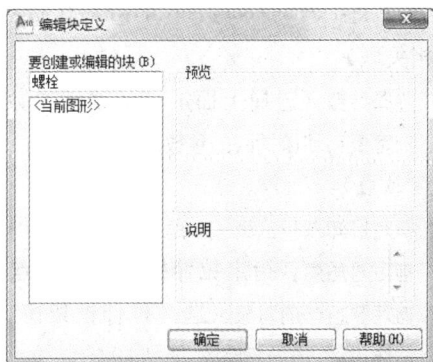

图 4-30　"编辑块定义"对话框

(3)按简化画法绘制螺栓 M12×50(如图 4-31 所示,可不标尺寸)。

(4)添加动态行为。向图块添加线性参数,从屏幕左侧"块编写选项板"中的"参数"选项板上选择"线性参数",系统提示及操作如下:

命令:_BParameter 线性

指定起点或[名称(N)/标签(L)/链(C)/说明(D)/基点(B)/选项板(P)/值集(V)]:v✔

输入距离值集合的类型[无(N)/列表(L)/增量(I)]<无>:l✔

输入距离值列表(逗号分隔):45,55,60,65,70,80,90,100,110,120,130,140,150,160✔

指定起点或[名称(N)/标签(L)/链(C)/说明(D)/基点(B)/选项板(P)/值集(V)]:(指定线性参数的起点为 A 点)

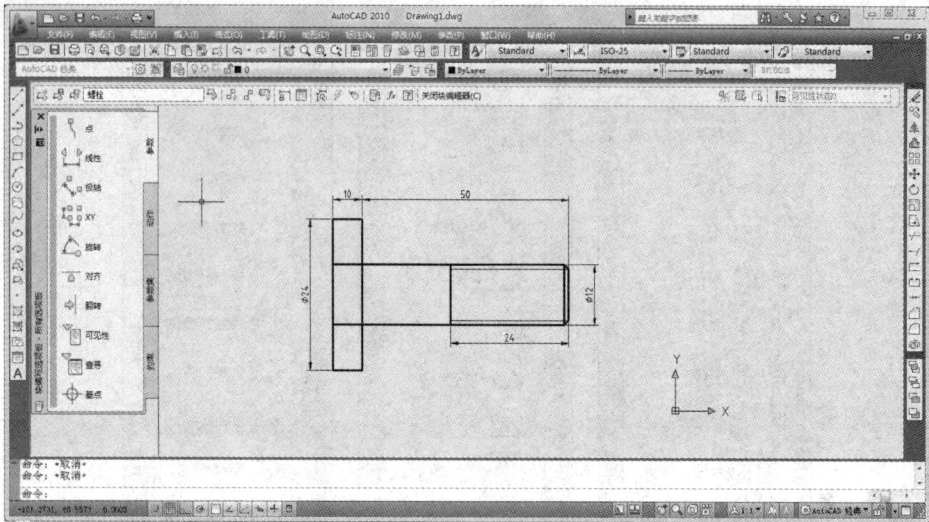

图 4 - 31　"螺栓 M12"块编写区域

指定端点:(指定线性参数的端点为 B 点)

指定标签位置:(指定参数标签的位置,如图 4 - 32 所示)

命令:_BActionTool 拉伸(单击动作选项板中的"拉伸动作"图标，将拉伸动作与线性参数相关联)

选择参数:(选择上面定义的线性参数)

指定要与动作关联的参数点或输入[起点(T)/第二点(S)]<第二点>:(指定要与动作关联的参数点 B 点)

指定拉伸框架的第一个角点或[圈交(CP)]:(指定拉伸对象框架的第一个角点)

指定对角点:(指定拉伸框架的对角点,如图 4 - 32 所示)

指定要拉伸的对象:(选择拉伸框架窗口包围的或相交的所有对象)

选择对象:指定对角点:找到 20 个

选择对象:↙(结束对象选择)

指定动作位置或[乘数(M)/偏移(O)]:(指定动作的位置,如图 4 - 32 所示)

命令:_BActionTool 拉伸(单击动作选项板中的"拉伸动作"图标，将拉伸动作与线性参数相关联)

选择参数:(选择上面定义的线性参数)

指定要与动作关联的参数点或输入[起点(T)/第二点(S)]<起点>:(指定要与动作关联的参数点 A 点)

指定拉伸框架的第一个角点或[圈交(CP)]:(指定拉伸对象框架的第一个角点)

指定对角点:(指定拉伸框架的对角点,如图 4 - 33 所示)

指定要拉伸的对象:(选择拉伸框架窗口包围的或相交的所有对象)

选择对象:指定对角点:找到 20 个

选择对象:(结束对象选择)

指定动作位置或[乘数(M)/偏移(O)]:(指定动作的位置,如图 4 - 33 所示)

图 4-32 添加第一个拉伸动作　　　　图 4-33 添加第二个拉伸动作

(5)关闭块编辑器,单击"插入块"图标 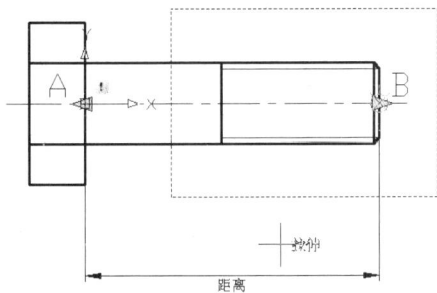(或单击菜单栏中的"插入"→"块"命令),插入"螺栓 M12"图块在当前图形中。单击选择该图块,然后拉伸图块上与拉伸动作相关联的A、B 两个参照点,按动态调整螺栓的公称长度,而不必分解图块来编辑其中的几何图形。

五、外部参照

可以将任意图形文件插入当前图形中作为外部参照。

将图形文件附着为外部参照时,可将该参照图形链接到当前图形。打开或重新加载参照图形时,在当前图形中将显示对该文件所做的所有更改。

一个图形文件可以作为外部参照同时附着到多个图形中。反之,也可以将多个图形作为参照图形附着到单个图形。

1. 外部参照附着

(1)功能

用于把其他图形附着(链接)到当前图形中。

(2)命令格式

● 单击图标: 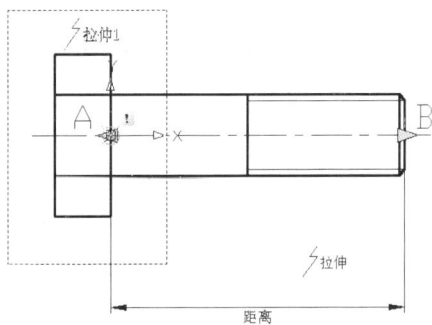在"参照"工具栏中。

● 下拉菜单:单击菜单栏中的"插入"→"DWG 参照"等命令。

● 由键盘输入命令:xattach ↙(缩写名 XA)

选择上述任一方式输入命令,弹出"选择参照文件"对话框,如图 4-34 所示。从目录中选择需要附着的文件,单击 打开(O) ▾ 按钮,弹出"外部参照"对话框,如图 4-35 所示。

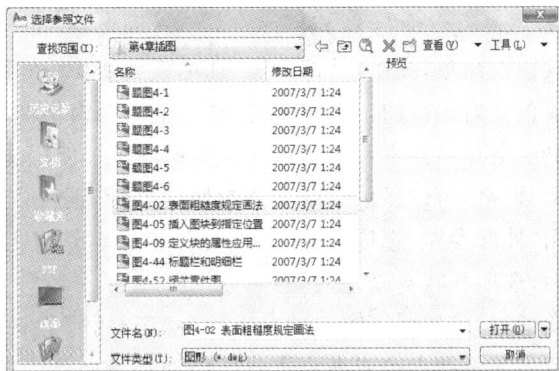

图 4-34 "选择参照文件"对话框

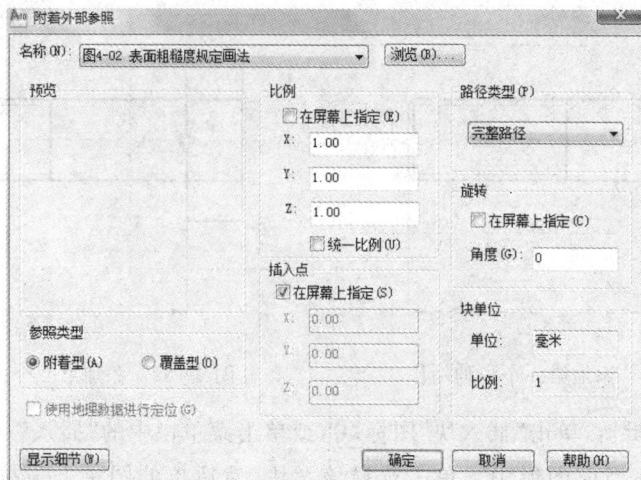

图 4-35 "外部参照"对话框

各选项功能如下：

①"名称"下拉列表框　选择要参照的图形文件，列表框中列出当前图形已参照的图形名，通过 浏览(B)... 用户，可以选择新的参照图形。

②"参照类型"选项组　选定附着的类型。

◇ 附着型　指外部参照可以嵌套。

◇ 覆盖型　指外部参照不可嵌套。

③"插入点"、"比例"、"旋转"选项组　可以分别确定插入点的位置、插入的比例、旋转角。它们既可以在编辑框中输入，也可以在屏幕上确定，同块的插入操作类似。

2．外部参照管理

（1）功能

"外部参照"选项板用于组织、显示和管理参照文件，例如 DWG 文件（外部参照）、DWF、DWFx、PDF 或 DGN 参考底图以及光栅图像。

（2）命令格式

● 单击图标：🖼 在"参照"工具栏中。

● 下拉菜单：单击菜单栏中的"插入"→"外部参照"命令。

● 由键盘输入命令：xref ↙（缩写名 XR）

选择上述任一方式输入命令，弹出"外部参照"选项板如图 4-36 所示。

"外部参照"选项板包含若干按钮，分为两个窗格。上部的窗格称为"文件参照"窗格，可以以列表或树状结构显示文件参照。快捷菜单和功能键提供了使用文件的选项。下部的窗格称为"详细信息/预览"窗格，可以显示选定文件参照的特性，还可以显示选定文件参照的缩略图预览。注意使用"外部参照"选项板时，建议打开自动隐藏功能或锚定选项板。之后从选项板中移走光标后，选项板将自动隐藏。

外部参照附着到图形时，应用程序窗口的右下角（状态栏托盘）将显示一个外部参照图标。如果未找到一个或多个外部参照或需要重载任何外部参照，"管理外部参照"图标中将出现一个叹号。如果单击"外部参照"图标，将显示"外部参照"选项板。如图 4-37 所示。

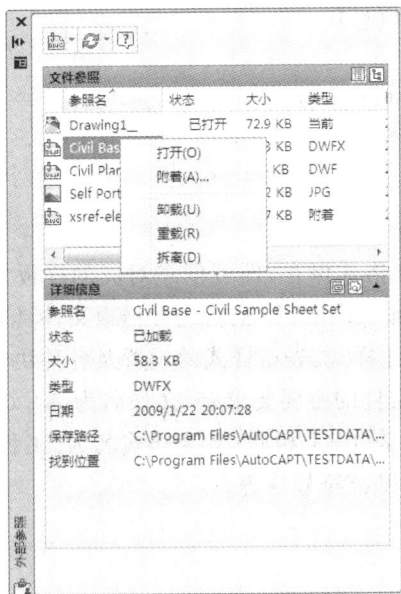

图 4-36 "外部参照"选项板

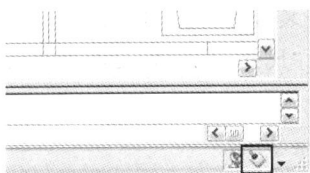

图 4-37 "外部参照"图标

第二节 样板文件的定制

手工绘图时,为使绘图方便,各设计单位和工厂一般会根据制图标准将图纸裁成相应的幅面,并在图纸上印有图框线和标题栏等内容。同样,用 AutoCAD 绘制机械图时,用户也可以进行与此类似的工作,即事先设置好绘图幅面、绘制好图幅框和标题栏。基于 AutoCAD 本身的特点,用户还可以进行更多的绘图设置,如设置绘图单位的格式、标注文字与标注尺寸的标注样式、图层以及打印设置等。利用 AutoCAD 的样板文件,用户就可以便捷地达到这些要求。

AutoCAD 样板文件是扩展文件名为 . dwt 的文件,文件上通常包括一些通用图形对象,如图幅框和标题栏等,还有一些与绘图相关的标准(或通用)设置,如图层、文字标注样式及尺寸标注样式的设置等。通过样板创建新图形,可以避免一些重复操作,如绘图环境的设置等。这样不仅能够提高绘图的效率,而且还保证了图形的一致性。当用户基于某一样板文件绘制新图形并以 . dwg 格式(AutoCAD 图形文件格式)保存后,所绘图对样板文件没有影响。

创建样板文件的过程一般如下:

(1)建立新图形

执行 NEW 命令,建立新图形。

(2)绘图设置

进行必要的绘图设置,如设置绘图单位、图形界限、图层、文字样式、标注样式、表格样式以及栅格、极轴追踪等。

(3)绘制固定图形

绘制图框、标题栏(可以将标题栏定义为含有属性的块,以后填写标题栏时直接双击标题栏块,从弹出的"增强属性编辑器"对话框中填写)。

(4)定义常用符号块

如定义粗糙度符号块、基准符号块及常用零件块等。

(5)打印设置

设置打印页面、打印设备等。

(6)保存图形

最后,执行保存命令,将当前图形以.dwt 格式保存,即可创建对应的样板文件。一旦创建了样板文件,选择该样板文件来创建新图形,新图形中就会包含样板文件具有的全部信息,如绘图单位、图形界限、图层、文字样式、标注样式、表格样式的设置及各种块等。

【例 4-6】 新建一样板文件。对该样板文件的主要要求有:文件名为 A4.dwt;图幅规格为 A4(竖装,尺寸为 210×297);图层设置与表 1-1 相同;文字样式名为"工程字 1";;尺寸样式名为"尺寸 1";并定义有粗糙度符号块、基准符号块等。

操作步骤如下:

(1)建立新图形

为定义样板文件,首先应创建一个新图形。单击"标准"工具栏的"新建"按钮,或选择"文件"→"新建"命令,即执行 NEW 命令,打开"选择样板"对话框,从中选择样板文件 acadiso.dwt 作为新绘图形的样板(acadiso.dwt 文件是一公制样板,其有关设置接近我国的绘图标准)。单击会话框中的"打开"按钮,AutoCAD 创建对应的新图形。此时就可以进行样板文件的相关设置或绘制相关图形。

(2)设置绘图单位

用户设置绘图单位格式的命令是 UNITS。选择"格式"→"单位"命令,即执行 UNITS 命令,打开"图形单位"对话框,确定长度尺寸和角度尺寸的单位格式以及相应的精度。在对话框中的"长度"选项组中,通过"类型"下拉列表将尺寸的单位格式设为"小数"通过"精确"下拉列表将长度尺寸的精确设为 0.0;在"角度"选项组中,通过"类型"下拉列表将角度尺寸的单位格式设为"度/分/秒",通过"精确"下拉列表将角度尺寸的精度设为 0d00,如图 4-38 所示。

单击对话框中的"方向"按钮,打开"方向控制"对话框,如图 4-39 所示。

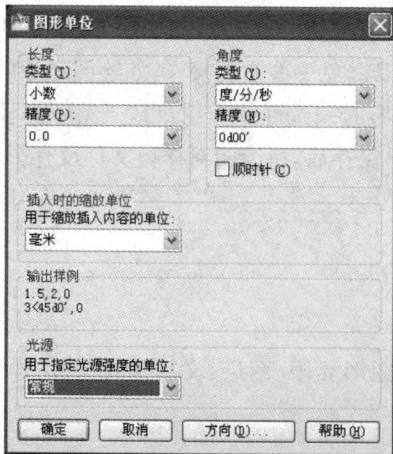

图 4-38 设置图形单位　　　　图 4-39 设置方向控制

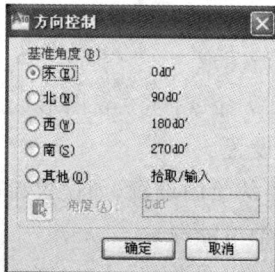

"方向控制"对话框用于确定基准角度,即零度角的方向。通过对话框将该方向确定为"东"(即默认方向);单击对话框中的"确定"按钮,返回到图 4-38 所示的"图形单位"对话框;单击对话框中的"确定"按钮,完成绘图单位格式及确定精度的设置。

(3)图形界线的设置

由表 4-1 可知,A4 图纸的幅面尺寸是 210×297 mm。

表 4-1　基本幅面尺寸　　　　　　　　　　(单位:mm)

幅面代号		A0	A1	A2	A3	A4
尺寸 $B \times L$		841×1189	594×841	420×594	297×420	210×297
边框	a	25				
	c	10			5	
	e	20			10	

用于设置图形界限的命令是 LIMITS,选择"格式""图形界限"命令,即执行 LIMITS 命令,AutoCAD 提示:

命令:Limits

重新设置模型空间界限:

指定左下角点或[开(ON)/关(OFF)]<0.0,0.0>:↙

指定右上角点<420.0,297.0>:210,297 ↙

此时,完成图形界线的设置。为了使所设图形界限有效,还需要要 LIMITS 命令的"开(ON)"选项进行相应的设置。设置过程如下:

执行 LIMITS 命令,AutoCAD 提示:

命令:Limits

重新设置模型空间界限:

指定左下角点或[开(ON)/关(OFF)]<0.0,0.0>:on ↙

执行 ON 选项后,使所设图形界限有效,即用户只能在设定的范围内绘图,如果所绘图形超出了制定的图形界线,AutoCAD 拒绝绘图,并给出了相应的提示。

提示:设置图形界线后,一般选择"视图"→"缩放"→"全部"命令,使设置的绘图区域显示在计算机屏幕的中间并尽可能充满屏幕。完成这样的设置后,可通过显示栅格点的方式观看绘图的范围。单击状态栏的栅格显示按钮即可显示栅格点。

(4)设置图层

现在我们来定义表 1-1 所示的各图层。

单击"图层"工具栏上的(图层特性管理器)按钮,即可执行 LAYER 命令,AutoCAD 将打开"图层特性管理器"对话框,如图 4-40 所示。

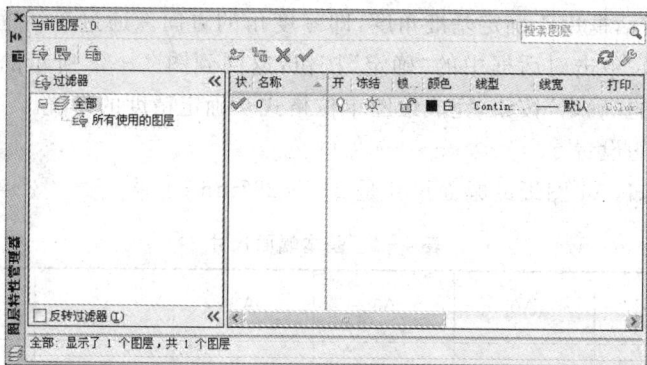

图 4-40　"图层特性管理器"对话框

下面以定义"中心线"图层为例说明具体过程。已知中心线图层的绘图线型为 Center，绘图颜色为红色，线宽为 0.35mm。单击对话框中的(新建图层)按钮，AutoCAD 自动创建名为"图层 1"、颜色和线型分别为白色、Continuous(实线)的新图层。如果要将"图层 1"改为"中心线"，可单击"图层 1"，然后输入"中心线"即可，结果如图 4-41 所示。

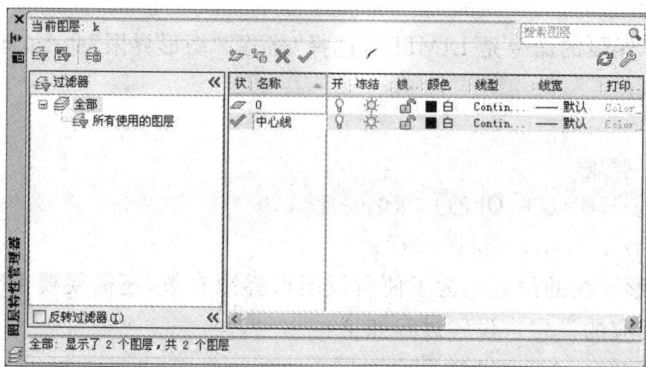

图 4-41　定义"中心线"图层

根据表 1-1，将"中心线"图层的绘图颜色改为红色。单击图 4-41 中"中心线"行的"白"项，AutoCAD 将打开图 4-42 所示的"选择颜色"对话框。从中选择红色后单击对话框中的"确定"按钮，完成颜色的设置。

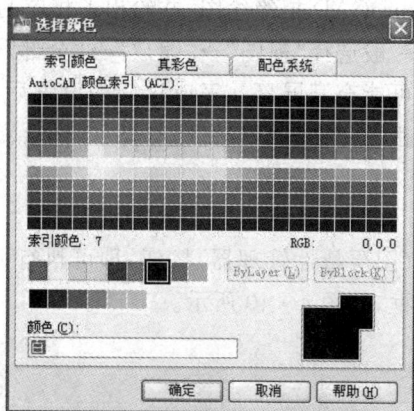

图 4-42　颜色设置

根据表 1-1,将"中心线"图层的绘图线型更改为 CENTER 线型。单击图 4-41 中"中心线"行上的 Continuous 项,AutoCAD 将打开用于确定绘图线型的"选择线型"对话框,用户可通过该对话框中的线型列表框来选择对应的绘图线型。如果列表框中没有需要的线型,则需要先通过"加载"按钮加载对应的线型。单击"加载"按钮,打开"加载或重载线型"对话框,如图 4-43 所示。从该对话框中选中 Center 线型后,单击"确定"按钮返回"选择线型"对话框,这时在线型列表框中显示出 Center 线型。从该对话框中选中该线型,单击对话框中的"确定"按钮完成对"中心线"图层的线型设置。

单击图 4-41 中"中心线"行上的默认线宽项,AutoCAD 将打开用选择"线宽"对话框如图 4-44 所示。选择线宽为 0.35mm。单击对话框中的"确定"按钮,完成对"中心线"图层线宽的设置,返回"图层特性管理器"对话框,完成对"中心线层"的设置。

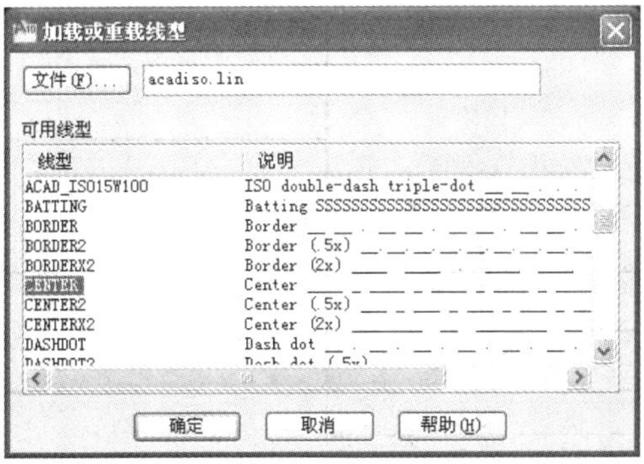

图 4-43 线型设置 　　　　　图 4-44 "线宽设置

五、绘制图框

在对应的图层绘制 A4 图幅的图框,绘图尺寸如图 4-45 所示。

1. 首先绘制图纸的边界线。先将"细实线"图层置为当前层。从"图层"工具栏的对应下拉列表中单击"细实线"项即可。说明:将某一图层置为当前层后,在默认设置下,用户所绘图形的线型和颜色就是该图层的线型与颜色。

执行 LINE 命令,此时 AutoCAD 提示:

指定第一点:0,0↙(确定起始点)

指定下一点或[放弃(U)]:@210,0↙(利用相对坐标确定另一点)

指定下一点或[放弃(U)]:@0,297↙

指定下一点或[闭合(C)/放弃(U)]:@-210,0↙

指定下一点或[闭合(C)/放弃(U)]:C↙(封闭已绘直线,结束操作)

完成图纸的边界线的绘制

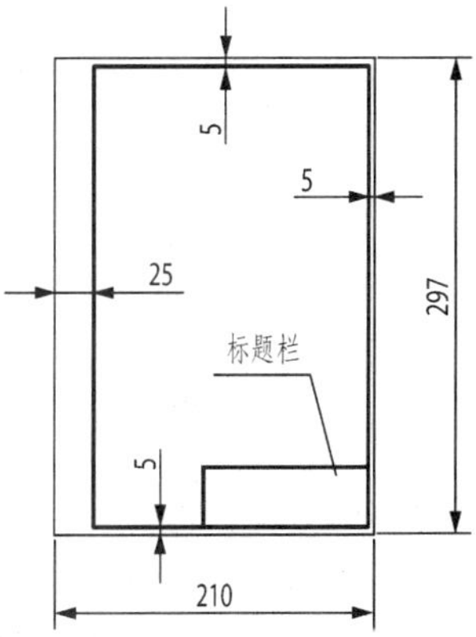

2. 绘制图框线。将"粗实线"图层置为当前层。执行 LINE 命令,AutoCAD 提示:

指定第一点:25,5↙

图 4-45 绘制图框

指定下一点或[放弃(U)]:@180,0 ↙

指定下一点或[放弃(U)]:@0,187 ↙

指定下一点或[放弃(U)]:@0,287 ↙

指定下一点或[闭合(C)/放弃(U)]:@−180,0 ↙

指定下一点或[闭合(C)/放弃(U)]:C ↙

完成图框线的绘制，效果如图 4-45 所示。

六、绘制标题栏

根据机械制图国家标准对标题栏的规定在对应位置、对应图层绘制对应的标题栏，并填写对应的文字。标题栏尺寸及内容如图 4-46 所示。

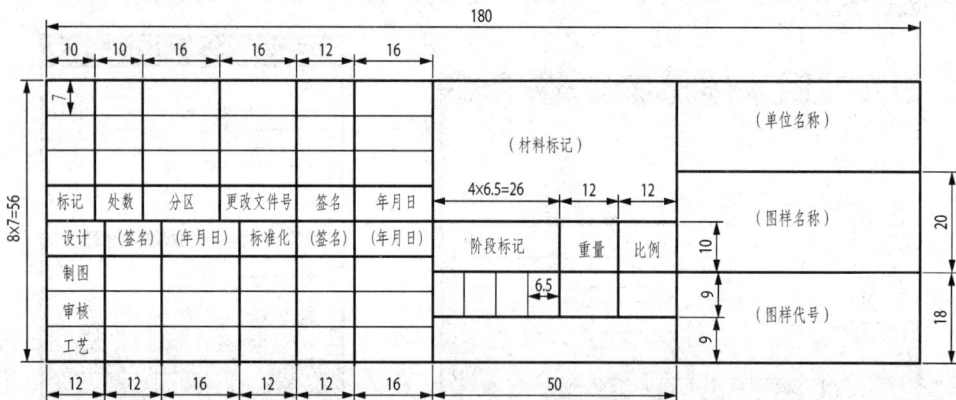

图 4-46 标题栏尺寸及内容

从图 4-46 可以看出，标题栏由相互平行的一系列粗实线和细实线组成。绘制该标题栏时，可以分别在对应的图层绘制粗实线和细实线，但为了说明 AutoCAD 的其他功能，下面将先用粗实线绘制标题栏中的各线段，然后利用"特性"窗格将某些线段更改到"细实线图层"。具体操作步骤如下：

（1）改变显示比例

由于所绘标题栏只位于图幅的下方，为方便绘图可以改变显示比例，即将所绘标题栏的区域显示在绘图屏幕。单击"标准"工具栏上的（窗口缩放）按钮，根据提示确定新显示窗口的两个对角点位置即可，如图 4-47 所示。

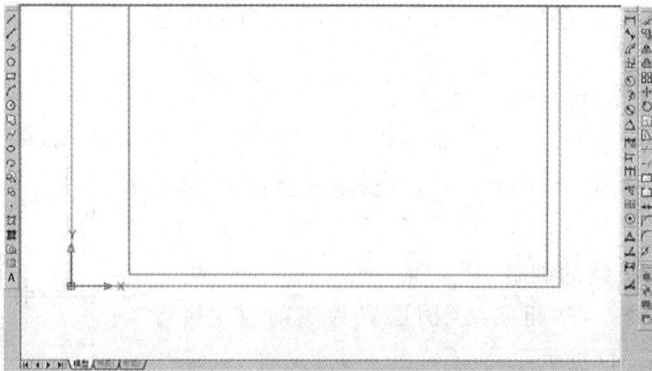

图 4-47 放大显示指定的区域

(2)绘制标题栏各直线

将"粗实线"图层置为当前层。实际上,有多种绘制标题栏的方法。如直接用 LINE 命令绘制线;用 OFFSET 命令对已有线做偏移复制等。本例首先用 COPY 命令复制已有的图框线。

①复制 单击"修改"工具栏上的(复制对象)按钮,即可执行 COPY 命令,此时 AutoCAD 提示:

选择对象:(拾取图 4-47 中的右垂直图框线。注意:应拾取图框线,不要拾取边界线)

选择对象:↙

指定基点或[位移(D)]:(在绘图屏幕上用鼠标在任意位置拾取一点)

指定第二个点或<使用第一个点作为位移>:@-50,0 ↙(通过相对坐标确定复制的第二点)

指定第二个点或[退出(E)/放弃(U)]<退出>:@-100,0 ↙(通过相对坐标确定复制的第二点)

指定第二个点或[退出(E)/放弃(U)]<退出>:↙

再执行 COPY 命令,AutoCAD 提示:

选择对象:(拾取图 4-47 中的下图框线。注意:应拾取图框线,不要拾取边界线)

选择对象:↙

指定基点或[位移(D)]:(在绘图屏幕上用鼠标在任意位置拾取一点)

指定位移的第二点或<用第一点作位移>:@0,18 ↙

指定第二个点或[退出(E)/放弃(U)]<退出>:@0,38 ↙

指定第二个点或[退出(E)/放弃(U)]<退出>:@0,56 ↙

指定第二个点或[退出(E)/放弃(U)]<退出>:↙

执行结果如图 4-48 所示(图中的数字只是用于后续操作的说明)。

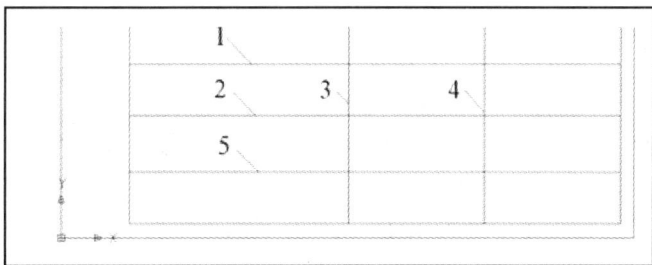

图 4-48 复制直线后的结果

②修剪 单击"修改"工具栏上的(修剪)按钮,即可执行 TRIM 命令,此时 AutoCAD 提示:

选择剪切边 …

选择对象或<全部选择>:(在此提示下拾取图 4-48 中的直线 1 和直线 4 作为剪切边)

选择对象:↙

选择要修剪的对象,或按住 Shift 键选择要延伸的对象,

或[栏选(F)/窗交(C)/投影(P)/边(E)/删除(R)/放弃(U)]:(在这样的情况下,在直线 1 的上方拾取直线 3 和直线 4,在直线 3 的左边拾取直线 2 和直线 5,再在直线 3 与直线 4 之间拾取直线 2)

选择要修剪的对象，或按住 Shift 键选择要延伸的对象或[投影(P)/边(E)/放弃(U)]：↙

执行结果如图 4-49 所示。

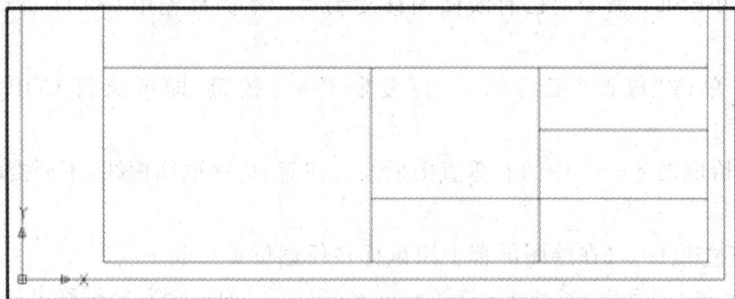

图 4-49　修剪后的结果

（3）绘制其他直线　用类似的方法，根据图 4-46 所给尺寸绘制标题栏上的其他线段，如图 4-50 所示。

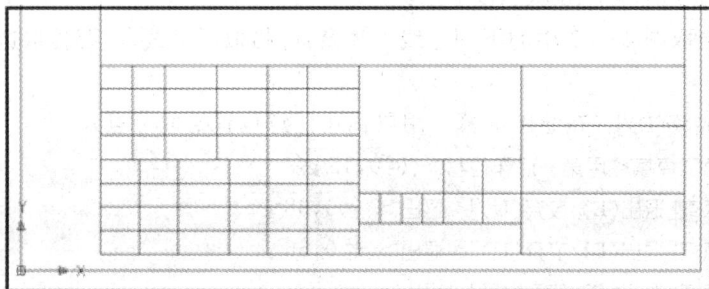

图 4-50　绘制结果

图 4-50 所示标题栏上的各线段均位于"粗实线"图层。现在将需要以细实线显示的线段更改到"细实线"图层。利用"特性"窗格可以方便地完成这一工作。打开"特性"窗格的命令是 PROPERTIES。单击"标准"工具栏上的特性按钮 🔲 ，即可执行该命令，打开"特性"窗格。打开特性窗口后，参照图 4-46 所示拾取需要以细实线显示的线段，AutoCAD 会在特性窗口中的显示出这些线段的公共特性。通过"图层"行将它们的图层从"粗实线"改为"细实线"，如图 4-51 所示。关闭"特性"窗格，完成标题栏的绘制。

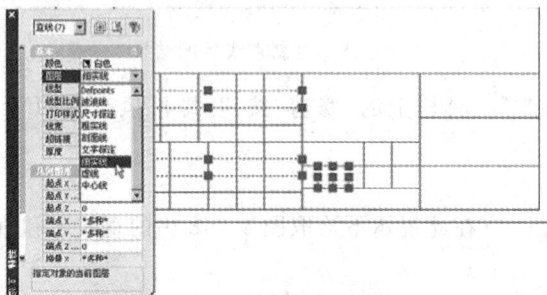

图 4-51　更改指定对象的图层

七、定义文字样式

绘制机械图时，经常需要标注文字，如标注技术要求、填写标题栏等。国家机械制图标准专门对文字标注做出了规定,字体的号数分为 20、14、10、7、5、3.5 和 2.5 共 7 种,其数值即为字的高度(单位为 mm),字的宽度约等于高度的 2/3。但习惯上,绘 3、4、5 号图时,一般采用 3.5 号字;绘 0、1、2 号图时,一般采用 5 号字;文字中的汉字应采用长仿宋体;拉丁字母分大、小写两种,而这两种字母又可以分别写成直体(正体)和斜体形式。斜体字的字头向右侧倾斜,与水平线约成 75°;阿拉伯数字也有直体和斜体两种形式。斜体数字与水平线也成 75°。实际标注中,有时需要将汉字、字母和数字组合起来使用。例如,标注"15－M10 深 20"时,汉字字母和数字都用到了。定义中文文字样式时,需要有对应的中文字体。AutoCAD 2010 本身就提供了可标注符合国家制图标准的中文字体即 gbcbig. shx。另外,当中、英文混排时,为使标注的中、英文文字的高度协调,AutoCAD 还提供了对应的符合国家制图标准的英文字体 gbenor. shx 和 gbeitc. shx,其中 gbenor. shx 用于标注正体,gbeitc. shx 则用于标注斜体。

执行 Style 命令,AutoCAD 弹出"文字样式"对话框。单击对话框中的"新建"按钮,在弹出的"新建文字样式"对话框内输入"工程字 1",单击对话框中的"确定"按钮,AutoCAD 返回到"文字样式"对话框,通过此对话框进行设置,如图 4－52 所示。单击对话框的"应用"按钮,完成新文字样式的定义。单击"关闭"按钮,AutoCAD 关闭对话框,并将文字样式"工程字 1"设为当前样式。

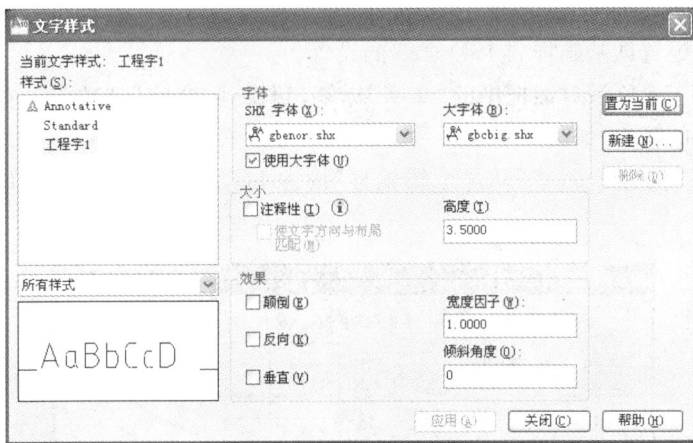

图 4－52 定义文字样式

八、定义标注样式

定义符合机械制图标准的尺寸标注样式要考虑到机械制图标准对尺寸标注的格式的具体要求,如尺寸文字的大小、尺寸箭头的大小等。

现以定义标注样式"尺寸 1",尺寸文字样式为文字样式"工程 1",箭头长度为 3.5 为例。介绍操作步骤如下:

单击"样式"工具栏上的(标注样式管理器)按钮,即可执行 DIMSTYLE 命令,这时将打开"标注样式管理器"对话框,如图 4－53 所示。单击对话框中的"新建"按钮,在打开的"创建新标注样式"对话框中的"新样式名"文本框中输入"尺寸 1",其余选项均采用默认设置,如图 4－54 所示("基础样式"项表示以已有样式 ISO－25 为基础定义新样式)。

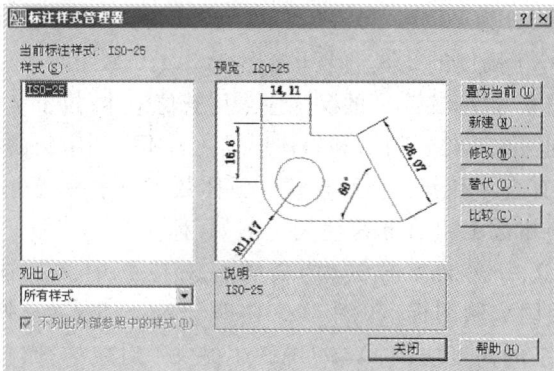

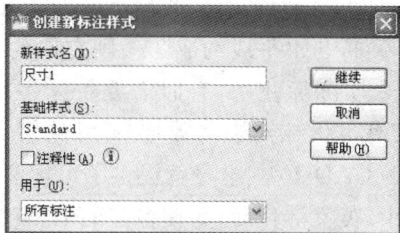

图 4-53 "标注样式管理器"对话框图   图 4-54 定义标注样式

　　单击"继续"按钮,打开"新建标注样式"对话框。在该对话框中切换到"线"选项卡,并进行相关设置,如图 4-55 所示。从图中可以看出,已将"基线间距"设为 5.5,将"超出尺寸线"设为 2,将"起点偏移量"设为 0。

　　单击如图 4-55 所示对话框中的"符号和箭头"标签,切换到"符号和箭头"选项卡,在该选项卡中设置尺寸文字方面的特性,如图 4-56 所示。在"符号和箭头"选项卡中将"箭头大小"设为 3.5;将"圆心标记"选项组中的"大小"文本框设为 3.5;"弧长符号"设为"无",其余选项均采用默认设置即基础样式 ISO-25 的设置。

　　单击如图 4-56 所示对话框中的"文字"标签,切换到"文字"选项卡。在该选项卡中设置尺寸文字方面的特性,如图 4-57 所示。从图中可以看出,已将"文字样式"设为"工程字1",将"文字高度"设为 3.5,将"从尺寸线偏移"设为 1,其余选项均采用基础样式 ISO-25 的设置。

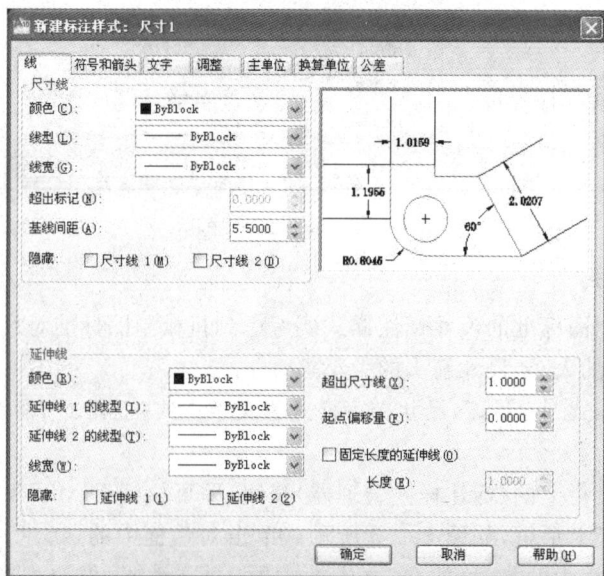

图 4-55 "直线"选项卡

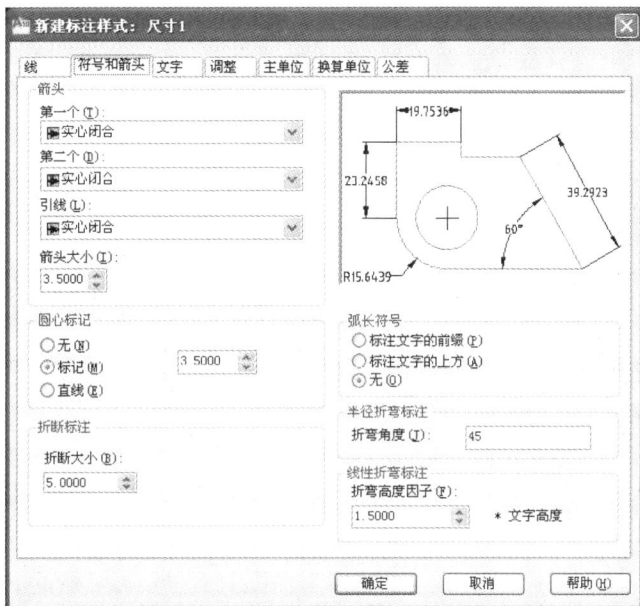

图 4-56 "符号和箭头"选项卡

单击如图 4-57 所示新建标注样式对话框中的"主单位"标签,打开"主单位"选项卡,如图 4-58 所示。在"主单位"选项卡中将线性标注的"单位格式"设为"小数",将"精度"设为 0;将角度标注的"单位格式"设为"度/分/秒",将"精度"设为 0d。然后,单击对话框中的"确定"按钮,完成尺寸标注样式"尺寸 1"的设置。返回到"标注样式管理器"对话框,如图 4-59 所示。

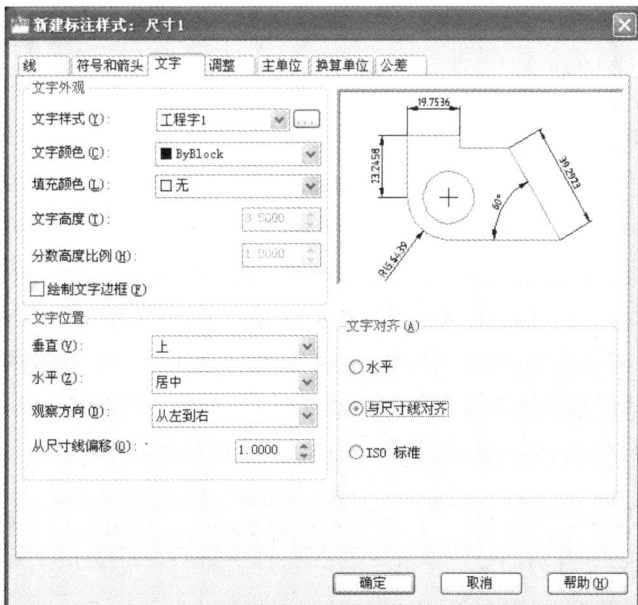

图 4-57 "文字"选项卡

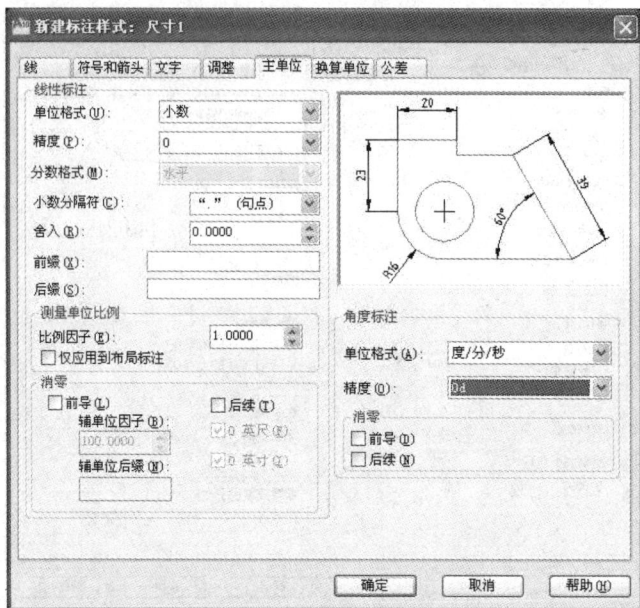

图 4-58 "主单位"选项卡

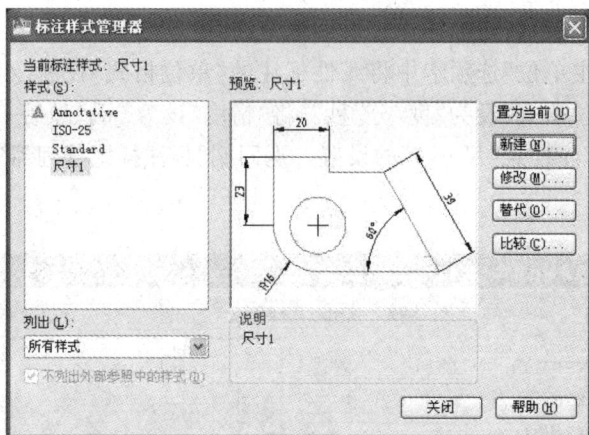

图 4-59 "标注样式管理器"对话框

从图 4-59 可以看出，新创建的标注样式"尺寸 1"已经显示在"样式"列表框中。如果将该样式置为当前样式（方法：在"样式"列表框选中"尺寸 1"，单击"置为当前"按钮），然后单击"关闭"按钮关闭对话框，就可以用样式"尺寸 1"标注尺寸。用标注样式"尺寸 1"标注尺寸时，虽然可以标注出符合国标要求的大多数尺寸，但标注出的角度尺寸不符合国标要求。国标中规定标注角度尺寸时，角度的数字一律写成水平方向，一般应注写在尺寸线的中断处。

为标注出符合国家标准的尺寸，还应在标注样式"尺寸 1"的基础上定义专门适用于角度标注的子样式。定义过程如下：

打开"标注样式管理器"对话框，在"样式"列表框选中"尺寸 1"如图 4-59 所示，单击对话框中的"新建"按钮，打开"创建新标注样式"对话框，在该对话框的"用于"下拉列表中选中"角度标注"，如图 4-60 所示。

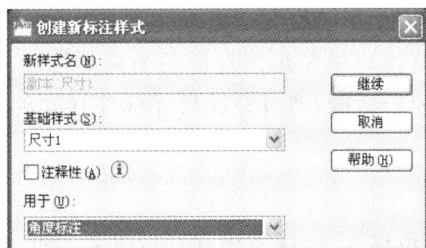

图4-60 为角度标注设置样式

单击对话框中的"继续"按钮,打开"新建标注样式"对话框。在该对话框中的"文字"选项卡中,选择"文字对齐"选项组中的"水平"单选按钮,其余设置保持不变,如图4-61所示。

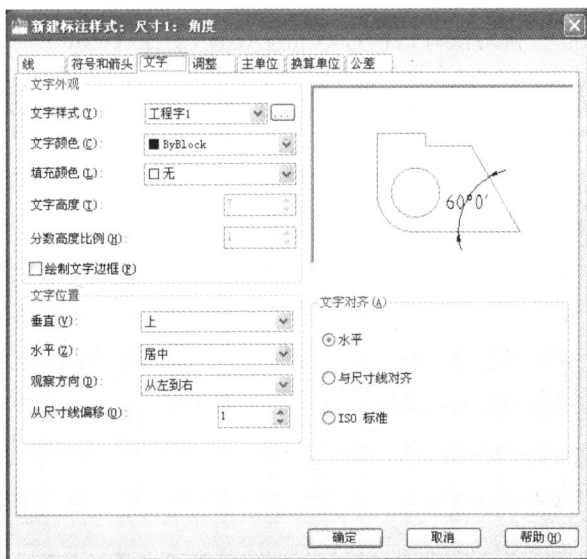

图4-61 将文字对齐设为水平

单击对话框中的"确定"按钮完成角度样式的设置,返回到"标注样式管理器"对话框,如图4-62所示。

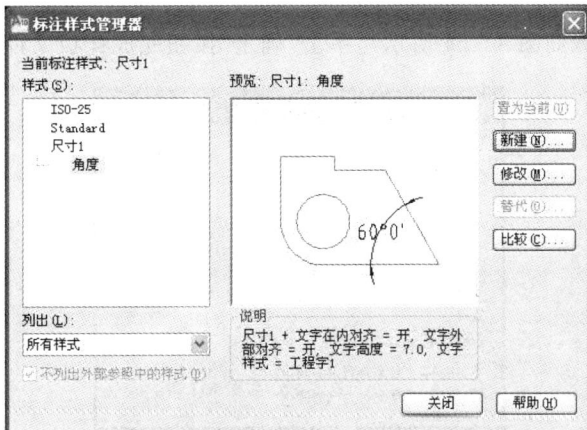

图4-62 完成角度样式的设置

从图 4-62 中可以看出，AutoCAD 在已有标注样式"尺寸 1"的下面打开了一个标记为"角度"的子样式，同时在预览窗口中显示出对应的角度标注效果。将"尺寸 1"样式设为当前样式，单击"关闭"按钮关闭对话框，即可完成尺寸标注样式的设置，同时将该样式设置为当前样式。

九、保存样板文件

前面分别设置了绘图单位格式、绘图范围、图层；定义了对应的文字样式与尺寸样式；绘制了图框与标题栏；定义了标题栏块（略）；进行打印设置（略）等之后，就可以将图形保存为样板文件（如有必要，还可以进行其他绘图环境方面的设置）了。保存方法如下：

保存图形前，应将文字样式"工程字 1"和尺寸样式"尺寸 1"设为当前样式，并通过选择"全部"显示命令将整个图幅显示在绘图区域。选择"文件"下拉菜单下的"另存为"命令，打开"图形另存为"对话框。利用该对话框进行相应设置，如图 4-63 所示。

图 4-63 "图形另存为"对话框

在该对话框中的"文件类型"下拉列表将文件保存类型选择为"AutoCAD 图形样板（ * .dwt）"，并通过"文件名"文本框将文件命名为 gb-a4-v（AutoCAD 2010 自动将样板文件保存在 Template 目录）。单击对话框中的"保存"按钮，打开"样板说明"对话框。在该对话框中输入对应的说明（如图 4-64 所示），单击"确定"按钮完成样板文件的定义。

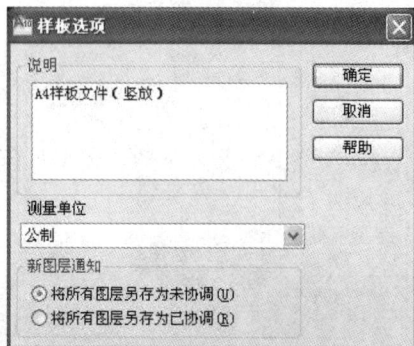

图 4-64 "样板说明"对话框

第三节　零件图的绘制

【例4-7】　绘制如图4-65所示手动气阀中阀芯的零件图。

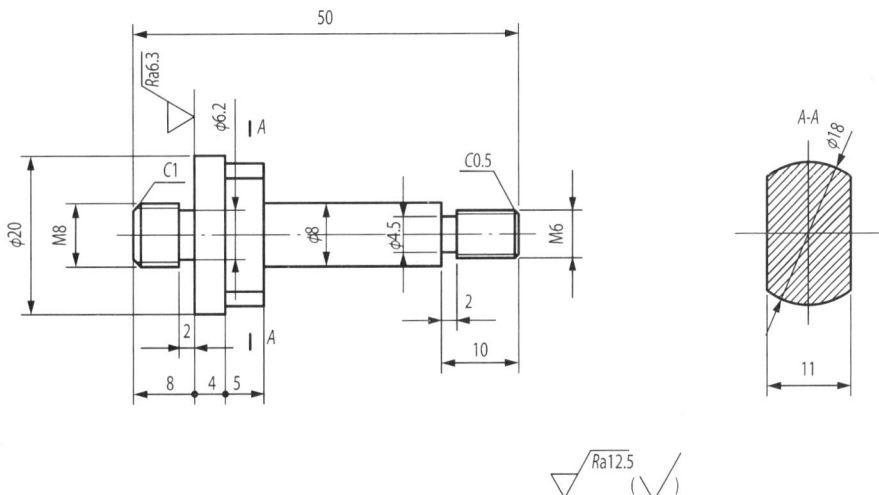

图4-65　阀芯零件图

操作步骤如下：

1. 设置绘图环境

新建图形文件、设置图形界限（A4竖放）、图层（五个图层：中心线层、粗实线层、细实线层、剖面线层、尺寸层）、文字样式和标注样式。

2. 绘制A4图幅（竖放）的外、内边框，画标题栏并填写文字

（1）绘制外边框　将细实线层设为当前层，单击"矩形"图标□，命令行提示：

指定第一个角点或[倒角(C)/标高(E)/圆角(F)/厚度(T)/宽度(W)]：0,0↙（输入矩形第一角点坐标值）

指定另一个角点或[面积(A)/尺寸(D)/旋转(R)]：210,297↙（输入矩形另一个对角点坐标值；也可输入d命令，通过给定矩形的尺寸绘制矩形）

（2）绘制内边框　将粗实线层设为当前层，重复"矩形"命令，命令行提示：

指定第一个角点或[倒角(C)/标高(E)/圆角(F)/厚度(T)/宽度(W)]：10,10↙

指定另一个角点或[面积(A)/尺寸(D)/旋转(R)]：190,277↙

完成图框的绘制，如图4-66所示。

（3）绘制标题栏　在绘制图框基础上，用创建表格的方法绘制标题栏。标题栏尺寸如图4-67所示。

图 4-66　绘制图框

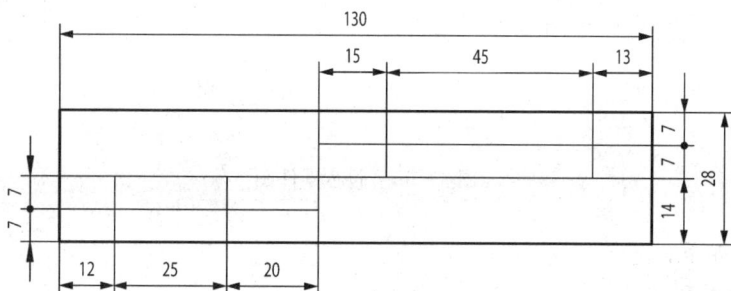

图 4-67　标题栏的尺寸

① 设置标题栏表格样式

② 在图框的右下角插入"标题栏"表格　单击菜单栏中的"绘图"→"表格"命令,弹出"插入表格"对话框。在"列和行设置"栏中,将"列"设为 6、"列宽"设为 45、"数据行"设为 4、"行高"设为 7。在"插入方式"栏中选择"指定插入点"方式。单击 确定 按钮,将标题栏插入到适当位置,移动、调整表格的左下角到图框的右下角。

③ 编辑"标题栏"表格　首先调整单元格行、列的宽度和高度。拾取第六列中的任一单元格,该单元格上、下、左、右四边的中点出现编辑冷夹点(蓝色小方块),拾取左边夹点向左移动 22。根据标题栏各栏的尺寸大小,对第四、三、二、一列进行了同样的编辑,完成列的位移;由于标题栏行高均为 7,所以不需要重新编辑。

其次合并单元格。按下 Shift 键,拾取第三行和第四行的第一列至第三列的单元格后点击右键,在快捷菜单中选择"合并单元"→"全部"命令;拾取第一行至第二行的第四列至第六列的单元格后点击右键,在快捷菜单中选择"合并单元"→"全部"命令,完成各单元格的合并。

(4)填写文字　在需要填写文字的单元格内双击,弹出"文字格式"对话框。输入相应的文字后,单击 确定 按钮,完成填写标题栏中的文字,如图 4-68 所示。

（5）保存文件 单击"范围缩放"图标 🔍，将图形满屏显示。单击"保存"图标 💾，在弹出的"图形另存为"对话框中，确定存盘路径并输入文件名"阀芯"存盘。

3. 绘制视图

（1）绘制轴线 将中心线层设为当前层，单击"直线"图标 ✏️（或单击菜单栏中的"绘图"→"直线"命令），命令行提示：

命令：_line 指定第一点：（在绘图区合适的位置单击，确定中心线的起点）

指定下一点或[放弃(U)]：（使正交按钮处于开的状态，鼠标水平向右移动）75 ↙

指定下一点或[放弃(U)]：↙（结束命令）

（2）绘制轴的轮廓线 将粗实线层设为当前层。

① 绘制左端轮廓线 单击"构造线"图标 ✏️（或单击菜单栏中的"绘图"→"构造线"命令），命令行提示：

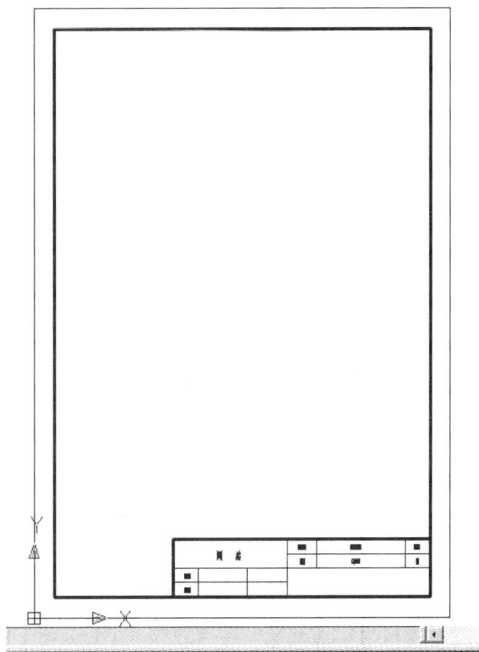

图 4-68 绘制标题栏

命令：_xline 指定点或[水平(H)/垂直(V)/角度(A)/二等分(B)/偏移(O)]：o ↙

指定偏移距离或[通过(T)]<通过>：4 ↙

选择直线对象：（选中轴线）

指定向那侧偏移：（在轴线的上方点一下）

选择直线对象：（选中轴线）

指定向那侧偏移：（在轴线的下方点一下）

选择直线对象：↙（结束命令）

单击"直线"图标 ✏️，在两构造线之间绘制左侧的垂直轮廓线。单击"构造线"图标 ✏️，命令行提示：

命令：_xline 指定点或[水平(H)/垂直(V)/角度(A)/二等分(B)/偏移(O)]：o ↙

指定偏移距离或[通过(T)]<4.0000>：6 ↙

选择直线对象：（选中刚画出的垂直轮廓线）

指定向那侧偏移：（在刚画出的垂直轮廓线的右方点一下）

选择直线对象：↙（结束命令）

绘制的图形，如图 4-69 所示。

单击"修剪"图标 ✂️（或单击菜单栏中的"修改"→"修剪"命令），修剪多余图线。修剪后的图形，如图 4-70 所示。

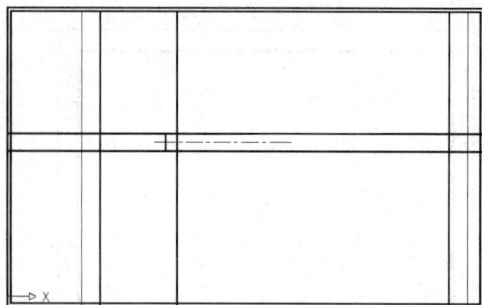

图 4-69　绘制轴的轮廓(一)

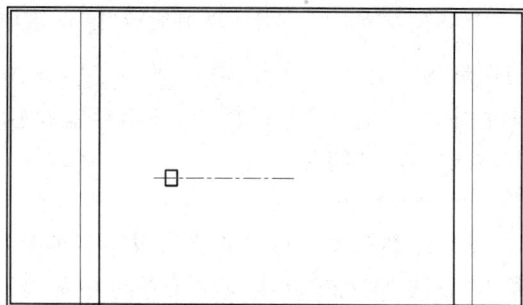

图 4-70　绘制轴的轮廓(二)

②　绘制其他轮廓线　重复"构造线"命令中的"偏移"选项，将刚才偏移的右端的直线继续向右偏移 2 个图形单位，依次偏移 4、5、23、2、8 个图形单位。重复"构造线"命令中的"偏移"选项，将轴线分别向上偏移 3.1、10、9、4、2.25、3 个图形单位，如图 4-71 所示。

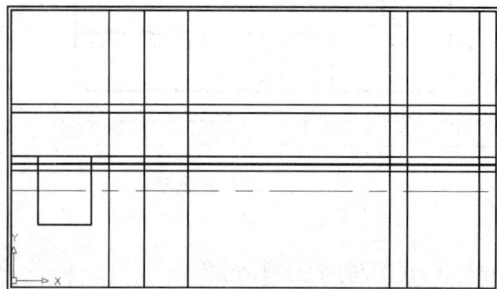

图 4-71　绘制轴的轮廓(三)

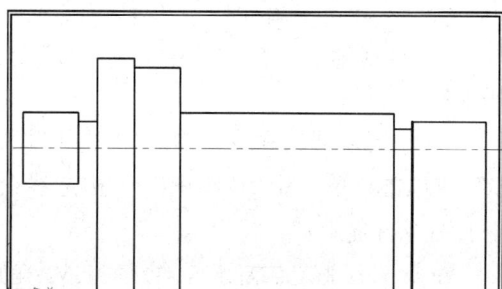

图 4-72　绘制轴的轮廓(四)

单击"修剪"图标 ⊬ (或单击菜单栏中的"修改"→"修剪"命令)，修剪图线。修剪后的图形，如图 4-72 所示。单击"镜像"图标 ⚖ (或单击菜单栏中的"修改"→"镜像"命令)，命令行提示：

命令:_mirror

选择对象:(用窗选法选中轴的上部轮廓线)

选择对象:✓(结束选择)

指定镜像线的第一点:指定镜像线的第二点:(在轴线上任意选择两个点指定镜像线)

要删除源对象吗？[是(Y)/否(N)]<N>:✓(结束命令)

单击"修剪"图标 ⊬ (或单击菜单栏中的"修改"→"修剪"命令)，修剪图线。修剪后的图形，如图 4-73 所示。

③　绘制左端倒角　单击"倒角"图标 ⟋ (或单击菜单栏中的"修改"→"倒角"命令)，命令行提示：

命令_chamfer

("修剪"模式)当前倒角距离 1=0.0000,距离 2=0.0000

选择第一条直线或[多段线(P)/距离(D)/角度(A)/修剪(T)/方式(M)/多个(U)]:d✓

指定第一个倒角距离<0.0000>:1✓(输入第一个倒角距离数值，命令行继续提示)

指定第二个倒角距离<1.0000>:✓(接受默认数值 1 为第二个倒角距离)

选择第一条直线或[多段线(P)/距离(D)/角度(A)/修剪(T)/方式(M)/多个(U)]:(选择轴最左端的竖线单击)

选择第二条直线:(选择与之垂直相交的水平线单击)

完成左端上部的倒角。按空格键或✓,重复倒角命令,绘制左端下部倒角。

④ 绘制右端倒角 单击"倒角"图标☐(或单击菜单栏中的"修改"→"倒角"命令),命令行提示:

命令_chamfer

("修剪"模式)当前倒角距离 1＝0.0000,距离 1＝0.0000

选择第一条直线或[多段线(P)/距离(D)/角度(A)/修剪(T)/方式(M)/多个(U)]:d✓(设置倒角距离)

指定第一个倒角距离<0.0000>:0.5✓(输入第一个倒角距离,命令行继续提示)

指定第二个倒角距离<0.5000>:✓(接受默认数值 0.5 为第二个倒角距离)

其余操作步骤同上。

用"直线"命令全部完成左、右端倒角的绘制。图 4-74 所示为绘制倒角后的图形。

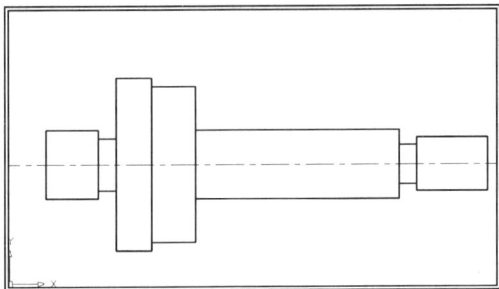

图 4-73 绘制轴的轮廓(五)

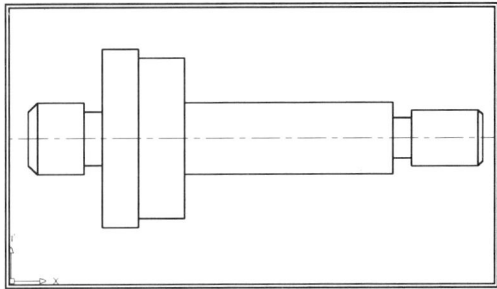

图 4-74 绘制轴的轮廓(六)

⑤ 绘制两端螺纹 将细实线层设为当前层,重复"构造线"命令中的"偏移"选项和"修剪"命令,绘制轴两端螺纹线,如图 4-75 所示。

(3)绘制断面图 将中心线层设为当前层,用"直线"命令,在主视图右方的适当位置绘制圆的中心线,如图 4-76 所示。

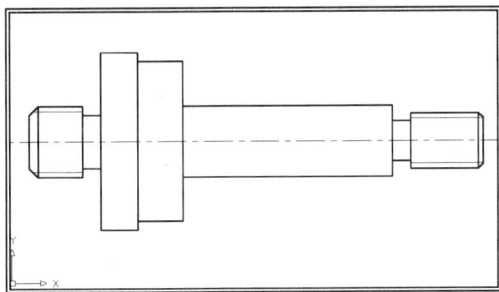

图 4-75 绘制轴的轮廓(七)

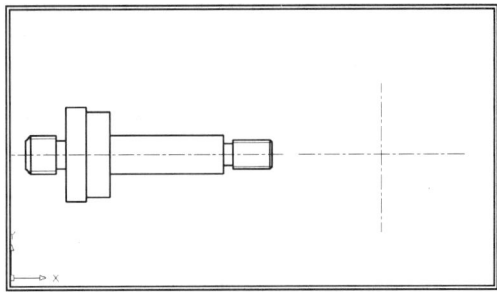

图 4-76 绘制断面图(一)

将粗实线层设为当前层,画出直径为 18 的圆,如图 4-77 所示。

用"构造线"命令中的"偏移"选项和"修剪"命令,绘制 ϕ18 轴段被截切部分。同时,利用

"高平齐"投影关系，完成主视图 $\phi18$ 轴段上的截交线，如图 4-78 所示。

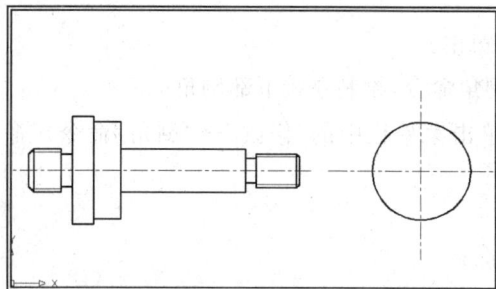

图 4-77　绘制断面图（二）　　　　　　图 4-78　绘制断面图（三）

将剖面线层设置为当前层。单击"图案填充"图标▨（或单击菜单栏中的"绘图"→"图案填充"命令），弹出"图案填充和渐变色"对话框，在该对话框中将"图案"设置为"ANSI31"，"角度"设为 0，"比例"设为 0.5。单击"添加：拾取点"图标✚，"图案填充和渐变色"对话框消失，命令行提示：

命令:_bhatch

选择内部点:正在选择所有对象…（用鼠标在要填充剖面线的区域内单击，所选区域的图线变为虚线）

正在选择所有可见对象…

正在分析所选数据…

正在分析内部孤岛…

选择内部点或[选择对象(S)/删除边界(B)]：
↙（结束命令）

"图案填充和渐变色"对话框重新出现，单击该对话框中的 确定 按钮，完成剖面线的绘制，如图 4-79 所示。

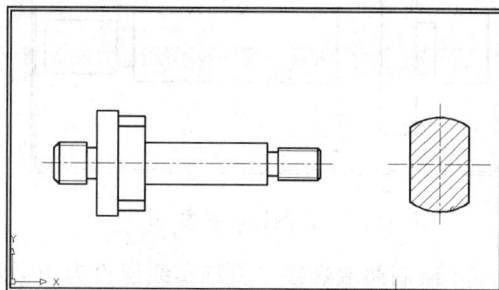

图 4-79　绘制断面图（四）

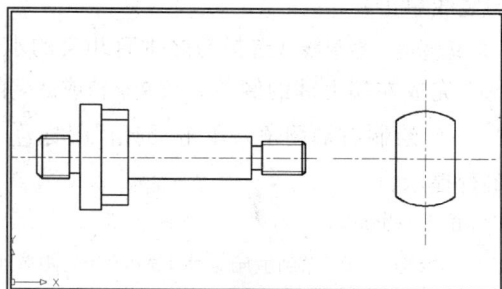

4. 标注尺寸和符号

将尺寸层设为当前层。

（1）标注主视图水平方向的尺寸　单击"线性标注"图标⊢⊣（或单击菜单栏中的"标注"→"线性"命令），出现命令提示。按照提示，标注 50、8、4、5、2、10、2 主视图水平方向的尺寸，如图 4-80 所示。

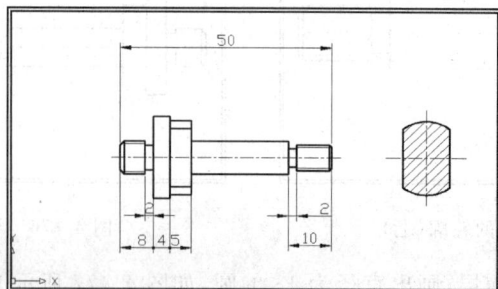

图 4-80　标注主视图水平方向尺寸

（2）标注主视图垂直方向的尺寸　由于垂直方向尺寸是非圆视图直径，用"线性标注"方式标注时，尺寸数字前面没有直径符号"φ"，需要重新设置一个尺寸标注的样式"非圆视图标直径"。

单击菜单栏中的"格式"→"标注样式"命令，系统打开"标注样式管理器"对话框，如图4-81所示。单击 新建(N)... 按钮，系统打开"创建新标注样式"对话框（图4-82），将"新样式名"文本框中的"副本ISO-25"修改为"非圆视图标直径"，单击 继续 按钮，弹出"新建标注样式：非圆视图标直径"对话框，如图4-83所示。

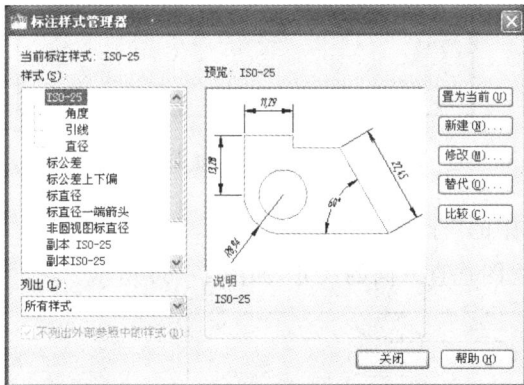

图4-81　"标注样式管理器"对话框　　　　图4-82　"创建新标注样式"对话框

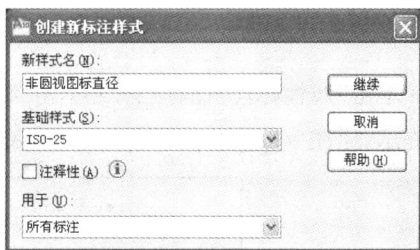

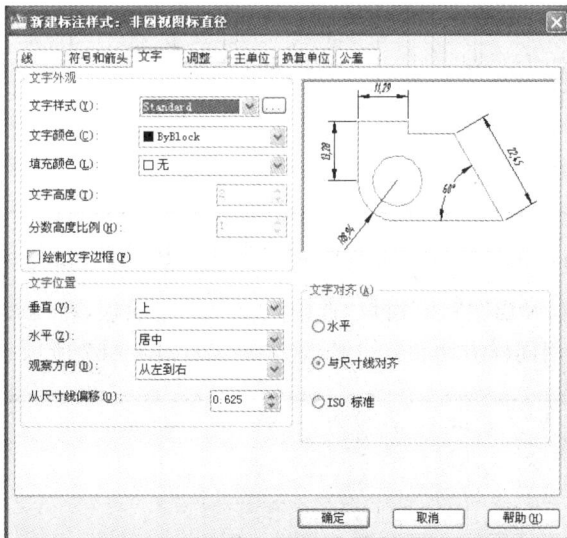

图4-83　"新建标注样式：非圆视图标直径"对话框

根据制图国家标准的规定，设置标注样式。单击进入"主单位"选项卡，在"前缀"文本框中输入"%%c"，如图4-84所示。

单击 确定 按钮，返回到"标注样式管理器"对话框（如图4-85所示），单击 置为当前(U) 按钮，将新建的标注样式设为当前标注样式。单击 关闭 按钮，完成标注样式的设置，返回到绘图界面。

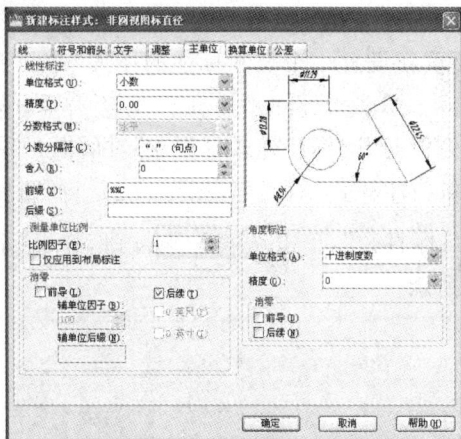

图 4-84　"主单位"选项卡　　　　图 4-85　"标注样式管理器"对话框

单击"线性标注"图标▱（或单击菜单栏中的"标注"→"线性"命令），出现命令提示。按照提示，标注 $\phi20$、$\phi8$、$\phi6.2$、$\phi8$、$\phi4.5$、$\phi6$ 主视图垂直方向的尺寸，如图 4-86 所示。

图 4-86　标注主视图垂直方向的尺寸

双击左侧 $\phi8$ 尺寸，弹出"特性"窗口，选中"主单位"选项板，在"前缀"文本框中输入 M，将 $\phi8$ 修改为 M8。采用同样方法，将 $\phi6$ 修改为 M6，如图 4-87 所示。

图 4-87　修改 $\phi8$、$\phi6$ 为 M8、M6

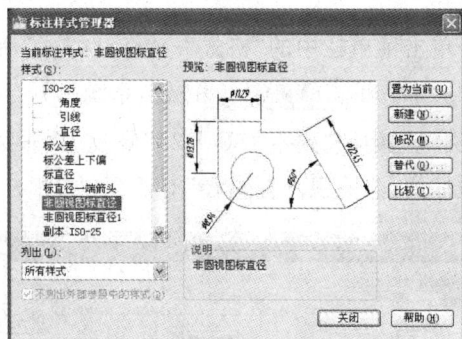

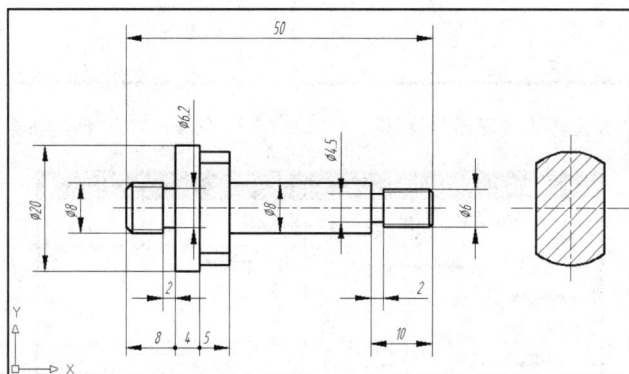

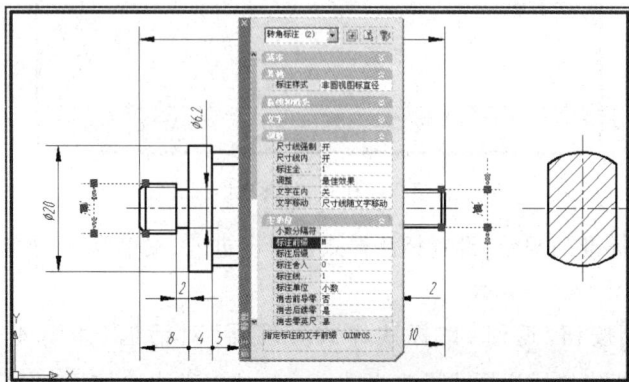

（3）标注断面图尺寸和剖切符号　单击"直径"图标 （或单击菜单栏中的"标注"→"直径"命令），标注 φ18。单击"线性标注"图标 （或单击菜单栏中的"标注"→"线性"命令），标注 11。单击"直线"图标 ，在主视图的 φ18 轴段的上、下方绘制两段粗实线，每段长度比图形中所标注文字的高度稍长即可，在右侧的断面图上方用"文字"命令标注"A－A"，如图 4-88 所示。

（4）标注倒角尺寸　定义引线样式。

命令:qleader

指定第一个引线点或[设置(S)]＜设置＞:✓（设置标注"引线"的尺寸样式）

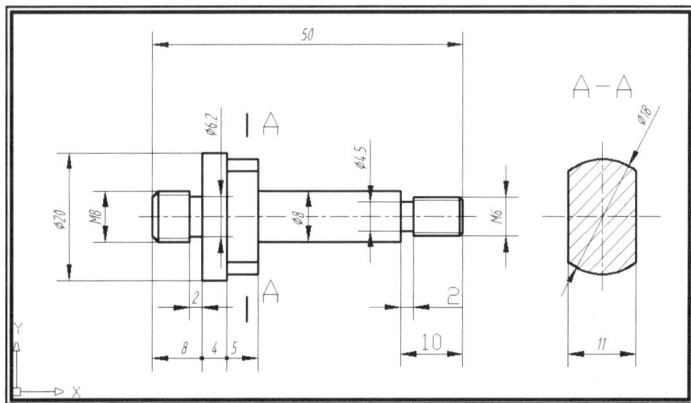

图 4-88　标注断面图尺寸和剖切符号

弹出"引线设置"对话框，如图 4-89 所示。在"注释"选项卡中，设置注释类型为"多行文字"；单击"引线和箭头"选项卡，设置引线为"直线"，箭头样式为"无"，角度约束中的第一段为"45°"，第二段为"水平"，如图 4-90 所示；单击"附着"选项卡，选取"最后一行加下划线"，如图 4-91 所示。

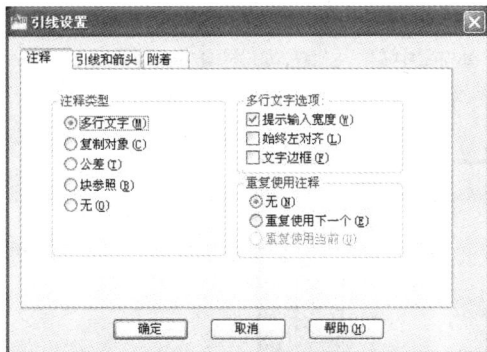

图 4-89　"注释"选项卡

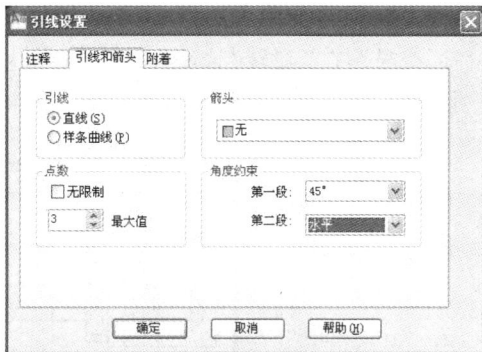

图 4-90　"引线和箭头"选项卡

设置完毕后单击 确定 按钮，回到绘图区。命令行继续提示：

指定第一个引线点或[设置(S)]＜设置＞:（捕捉交点 B 单击）

指定下一点：（将鼠标按设置的 45°方向移到合适的位置单击，如图 4－92 所示）

指定下一点：0.1↙（输入水平线段长度，该线段尽可能短些）

指定文字宽度<0>：↙

输入注释文字的第一行<多行文字(M)>：C1↙

输入注释文字的下一行：↙（结束命令）

完成轴左侧倒角的绘制。采用同样方法，完成右侧倒角的绘制，如图 4－93 所示。

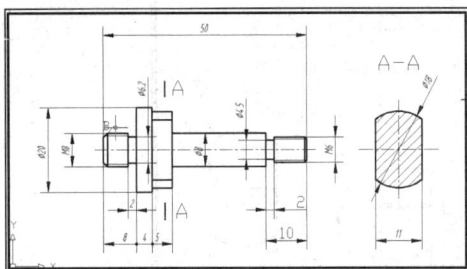

图 4－91　"附着"选项卡

图 4－92　标注轴倒角（一）

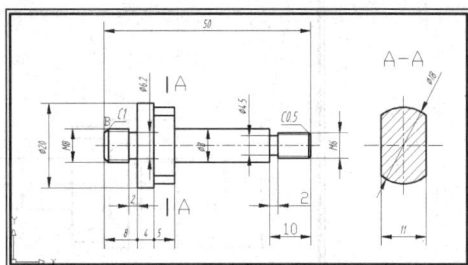

图 4－93　标注轴倒角（二）

（5）标注表面粗糙度符号　在"例 4－1"中已定义表面粗糙度符号块，可直接用"插入块"命令插入表面粗糙度符号。

首先用"直线"命令从 $\phi20$ 轴段左侧向上画出一条直线用来标注此侧面的表面粗糙度。然后单击"插入块"图标（或单击菜单栏中的"插入"→"块"命令），弹出"插入"对话框，单击"名称"下拉列表框的下拉箭头，选择"表面粗糙度符号"，在"旋转"选项组中，在"角度"文本框中输入 90，如图 4－94 所示。单击　确定　按钮，将粗糙度符号插入到合适的位置，如图 4－95 所示。

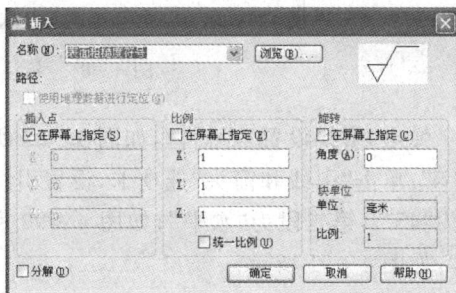

图 4－94　插入表面粗糙度符号

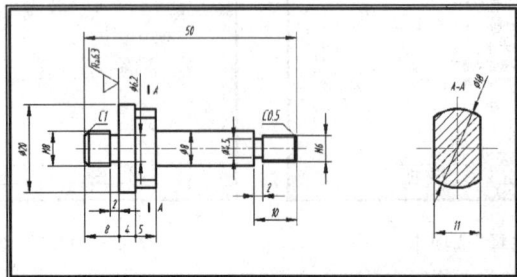

图 4－95　标注表面粗糙度符号（一）

（6）在表面粗糙度符号上注写数字　单击"单行文字"图标（或单击菜单栏中的"绘

图"→"文字"→"单行文字"命令),命令行提示:

命令:dtext

当前文字样式:Standard 当前文字高度:2.5000

指定文字的起点或[对正(J)/样式(S)]:(在表面粗糙度符号左侧适当位置单击左键,确定文字起点)

指定高度<2.5000>:↙(确认字体高度2.5)

指定文字的旋转角度<0>:90 ↙(输入旋转角度90)

在屏幕上动态输入6.3,回车结束文字输入。采用同样方法,标注其余的表面粗糙度符号,如图4-96所示。

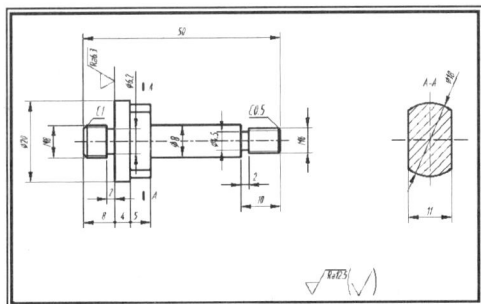

图4-96　标注表面粗糙度符号(二)

5.检查、存盘

对全图检查,确认无误后,单击"保存"图标 ▣ ,将所绘图形存盘。

实 训 四

实 训 目 的

1.了解块及属性的基本概念及用途。

2.掌握块的创建和存盘方法。

3.掌握块及图形文件的插入方法。

4.掌握属性的定义、编辑及提取操作。

5.掌握外部引用及部分外部引用操作。

6.掌握样板文件的创建方法。

7.掌握零件图的绘制方法。

实训内容及指导

1.实训要求:

以 A3 图幅、1:1 比例,完成实训图4-1所示轴的零件图的绘制。

2.实训指导:

(1)用 NEW 命令新建一张图。

(2)设置绘图环境及标注样式,并绘制定义表面粗糙度符号和位置公差基准符号的图形块,块名可分别取"CCD"(a 图)、"CCD1"(b 图)、"JZ"(c 图)。

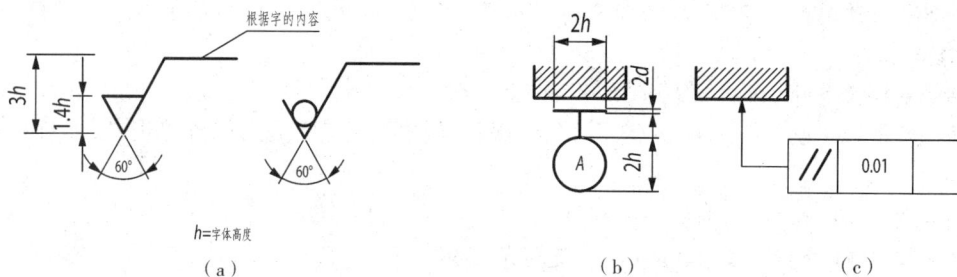

（a）　　　　　（b）　　　　（c）

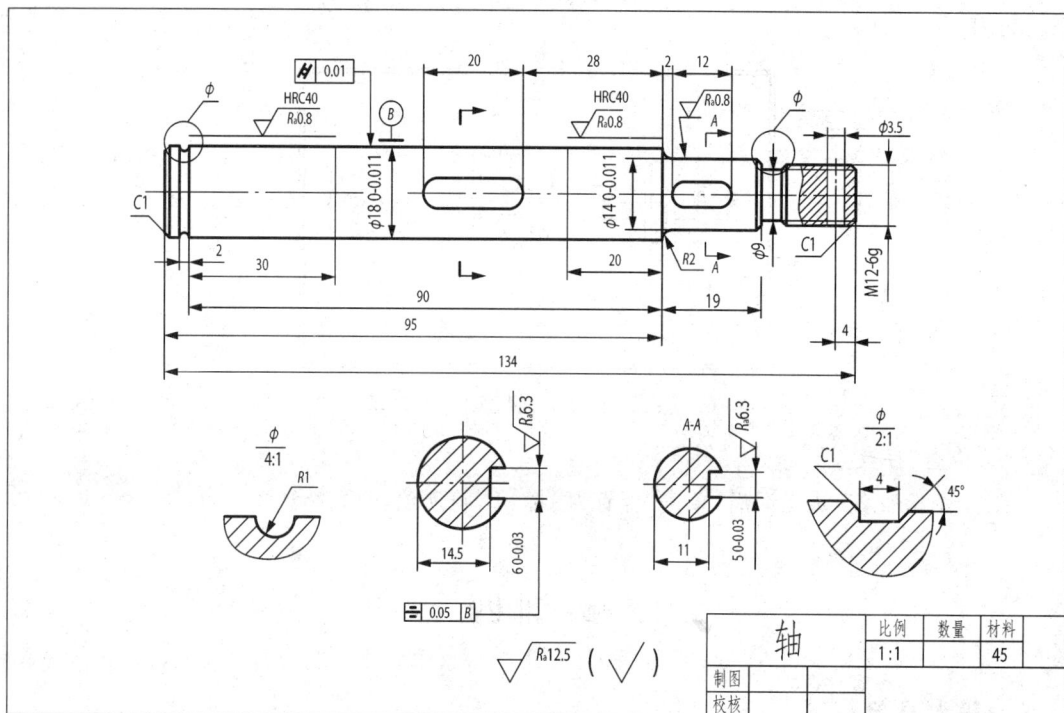

实训图 4-1　轴的零件图

3. 用 QSAVE 命令指定路径保存该图，图名为"轴的零件"。

4. 设"0"层为当前层。在该层上用 XLINE 命令和 OFFSET 命令画基准线。

5. 换"粗实线"层为当前层。在该图层上，用所需的绘图、最快捷的编辑命令、适当的坐标输入方式，绘出图中所有粗实线。

6. 换"细实线"图层为当前层。在该图层上，用绘图命令和编辑命令绘出图中所有细实线。

7. 换"点划线"图层为当前层。在该图层上，用 LINE 命令绘出图中所有点划线。

8. 关闭"0"图层，或用 ERASE 命令擦去所有图架线。用 MOVE 命令平移图形，使布图匀称并有足够标注尺寸的地方。

9. 换"剖面线"图层为当前层。在该图层上，用 BHATCH 命令定义图中"金属材料"剖面线。

10. 换"尺寸"图层为当前层。在该图层上，用所设标注样式及尺寸标注命令标注图中尺寸。

11. 用 INSERT 命令插入图块。

12. 用 DTEXT 命令注写图中其他文字。

13. 检查并用有关修改命令修改错误。

14. 用 SAVEAS 命令将所绘图形存入软盘。

绘图训练

1. 将实训图 4-2 所示垫圈定义为块文件 DQ。
2. 将实训图 4-3 所示销定义为块文件 XIAO。
3. 将实训图 4-4 所示螺栓定义为块文件 LS。

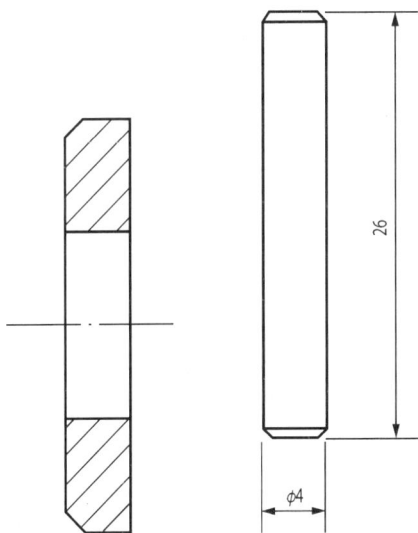

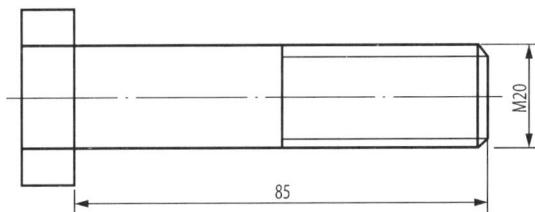

实训图 4-2　垫圈(12)　实训图 4-3　销(φ4)　　　　实训图 4-4　螺栓(M20)

4. 画出实训图 4-5 所示输出轴的零件图。

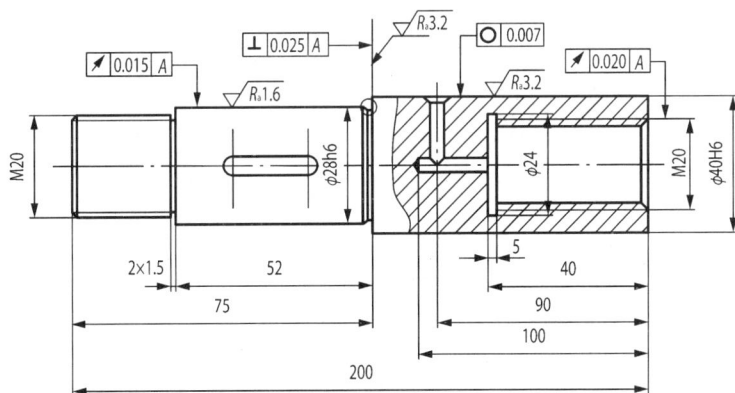

实训图 4-5　输出轴零件图

5. 按 1∶1 的比例抄画实训图 4－6 所示端盖零件图的全部内容，并画出图框和标题栏。

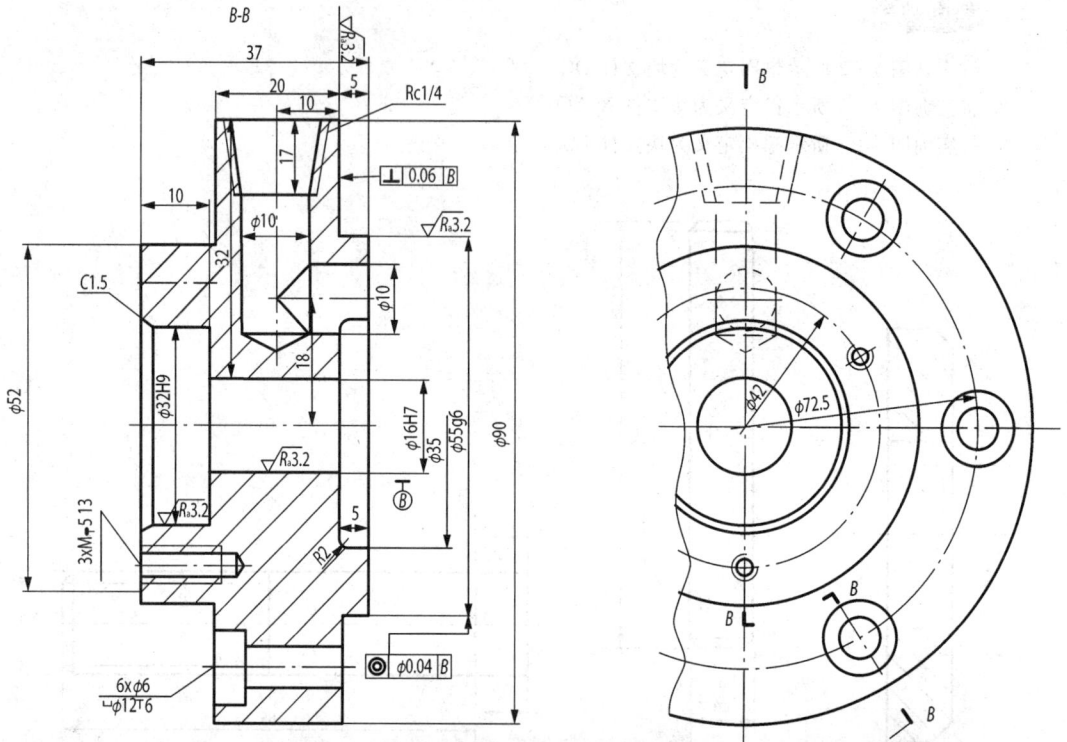

实训图 4－6　端盖零件图

6. 按 1∶2 的比例抄画实训图 4－7 所示支架零件图的全部内容，并画出图框和标题栏。

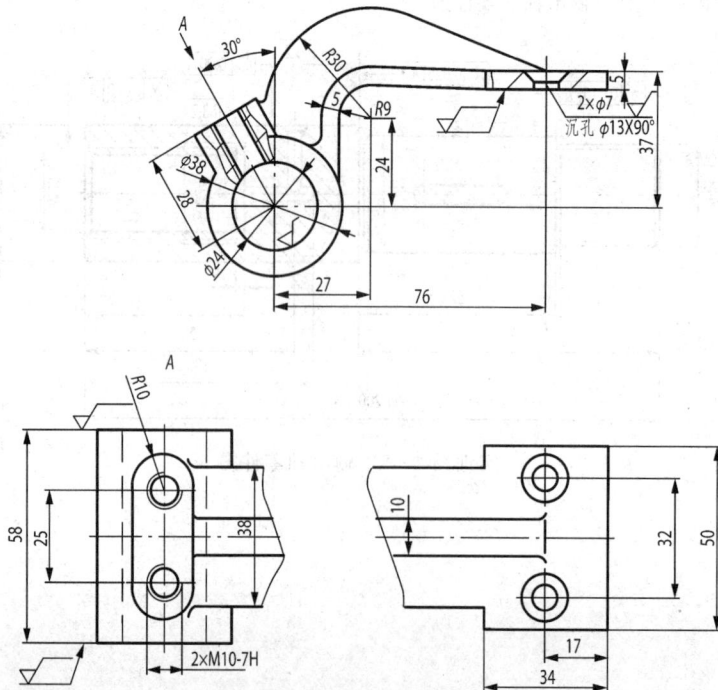

题图 4－7　支架零件图

7. 画出如实训图 4-8 所示泵体的零件图,并标注尺寸、公差和技术要求。绘图要求如下:

① 用 A2 图幅。

② 图中标注的汉字与数字字高要求为 5mm,箭头长度为 5mm。

③ 比例 1∶1。

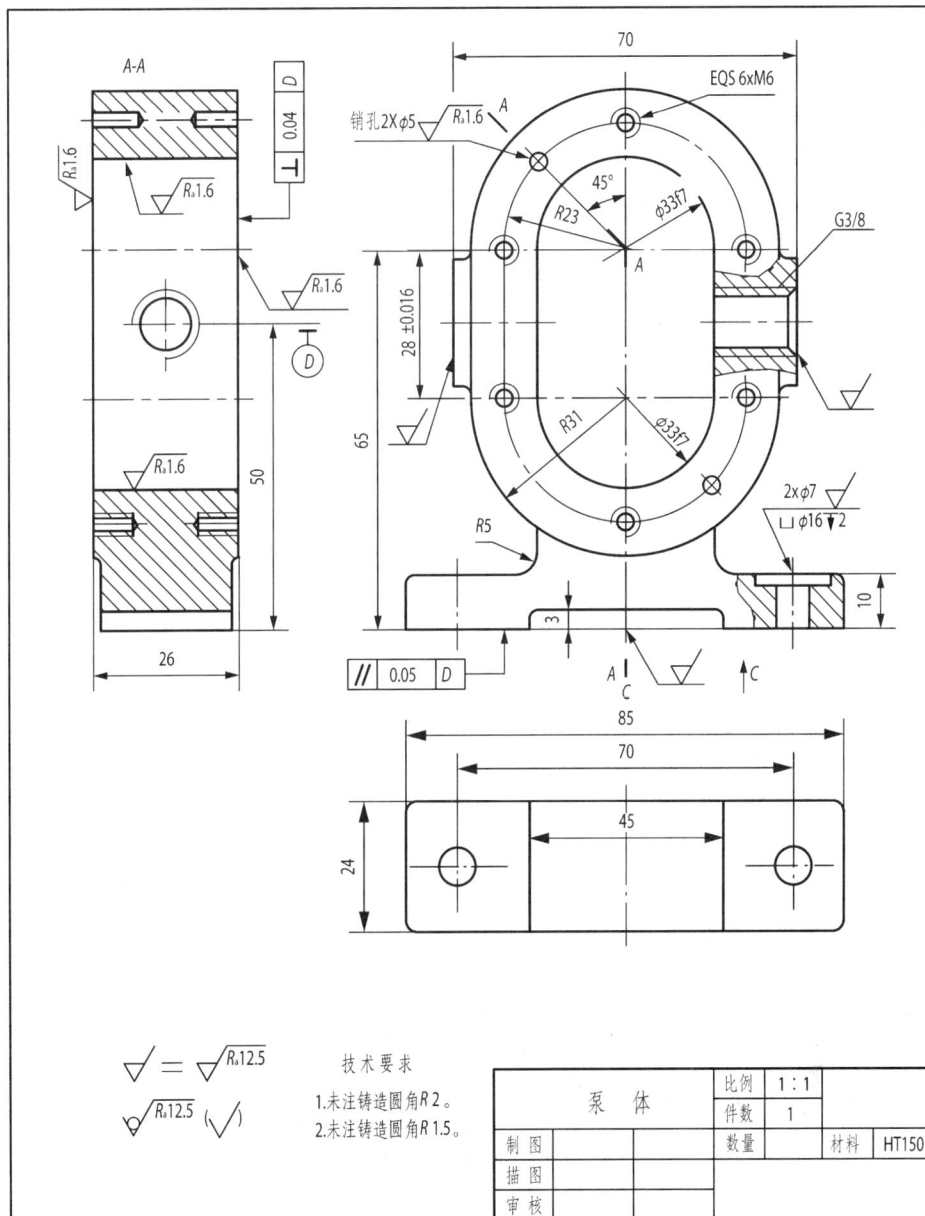

实训图 4-8　泵体零件图

第五章 装配图的绘制

第一节 设计中心

在 AutoCAD 2010 中，使用设计中心可以很方便地对块、图层、外部参照、文字和标注样式等内容进行访问，还可以实现不同图形内容的相互利用，有效地组织与管理设计内容。

一、启动设计中心

1. 启动 AutoCAD 设计中心

● 单击图标：▦ 在"标准"工具栏中。

● 下拉菜单：单击菜单栏中的"工具"→"设计中心"命令。

● 由键盘输入命令：adc ✓（Adcenter 的缩写）。

选择上述任一方式输入命令，弹出如图 5-1 所示的对话框。

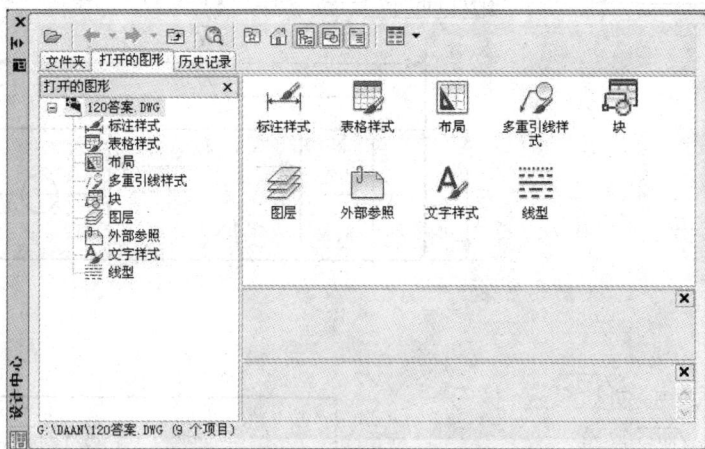

图 5-1 "设计中心"对话框

2. AutoCAD 设计中心界面

（1）工具栏 该栏中包括了选定及管理等内容的各种按钮。当设计中心的选项卡不同时，工具栏内的按钮有略微变化。

◇ "加载"按钮 ☞ 单击该按钮，弹出"加载"对话框，如图 5-2 所示。在树状窗口中选择一个图形文件，并加载到设计中心。

◇ "上一页"按钮 ⬅▼ 单击该按钮，可以返回在设计中心里的前一步操作。

◇"下一页"按钮 ⇨ ▼　单击该按钮，可以返回在设计中心里的下一步操作。当没有下一步操作时，该按钮呈灰色，不能使用。

◇"上一级"按钮 👆　单击该按钮，可将内容窗口和树状窗口中的内容返回到上一级内容。该按钮的功能与 Windows 资源管理器及文件管理器中"上一级"按钮功能相同。

◇"搜索"按钮 🔍　单击该按钮，弹出"搜索"对话框。用于搜索指定的文件、图块、图层、线型、文字样式、外部参照等。

◇"收藏夹"按钮 🗀　在内容区中显示"收藏夹"文件的内容。

◇"主页"按钮 🏠　单击该按钮，将使设计中心返回到默认文件夹。

◇"树状图切换"按钮 🗐　单击该按钮，可以显示或隐藏"树状视图"窗口。当绘图区域需要更多的空间时，可以将其隐藏。

◇"预览"按钮 🗔　单击该按钮，可以显示或隐藏"预览"窗口。

◇"说明"按钮 🗎　单击该按钮，可以显示或隐藏"说明"窗口。

◇"视图"按钮 ▦ ▼　用于选择"内容"窗口中对象的显示方式。分别为大图标、小图标、列表和详细信息，用户可从列表中选择一种显示方式。

（2）选项卡　包含"文件夹"、"打开的图形"、"历史记录"、"联机设计中心"4 个选项卡，单击任一选项卡可进行切换。

◇"文件夹"选项卡　显示设计中心的资源，如图 5-3 所示。

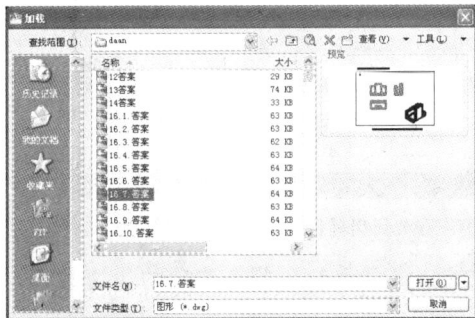

图 5-2　"加载"对话框

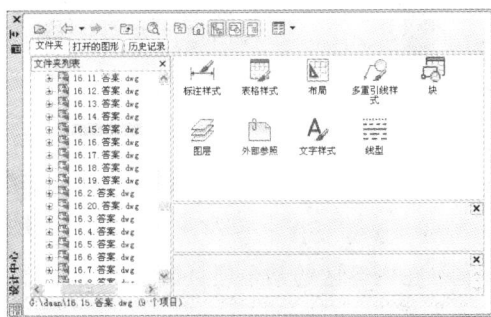

图 5-3　"文件夹"选项卡

◇"打开的图形"选项卡　显示当前已打开的所有图形文件的列表，如图 5-4 所示。

◇"历史记录"选项卡　显示当设计中心中以前打开的文件的列表，如图 5-5 所示。

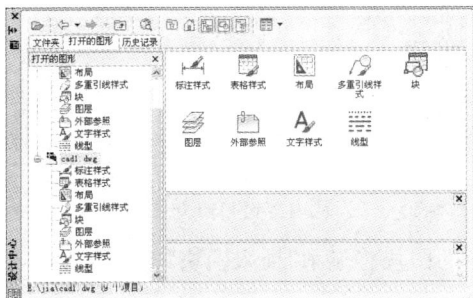

图 5-4　"打开的图形"选项卡

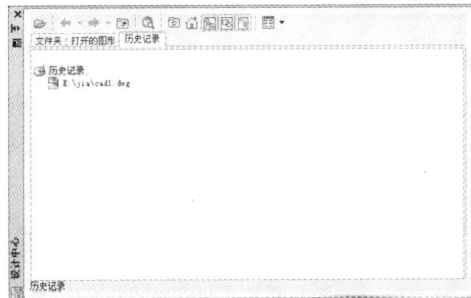

图 5-5　"历史记录"选项卡

二、设计中心的使用

1．在当前图形中插入相关内容

利用设计中心,可在当前图形中插入标注样式、表格样式、布局、块、图层、外部参照、文字样式、线型等相关内容,这样不仅可以提高绘图效率,还可以统一绘图标准。插入相关内容采用以下方法:

(1)将某个项目拖动到当前图形中。如图 5-6 所示,将设计中心显示的文件中的图层(粗实线层、细实线层、尺寸层等)插入到当前图形中。

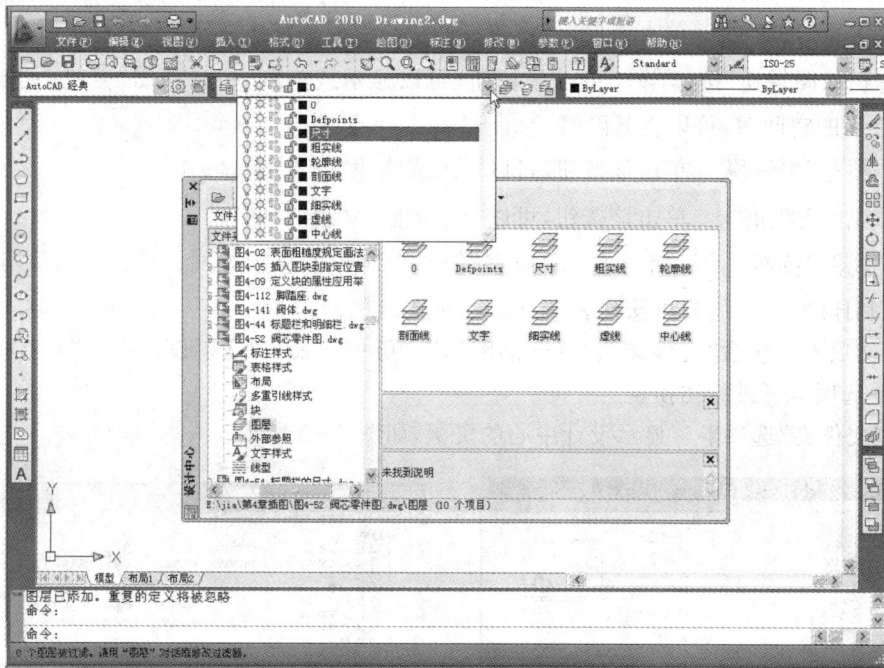

图 5-6　在设计中心中拖动图层插入到当前图形中

(2)在内容区的某个项目或某个文件上点击右键,将显示包含若干选项的快捷菜单,如图 5-7、图 5-8 所示。

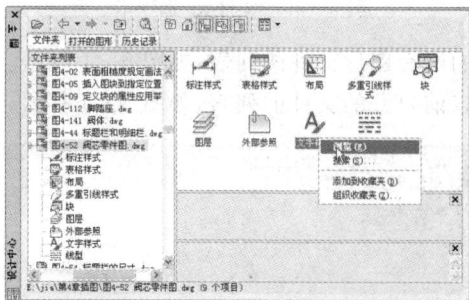

图 5-7　搜索图形后右键快捷菜单对话框

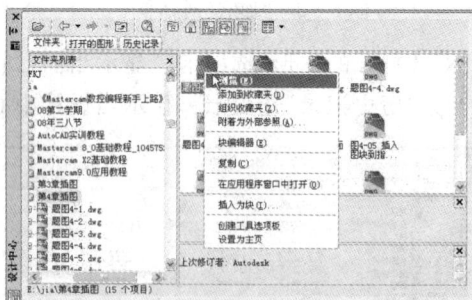

图 5-8　从内容窗口打开图形文件图

(3)如果在当前图形中要插入图块,双击选择的图块将显示"插入图块"对话框。

2．查找内容

使用 AutoCAD 设计中心可以快速查找图形、填充图案、填充图案文件、图层、块、图形和块、外部参照、文字样式、线型、标注样式和布局等内容。

在设计中心的工具栏中单击"搜索"按钮，弹出"搜索"对话框，如图5-9所示。各选项功能如下：

◇"图形"选项卡 "搜索文字"用于指定字段中搜索的字符串；"位于字段"用于指定要搜索的特性字段，可在列表中选择。

◇"修改日期"选项卡 选取"所有文件"选项，可查找到满足其他选项卡指定条件的所有文件，默认选取该选项；选取"找出所有已创建或已修改的文件"选项，可查找到在指定时间范围内所创建或修改，且同时满足其他选项卡指定条件的文件，如图5-10所示。

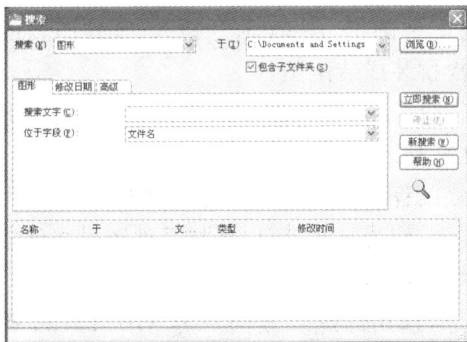

图5-9 "搜索－图形"选项卡　　　图5-10 "搜索－修改日期"选项卡

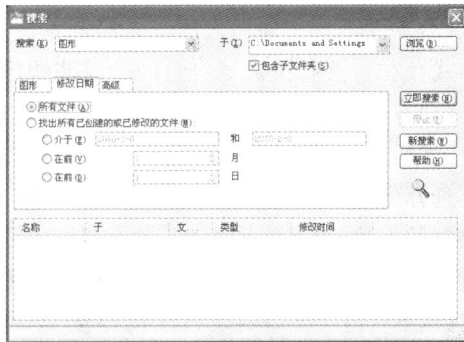

◇"高级"选项卡 如图5-11所示，"包含"选项用于指定在图形中要搜索的文字类型，单击下拉列表，从中选择；"包含文字"选项用于指定要搜索的文字；"大小"选项用于指定文件大小的最小值或最大值；浏览(B)...按钮用于指定要查找的文件所在的路径名；立即搜索(N)按扭单击该按钮，系统将按照所指定的条件进行搜索；停止(P)按钮单击该按钮，系统将停止搜索；新搜索(W)按钮单击该按钮，弹出提示消息框（如图5-12所示）；单击 确定 按钮，系统将清除上次搜索的有关内容，用户可重新输入要查找内容的有关信息。

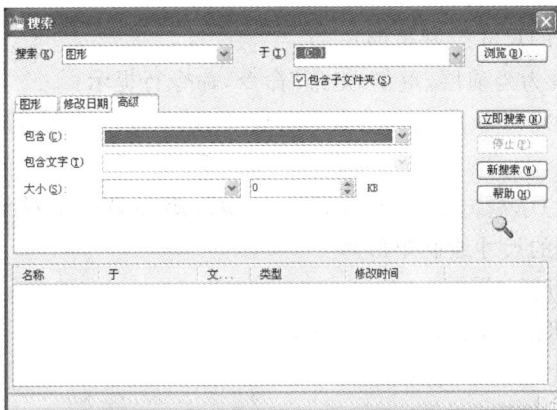

图5-11 "搜索－高级"选项卡　　　图5-12 新搜索消息框

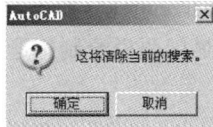

◇ "搜索结果"显示框 用于显示符合搜索条件内容的相关信息。双击某个搜索到的文件,系统会将其加载到设计中心去。

第二节 直接绘制装配图

用 AutoCAD 绘制装配图,一般采用以下 4 种方法:

(1)直接绘制法 根据装配关系,将各个零件逐个画出,直接绘出装配图。

(2)图块插入法 将零件图创建为图块,在装配图中插入所需的图块,绘出装配图。

(3)零件图形文件插入法 先绘制零件图,将零件图用 Insert 命令插入(零件图以图块的形式存在),然后按机器(部件)的组装顺序,依次拼装成装配图。

(4)剪贴板插入法 利用 AutoCAD 的"复制"命令,将零件图中所需图形,复制到剪贴板上,然后使用"粘贴"命令,将剪贴板上的图形粘贴到装配图所需的位置上。

选择哪种方法绘制装配图,主要依据图形的复杂程度。如果图形比较简单,可以选用直接绘制的方法,提高绘图效率;如果图形中零件较多、较为复杂,可以选择零件图形文件插入法、图块插入法或剪贴板插入法,简化装配图的作图过程,避免出现错误。

【例 5-1】 已知两块钢板的厚度 $\delta_1 = \delta_2 = 28$,选用的螺纹紧固件为"GB/T5780 螺栓 M16×80"、"GB/T41 螺母 M16"和"GB/T97.1 垫圈 16"。用简化画法绘制如图 5-13 所示的螺栓连接装配图。

绘图过程如下:

(1)设置绘图环境

新建图形文件、设置图形界限(A4 竖放)、图层(5 个图层:中心线层、粗实线层、细实线层、剖面线层、尺寸层)、文字样式和标注样式。

(2)绘制竖放 A4 图幅的外边框和内边框

① 绘制外边框 将细实线层设为当前层,单击"矩形"图标 □,命令行提示:

指定第一个角点或[倒角(C)/标高(E)/圆角(F)/厚度(T)/宽度(W)]:0,0 ✓(输入矩形第一角点坐标值)

指定另一个角点或[面积(A)/尺寸(D)/旋转(R)]:210,297 ✓(输入矩形另一个对角点坐标值;也可输入 d 命令,通过给定矩形的尺寸绘制矩形)

② 绘制内边框 将粗实线层设为当前层,重复"矩形"命令,命令行提示:

指定第一个角点或[倒角(C)/标高(E)/圆角(F)/厚度(T)/宽度(W)]:10,10 ✓(输入矩形第一角点坐标值)

指定另一个角点或[面积(A)/尺寸(D)/旋转(R)]:190,277 ✓(输入矩形另一个对角点坐标值;也可输入 d 命令,通过给定矩形的尺寸绘制矩形)

完成图框的绘制,如图 5-14a 所示。

③ 绘制标题栏绘制标题栏和明细栏,如图 5-14b 所示。

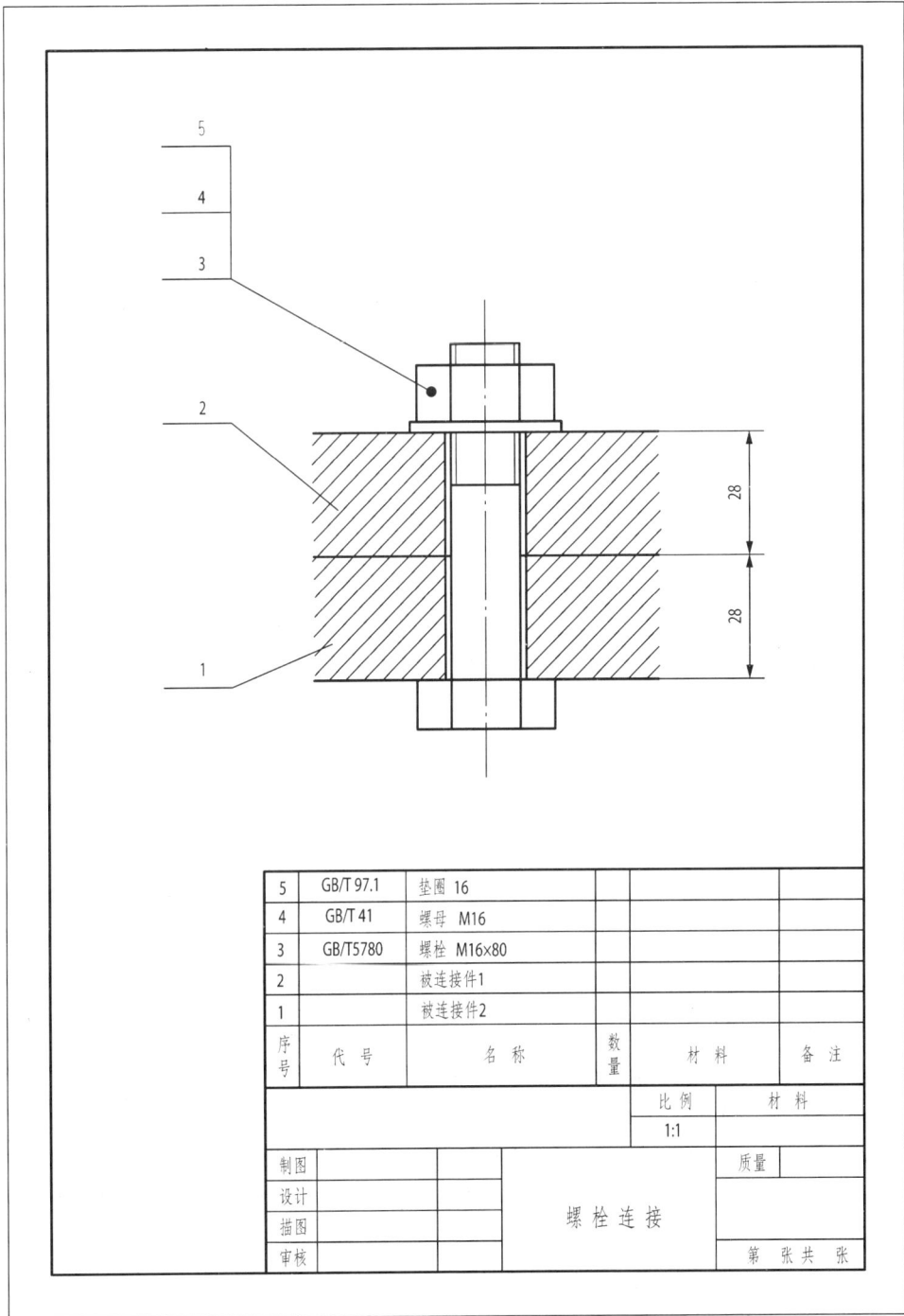

5	GB/T 97.1	垫圈 16			
4	GB/T 41	螺母 M16			
3	GB/T5780	螺栓 M16×80			
2		被连接件1			
1		被连接件2			
序号	代　号	名　称	数量	材　料	备　注

			比例	材　料	
			1:1		
制图				质量	
设计			螺栓连接		
描图					
审核				第　张共　张	

图 5-13　螺栓连接装配图

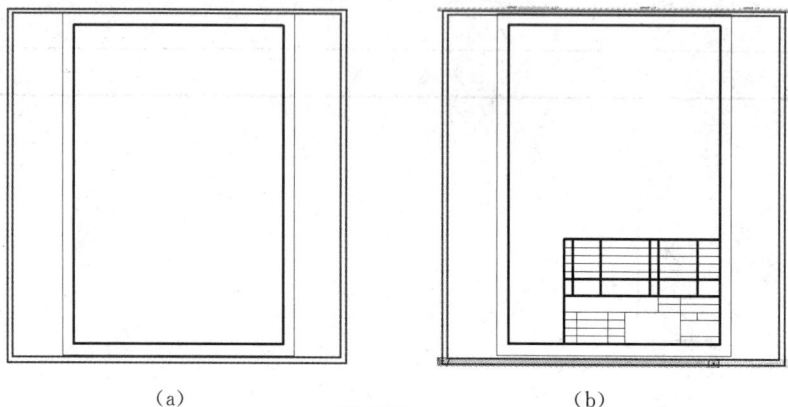

(a)   (b)

图 5-14　绘制图框、标题栏和明细表

④ 填写文字　填写标题栏和明细栏中的文字，如图 5-15a 所示。

⑤ 保存文件　单击"范围缩放"图标 ⊛，将图形满屏显示，如图 5-15b 所示。单击"保存"图标 💾，在弹出的"图形另存为"对话框中，确定存盘地址并输入文件名"螺栓连接"存盘。

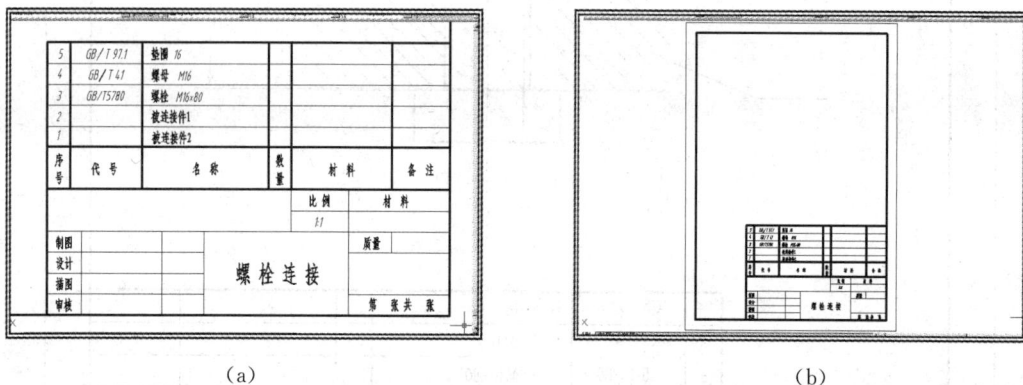

（a）   （b）

图 5-15　填写文字和全图显示

（3）绘制图形

① 绘制中心线　将中心线层设为当前层，单击"直线"图标 ✏（或单击菜单栏中的"绘图"→"直线"命令），命令行提示：

命令:line 指定第一点:（在绘图区合适的位置单击，确定中心线的起点）

指定下一点或放弃[放弃(U)]:100 ↙（鼠标向下移动，拉出起点的 270°极轴追踪线，通过键盘输入距离）

指定下一点或放弃[放弃(U)]:↙

完成中心线的绘制，如图 5-16 所示。

② 绘制被连接件　将粗实线层设为当前层，用"构造线"命令及其中的"偏移"选项，完成被连接件轮廓线的绘制。

a. 绘制水平构造线　单击"构造线"图标 ✏，命令行提示：

命令:_xline 指定点或[水平(H)/垂直(V)/角度(A)/二等分(B)/偏移(O)]:h ↙（绘制水平构造

线)

指定通过点:(在合适的位置单击,为快速绘图先不要考虑构造线距中心线端点的距离,待图形绘制完毕后,再调整中心线的长度)

指定通过点:✓(结束命令)

完成水平构造线的绘制,如图 5-17 所示。

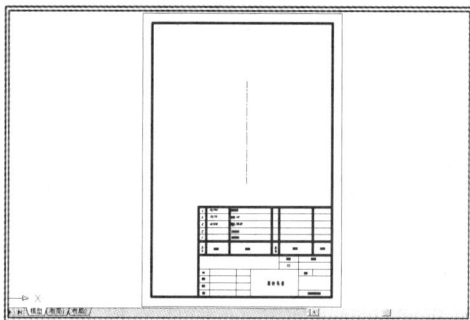

图 5-16　绘制中心线　　　　　　图 5-17　绘制被连接件(一)

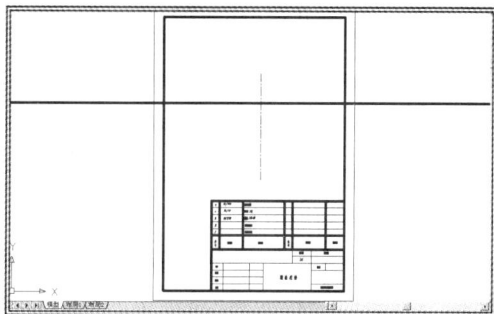

b. 绘制被连接件水平轮廓线　继续执行"构造线"命令,命令行提示:

命令:_xline 指定点或[水平(H)/垂直(V)/角度(A)/二等分(B)/偏移(O)]:o✓

指定偏移距离或[通过(T)]<通过>:28✓

选择直线对象:(拾取刚绘制的构造线)

指定向哪侧偏移:(在刚绘制的构造线下方单击左键)

选择直线对象:(拾取刚绘制的构造线)

指定向哪侧偏移:(在刚绘制的构造线上方单击左键)

选择直线对象:✓(结束命令)

完成被连接件水平轮廓线的绘制,如图 5-18 所示。

c. 绘制被连接件钻孔轮廓线　重复"构造线"命令(钻孔孔径$=1.1d=1.1×16=17.6$;半径$=17.6/2=8.8$;d 为螺栓大径 16),命令行提示:

命令:_xline 指定点或[水平(H)/垂直(V)/角度(A)/二等分(B)/偏移(O)]:o✓

指定偏移距离或[通过(T)]<通过>:8.8✓

选择直线对象:(拾取中心线)

指定向哪侧偏移:(在中心线的右侧单击左键)

选择直线对象:(拾取中心线)

指定向哪侧偏移:(在中心线的左侧单击左键)

选择直线对象:✓(结束命令)

完成被连接件钻孔轮廓线的绘制,如图 5-19 所示。

d. 绘制被连接件左右轮廓线并整理图形　用上述方法,将"中心线"分别再向左、右偏移 45 个图形单位。用"修剪"命令,整理图形,完成被连接件轮廓线的绘制,如图 5-20 所示。

③ 绘制螺栓　将粗实线层设为当前层,用"构造线"命令及其中的"偏移"选项,完成螺栓轮廓线的绘制。

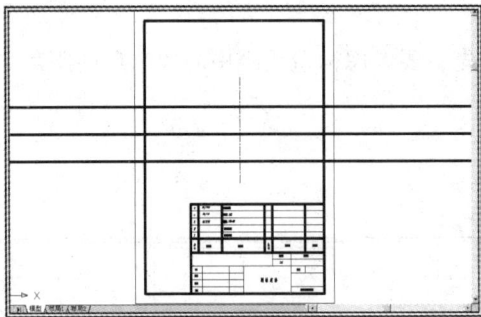

图 5-18　绘制被连接件（二）　　　　图 5-19　绘制被连接件（三）

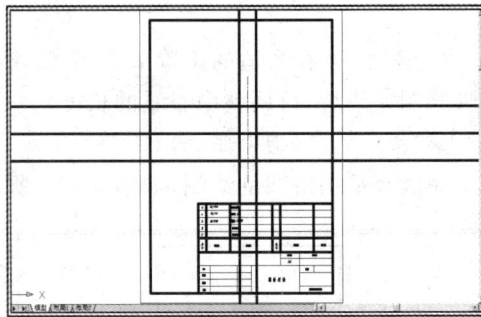

　　a. 使用"构造线"命令中的"偏移"选项，将被连接件中的底部水平线向下偏移 11.2 个图形单位；再分别向上偏移 80、48 个图形单位，绘制螺栓头部水平线、螺纹杆部上端水平线和螺纹终止线。

　　b. 继续使用"构造线"命令中的"偏移"选项，将中心线分别向左、右偏移 8 和 16 个图形单位，绘制螺栓杆部两条大径线、螺栓头部两条垂直线。

　　c. 将细实线层设为当前层，继续使用"构造线"命令中的"偏移"选项，将中心线分别向左、右偏移 6.8 个图形单位，绘制螺栓两条小径线。

　　d. 用"修剪"命令，整理图形，完成螺栓的绘制，如图 5-21 所示。

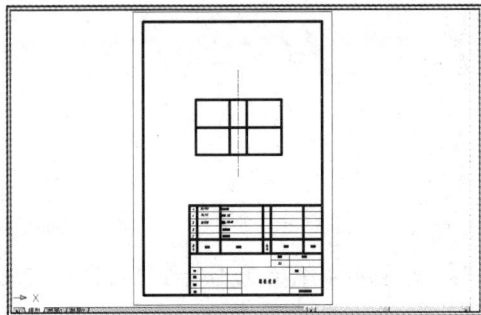

图 5-20　绘制被连接件（四）　　　　图 5-21　绘制螺栓

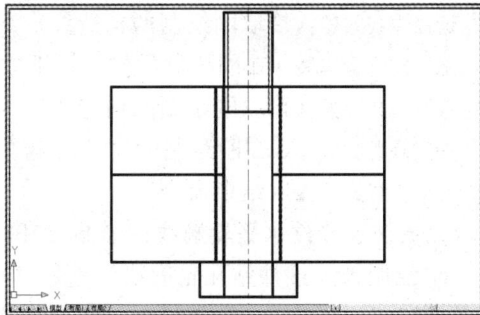

　　④ 绘制垫圈　将粗实线层设为当前层，用"构造线"命令及其中的"偏移"选项，完成垫圈的绘制。

　　继续使用"构造线"命令中的"偏移"选项，将中心线分别向左、右偏移 17.6 个图形单位；将被连接件的上边线向上偏移 2.4 个图形单位，用"修剪"命令，整理图形，如图 5-22 所示。

　　⑤ 绘制螺母　将粗实线层设为当前层，用"构造线"命令及其中的"偏移"选项，完成螺母的绘制。

　　继续使用"构造线"命令中的"偏移"选项，将中心线分别向左、右偏移 16 个图形单位；将垫圈的上边线向上偏移 12.8 个图形单位，用"修剪"命令，整理图形，如图 5-23 所示。

　　⑥ 绘制剖面线　将剖面线层设为当前层，用"剖面线"命令及其中的"偏移"选项，完成剖面线的绘制。

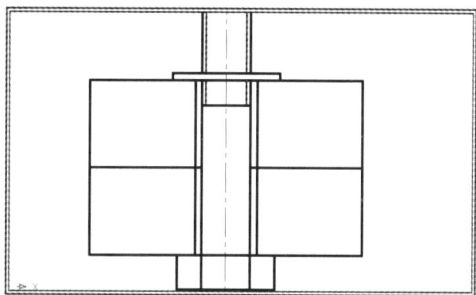

图 5-22 绘制垫圈

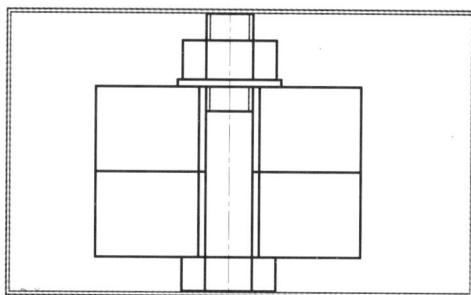

图 5-23 绘制螺母

a. 将剖面线层设为当前层,单击"图案填充"图标 (或单击菜单栏中的"绘图"→"图案填充"命令),弹出"图案填充及渐变色"对话框,在该对话框中将"图案"设置为"ANSI31","角度"设为 0,"比例"设为 1。单击"添加:拾取点"图标 ,"图案填充及渐变色"对话框消失,命令行提示:

命令:_bhatch

拾取内部点或[选择对象(S)/删除边界(B)](在要填充剖面线的左侧区域内单击左键,所选区域的边界线变为虚线)

正在选择所有对象 …

正在选择所有可见对象 …

正在分析所选数据 …

正在分析内部孤岛 …

拾取内部点或[选择对象(S)/删除边界(B)](在要填充剖面线的右侧区域内单击左键,所选区域的边界线变为虚线)

正在分析内部孤岛 …

拾取内部点或[选择对象(S)/删除边界(B)]↙(结束命令)

"图案填充及渐变色"对话框重新出现,单击该对话框中的 确定 按钮,完成上面被连接件剖面线的绘制。

b. 重复上述过程,在"图案填充及渐变色"对话框中,将"角度"设为 90,可完成下面被连接件剖面线的绘制。

c. 删除被连接件左右两边轮廓线,如图 5-24 所示。

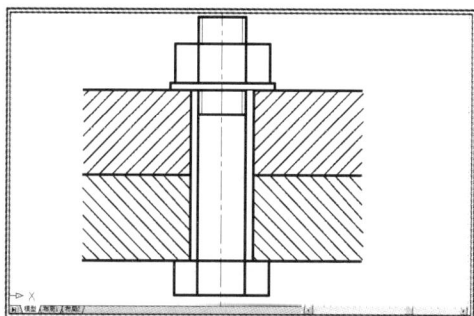

图 5-24 绘制剖面线

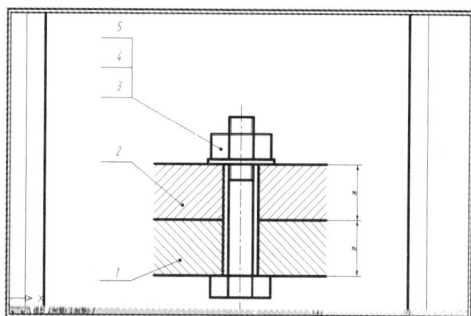

图 5-25 标注尺寸和零件序号

（4）标注尺寸和标注序号

将尺寸层设为当前层，用"构造线"命令及其中的"偏移"选项，完成尺寸的标注。标注被连接件的厚度尺寸。用"引线"、"文字"命令标注零件序号，如图5-25所示。

（5）检查、存盘

对全图进行检查修改，确认无误后，单击菜单栏中的"视图"→"缩放"→"范围"命令，将全图充满屏幕。单击"保存"图标 🖫 ，将所绘图形存盘，如图5-26所示。

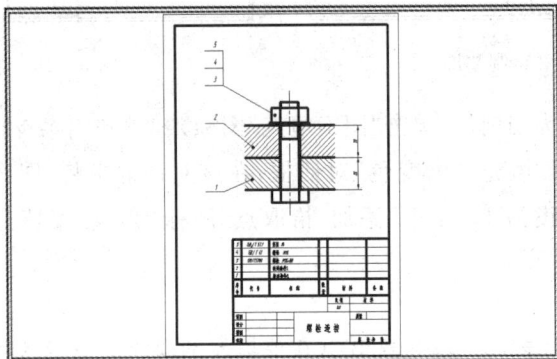

图5-26　全屏显示后保存图形

第三节　插入法绘制装配图

在AutoCAD中，可以直接用插入零件图形的方法来拼画装配图，该方法在插入图形时，默认情况下插入基点为零件图形的坐标原点（0，0），这样在拼画装配图时就不能准确确定零件图在装配图中的位置。因此，为了保证插入图形时能准确定位，在绘制完零件图后，应首先用基点命令（BASE）设置插入点，然后再保存文件；再用Insert命令插入图形时，就以定义的基点进行插入，完成装配图的拼画。

一、基点命令

在绘制装配图时将已绘制好的零件图插入到要绘制的装配图中，AutoCAD默认要插入的图形的坐标原点作为插入基点。当需要指定插入基点时，则需使用基点命令（BASE），对图形指定新的插入基点。

1. 功能

指定当前图形新的基点。

2. 命令格式

● 下拉菜单：单击菜单栏中的"绘图"→"块"→"基点"命令。

● 由键盘输入命令：base↙

3. 操作说明

选择上述任一方式输入命令，命令行提示：

命令：base↙

输入基点＜0.0000，0.0000，0.0000＞:（输入坐标或在屏幕中用鼠标指定当前图形新的插入点）

二、用插入法绘制装配图

【例5-2】 用零件图形文件插入法,绘制如图5-27所示手动气阀装配图。

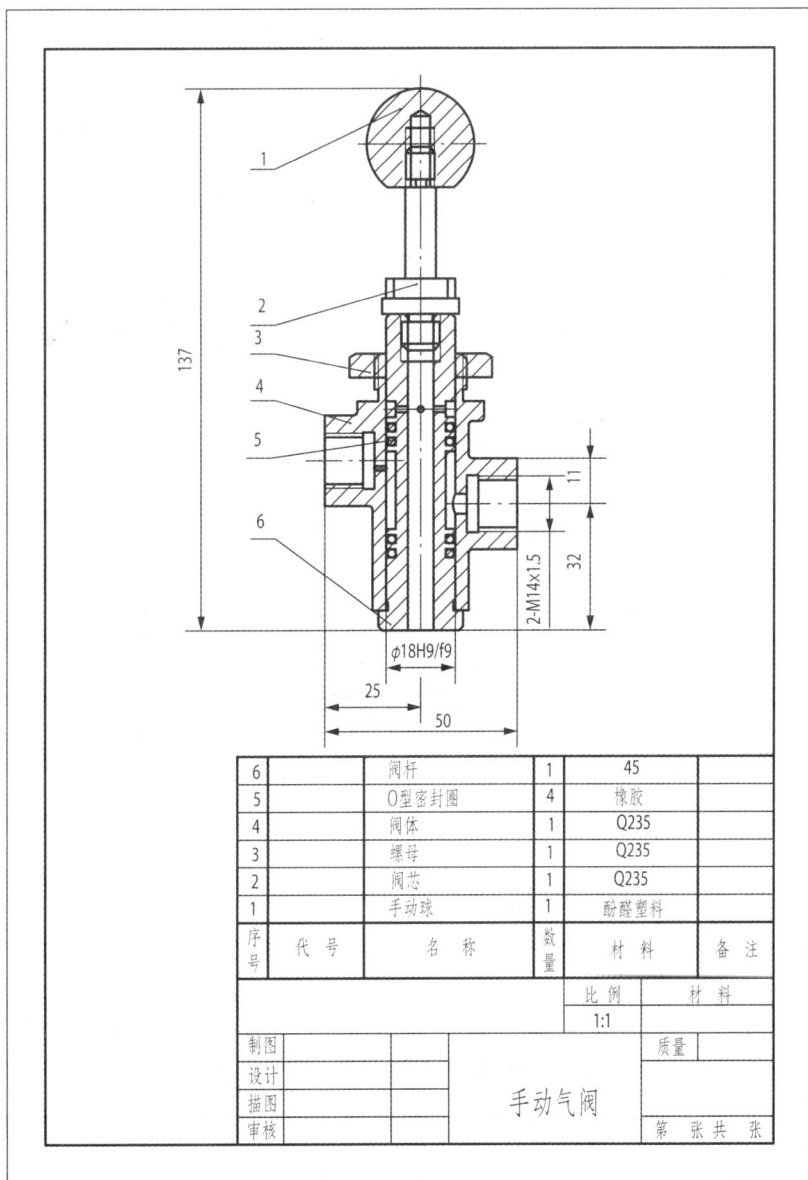

图5-27 手动气阀装配图

操作步骤如下:

(1)设置绘图环境

新建图形文件、设置图形界限(A4 竖放)、图层(5 个图层:中心线层、粗实线层、细实线层、剖面线层、尺寸层)、文字样式、标注样式。

(2)绘制竖放 A4 图幅的外边框、内边框和标题栏

① 绘制外边框 将细实线层设为当前层,单击"矩形"图标□,命令行提示:

指定第一个角点或[倒角(C)/标高(E)/圆角(F)/厚度(T)/宽度(W)]:0,0↙（输入矩形第一角点坐标值）

指定另一个角点或[面积(A)/尺寸(D)/旋转(R)]:210,297↙（输入矩形另一个对角点坐标值;也可输入 d 命令,通过给定矩形的尺寸绘制矩形）

② 绘制内边框　将粗实线层设为当前层,单击"矩形"图标□,命令行提示:

指定第一个角点或[倒角(C)/标高(E)/圆角(F)/厚度(T)/宽度(W)]:10,10↙（输入矩形第一角点坐标值）

指定另一个角点或[面积(A)/尺寸(D)/旋转(R)]:190,277↙（输入矩形另一个对角点坐标值;也可输入 d 命令,通过给定矩形的尺寸绘制矩形）

完成图框的绘制。

③ 绘制标题栏　绘制标题栏和明细栏,并填写标题栏和明细栏中的文字内容,如图5-28所示。

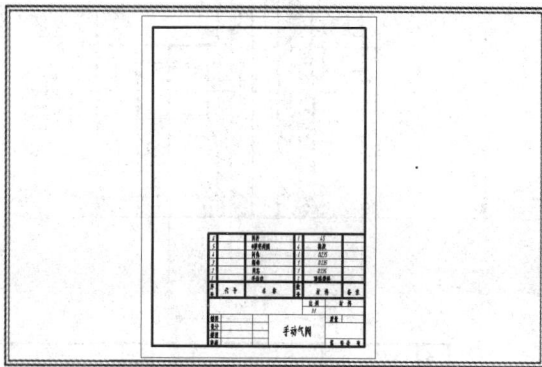

图 5-28　绘制图框、标题栏、明细栏

④ 保存文件　单击"保存"图标🖫,在弹出的"图形另存为"对话框中确定存盘路径并输入文件名"气动手阀装配图"。

(3)根据零件图绘制装配图

在画装配图之前,首先要把手动气阀各零件图(如图5-29、图5-30、图5-31、图5-32、图5-33、图5-34所示)全部绘制完成,保存在指定路径的磁盘中,以供调用。

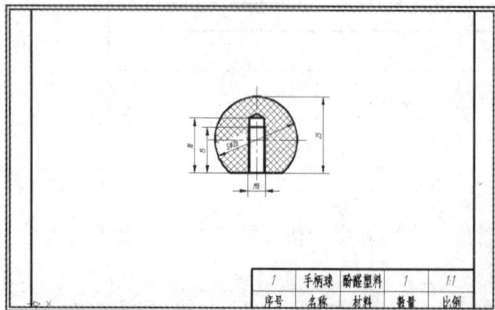

图 5-29　手动球零件图

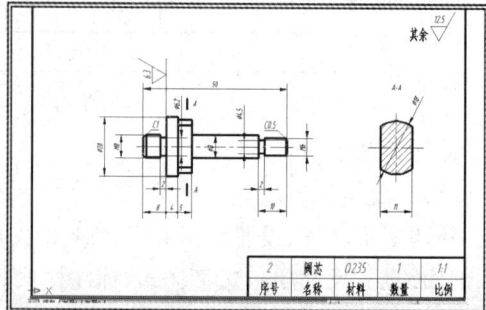

图 5-30　阀芯零件图

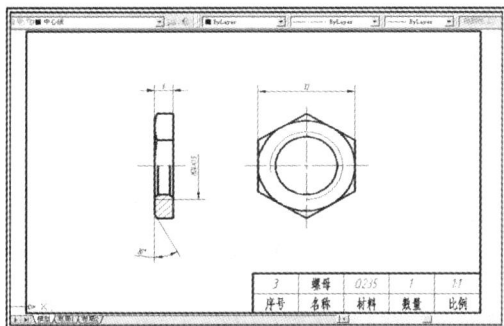

图 5-31 螺母零件图

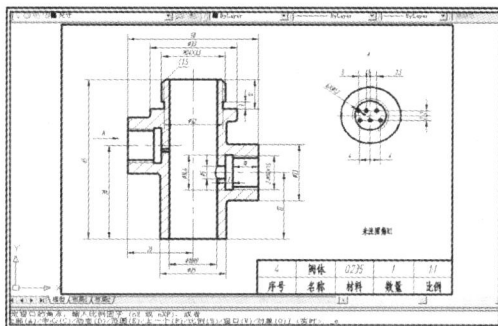

图 5-32 阀体零件图

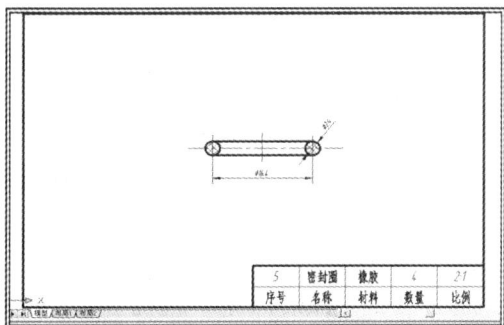

图 5-33 密封圈零件图

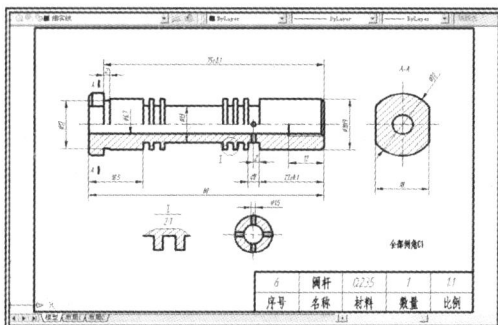

图 5-34 阀杆零件图

① 将阀体插入到已经绘制的图幅中 单击"插入块"图标 ,弹出"插入"对话框,如图 5-35 所示。单击 浏览(B)... 按钮,弹出"选择图形文件"对话框。在该对话框中选择要插入的图形文件"阀体",单击 打开(O) ▼按钮,返回"插入"对话框,选中"分解"复选框,单击 确定 按钮,将"阀芯"插入到图中,把 A 向视图、图框、标题栏等删除,关闭"尺寸"层,调整"阀体"视图到合适的位置,如图 5-36 所示。

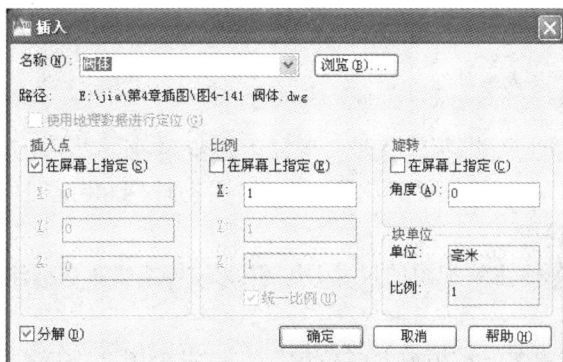

图 5-35 "插入"对话框

② 插入阀杆并画出密封圈 重复上述步骤,插入"阀杆"到适当位置。删除两个剖面图

和局部放大图，关闭"尺寸"层，把阀体的视图部分、图框、标题栏等删除，用"镜像"命令，画出"阀杆"的全剖视图。然后用"旋转"命令，把阀杆旋转成垂直方向。移动阀杆到阀体中（注意定位点），删除被遮住的线段，并画出密封圈，如图5－37所示。

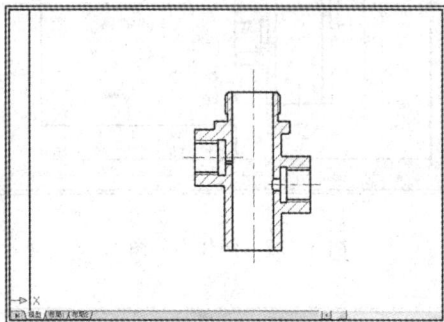

图5－36　插入阀体

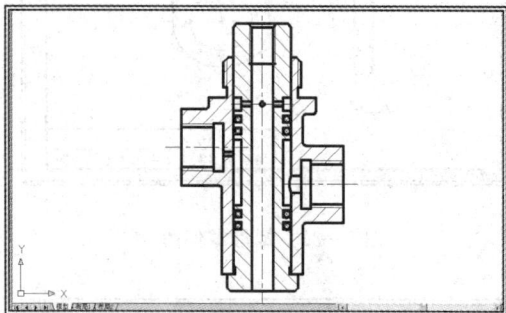

图5－37　插入阀杆并画密封圈

③ 插入螺母　重复上述步骤，插入"螺母"到适当位置。删除左视图，关闭"尺寸"层。把"螺母"的视图部分、图框、标题栏等删除，用"镜像"命令，画出"螺母"的全剖视图。然后用"旋转"命令，把阀杆旋转90°成垂直方向。移动"螺母"到装配图中（注意定位点），删除被遮住的线段，调整剖面线，如图5－38所示。

④ 插入阀芯　重复上述步骤，插入"阀芯"到适当位置。删除"A－A"剖视图，关闭"尺寸"层，把"阀芯"的图框、标题栏等删除。然后用"旋转"命令，把"阀芯"旋转90°成垂直方向。移动"阀芯"到装配图中（注意定位点），删除被遮住的线段，如图5－39所示。

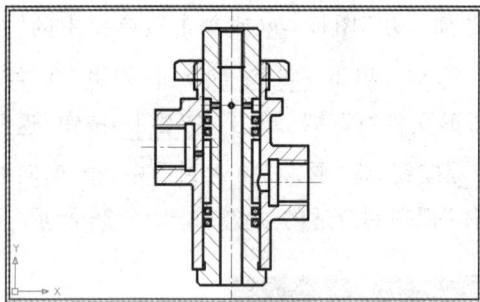

图5－38　插入螺母

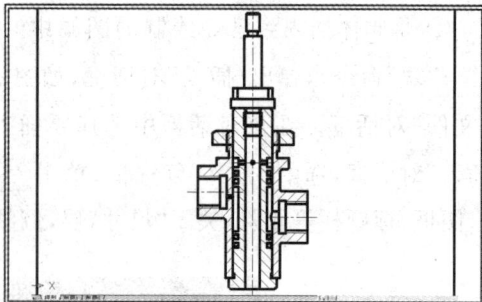

图5－39　插入阀芯

⑤ 插入手动球、标注尺寸、标注序号　重复上述步骤，插入"手动球"到适当位置。关闭尺寸层，把"手动球"的图框、标题栏等删除。移动"手动球"到装配图中（注意定位点），删除被遮住的线段，调整剖面线。

用"标注尺寸"命令标注装配图的尺寸；用"引线"、"文字"命令标注零件序号，如图5－40所示。

单击菜单栏中的"视图"→"缩放"→"范围"命令，将全图充满屏幕，完成"手动气阀装配图"的绘制，如图5－41所示。

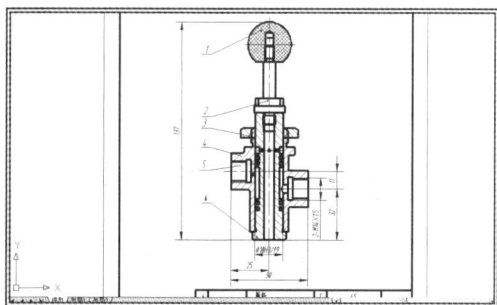

图 5-40 插入手动球、标尺寸、标零件序号

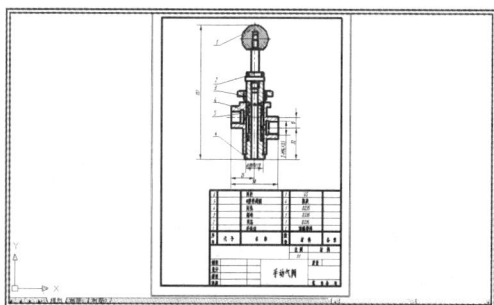

图 5-41 显示全图

（4）检查、存盘

对全图进行检查修改，确认无误后，单击"保存"图标，将所绘图形存盘。

当绘制完成一台设备或一个部件的全部零件图后，利用 AutoCAD，你可以很轻松地将它们拼装成装配图。即使已经有了装配图，也可以将绘制好的零件图重新装配一次，以验证各零件设计的正确性，例如验证零件尺寸是否合适，零件之间是否出现干涉等，这也正是传统手工绘图无法比拟的优点之一。

【例 5-3】 利用绘制好的齿轮轴（如图 5-42 所示）、轴（如图 5-43 所示）、圆柱直齿轮（如图 5-44 所示）、皮带轮（如图 5-45 所示）、套（如图 5-46 所示）、端盖（如图 5-47 所示）和箱体（如图 5-48 所示）等零件，绘制如图 5-49 所示的变速器装配图。

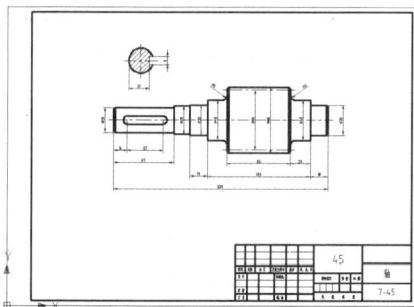

图 5-42 齿轮轴

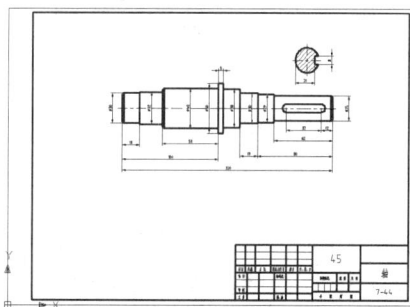

图 5-43 轴

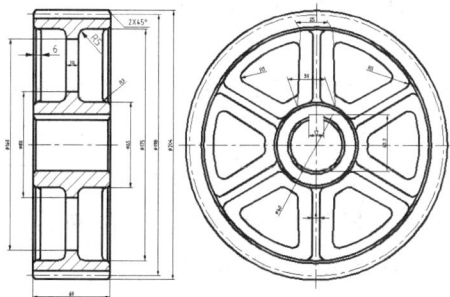

图 5-44 圆柱直齿轮

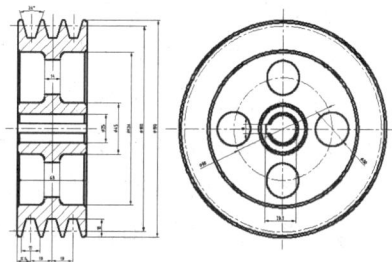

图 5 45 皮带轮

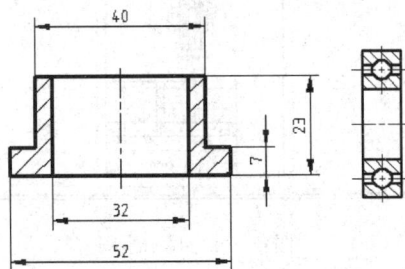

图 5-46 套

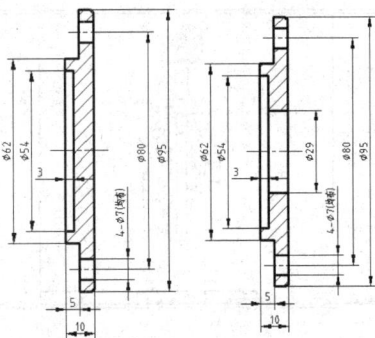

（a）　　　　　　（b）

图 5-47　端盖

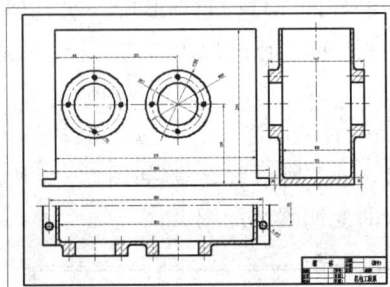

图 5-48　箱体

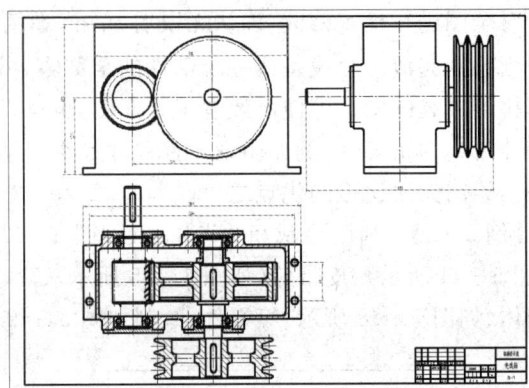

图 5-49　变速器装配图

绘图步骤如下：

（1）建立新图形

① 创建 A1 样板图

详细方法同"第四章"创建 Gb-04-V 样板图一样，在样板图中设置好单位、图形边界、图层、文本样式、尺寸标注样式、标题栏等。

② 打开箱体文件

打开如图 5-48 所示的箱体零件图，选择"窗口"→"垂直平铺"命令，AutoCAD 在绘图屏幕以垂直平铺的形式同时显示新创建的图形和打开的箱体零件图，如图 5-50 所示。

③ 将箱体图形添加到新绘图形中

从图 5-49 中可以看出，装配图中用到了箱体零件图中的全部视图，但不包括尺寸标注，故点击"尺寸标注"图层前的 按钮，关闭"尺寸标注"层。将全部箱体图形添加到新建图形（也可以直接将原箱体图形换名存盘，得到新图形）。将零件所在的窗口设置为活动窗口。单击"标准"工具栏上的"复制"按钮 （注意：不是修改工具栏上的"复制"按钮 ），或选择"编辑"→"复制"命令，即执行 COPYCLIP 命令，AutoCAD 提示：

选择对象：（选择箱体零件图中的三个视图）

选择对象：↙

将新绘制的图形所在的窗口设置为活动窗口。单击"标准"工具栏上的"粘贴"按钮 ，

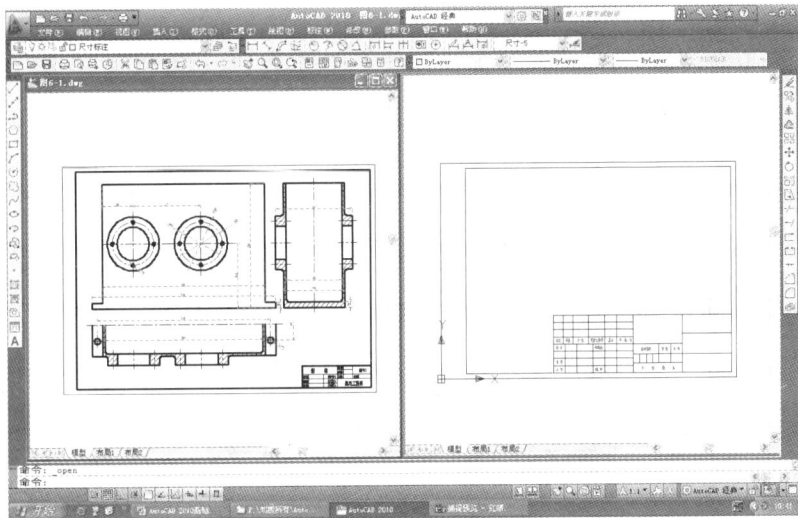

图 5 - 50   以垂直平铺形式显示各窗口

或选择"编辑"→"粘贴"命令,即执行 PASTECLIP 命令,AutoCAD 提示:

　　指定插入点:(在窗口内恰当位置拾取一点,箱体零件复制到新建图形中)

　　④ 整理

　　关闭箱体零件图形,根据图 5-49 调整各视图的位置。同时将俯视图向下移动到合适的位置,并相对于其水平对称线镜像,结果如图 5-51 所示。

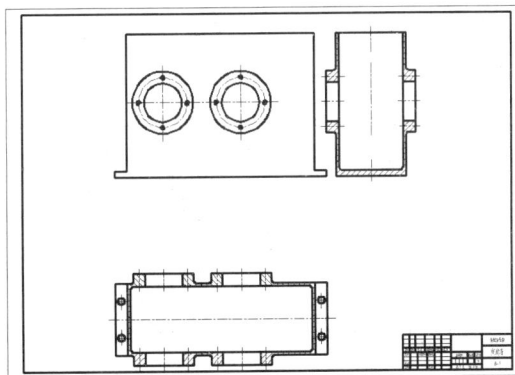

图 5-51   整理后的结果

　　注意:本例为了讲解清晰,当打开多个图形后,以平铺方式显示各图形。但当用户进行复制到剪贴板操作时,如果已有要复制的图形,当打开图形之后,可以直接进行复制到剪贴板操作,不必平铺窗口。

　　(2)装配轴

　　① 打开齿轮轴文件

　　打开图 5-42 所示的齿轮轴零件,关闭"尺寸标注"图层。单击"标准"工具栏上的"复制"按钮,或选择"编辑"→"复制" 命令,即执行 COPYCLIP 命令,AutoCAD 提示:

　　选择对象:(选择时不需要选择各尺寸,不需要选择端面图)

选择对象:↙

此时已将轴图形复制到剪贴板,不要关闭轴零件图。打开新绘图形,单击"标准"工具栏上的"粘贴"🗐按钮,或选择"编辑"→"粘贴"命令,即执行 PASTECLIP 命令,AutoCAD提示:

指定插入点:(在窗口内拾取一点,轴零件复制到新绘图形中,如图 5-52 所示)

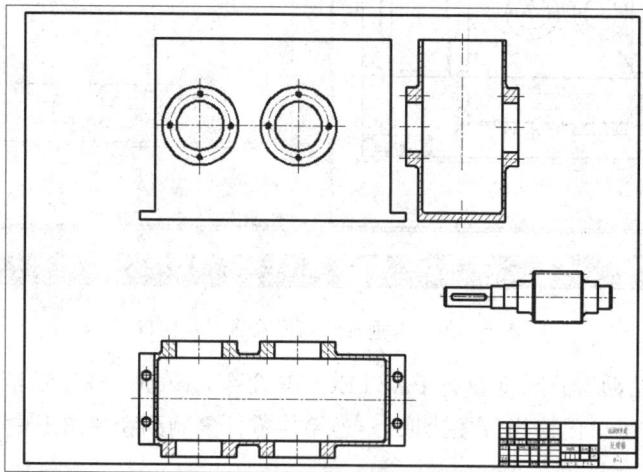

图 5-52　复制轴零件至新绘图形中

② 整理

关闭轴零件图形,单击🔘按钮,执行 ROTATE 命令,将轴旋转 270°,以便将其装配到箱体,如图 5-53 所示。

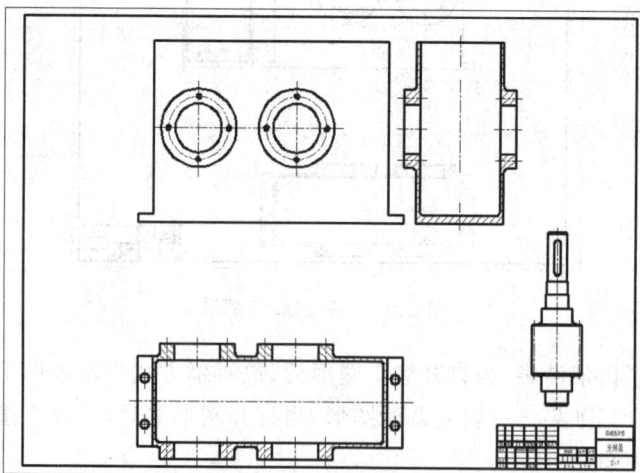

图 5-53　整理后的结果

③ 装配轴

执行 MOVE ✛命令,AutoCAD 提示:

选择对象:(选择图 5-53 中的轴)

选择对象：↙

指定基点或[位移(D)]<位移>：(在图 5-53 中，在轴上捕捉对应点，如图 5-54 所示)

指定第二个点或<使用第一个点作为位移>：(在图 5-53 中，在俯视图有小叉标记处捕捉对应点，如图 5-54 所示)

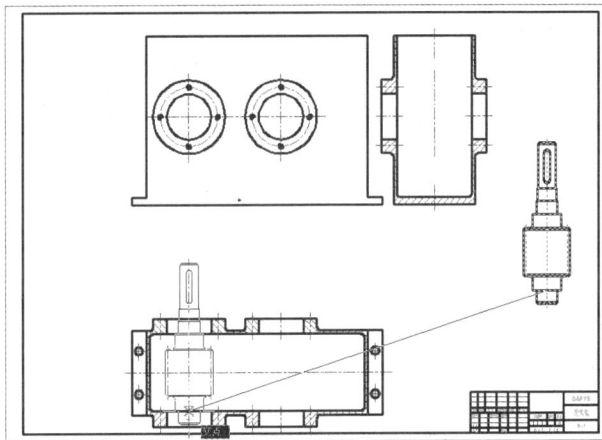

图 5-54 装配轴过程

执行后完成齿轮轴的装配，用类似的方法，装配如图 5-43 所示的轴，结果如图 5-55 所示。

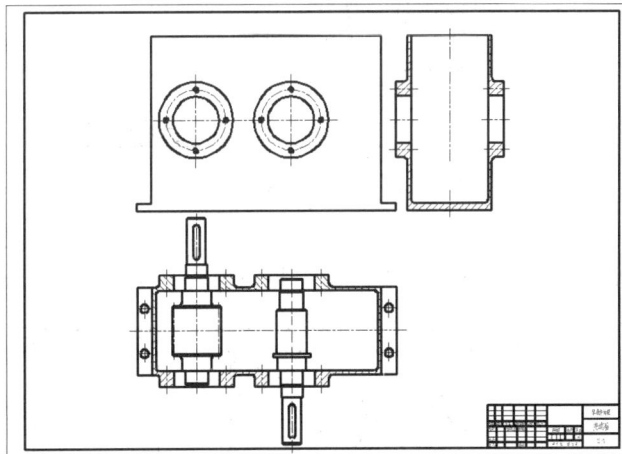

图 5-55 装配轴

注意：如果俯视图位置不合适，用移动命令 ✛ 移动到合适的位置。如果零件图中图形的方向与其在装配田中的装配方向一致，则不需要对图形进行旋转。

(3)装配轴承

① 打开轴承文件

在 AutoCAD 中打开如图 5-46 所示向心轴承，垂直平铺窗口，如图 5-56 所示。

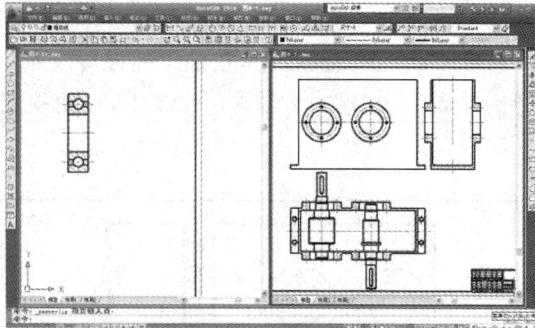

图 5-56　显示窗口

② 将轴承图形添加到新绘图形中

使轴承零件所在的窗口为活动窗口，执行 □ 复制命令，将轴承复制到剪贴板；使新绘图形所在窗口为活动窗口，执行 □ 粘贴命令，将轴承零件复制到新绘图形中，并使轴承旋转90°，关闭轴承零件图形，如图 5-57 所示。

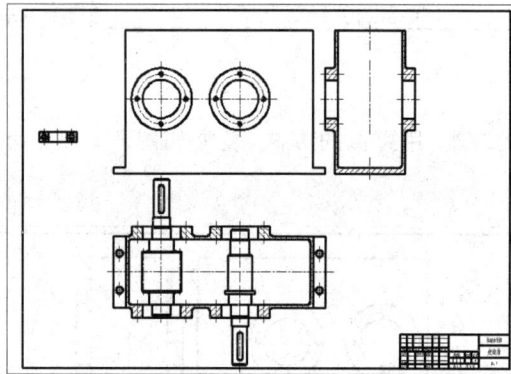

图 5-57　添加轴承到新绘图形

③ 装配轴承

利用复制或移动命令，将图 5-57 中的轴承装到轴的对应位置，如图 5-58 所示。

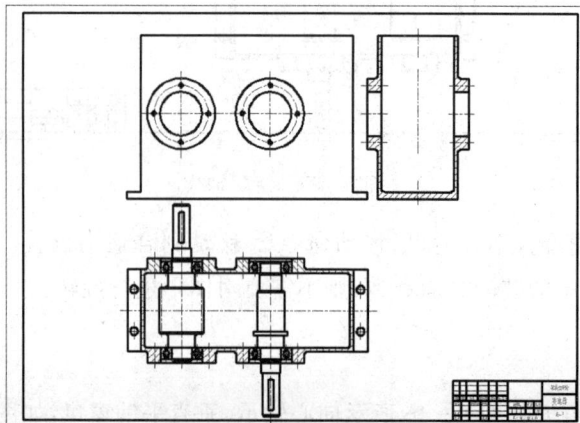

图 5-58　装配轴承

（4）装配端盖

① 打开如图 5-47a 和图 5-47b 所示的端盖图形，并将窗口垂直平铺排列，如图 5-59 所示。

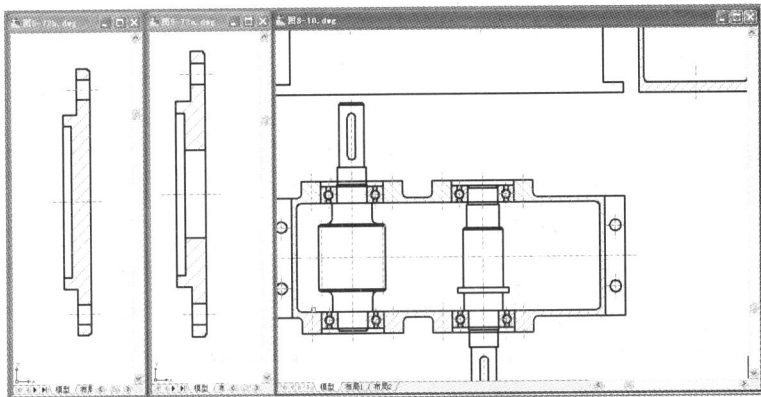

图 5-59　窗口垂直平铺排列

② 通过复制、粘贴、旋转等方式，将端盖装配到对应的位置，结果如图 5-60 所示。

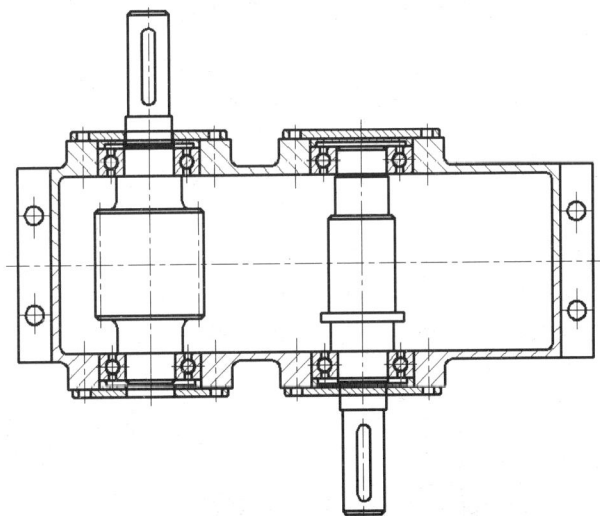

图 5-60　装配端盖

③ 从图 5-60 中可以看出，在端盖部位有许多线交叉，还需要进一步整理。因此，放大其中的一个端盖区域进行分析，如图 5-61 所示。根据装配图的绘图标准，对图 5-61 进行删除、修剪和重新填充剖面线等操作，结果如图 5-62 所示。

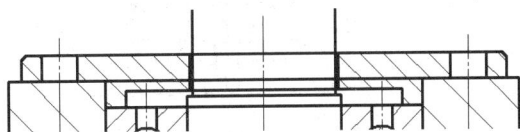

图 5-61　放大区域

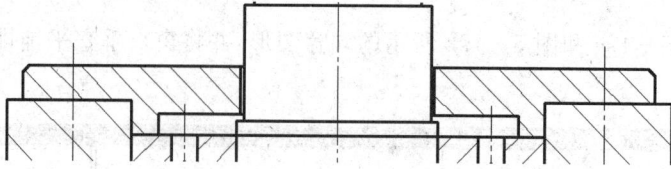

图 5-62　整理结果

④ 对其他端盖处进行同样的处理,结果如图 5-63 所示。

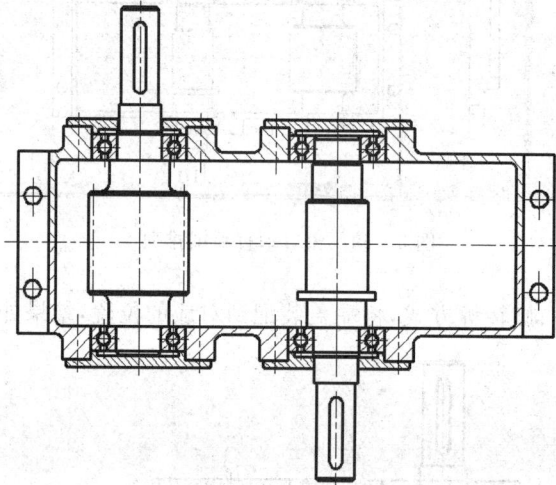

图 5-63　端盖整理结果

(5)装配齿轮、皮带轮和套

① 用类似的方法,在图 5-63 所示的俯视图中装配图 5-44 所示的圆柱直齿轮、图 5-45所示的皮带轮和图 5-46 所示的套,结果如图 5-64 所示。

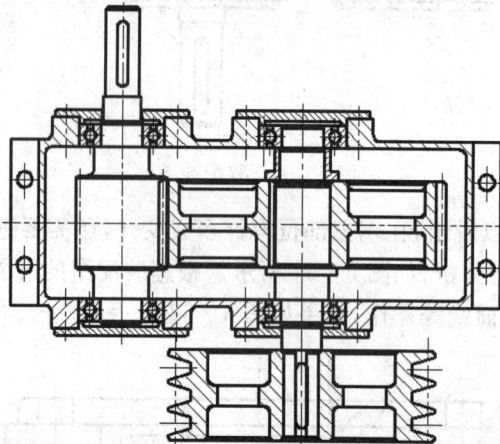

图 5-64　装皮带轮、齿轮、套

② 根据绘图标准对图 5 - 64 做进一步整理,结果如图 5 - 65 所示。

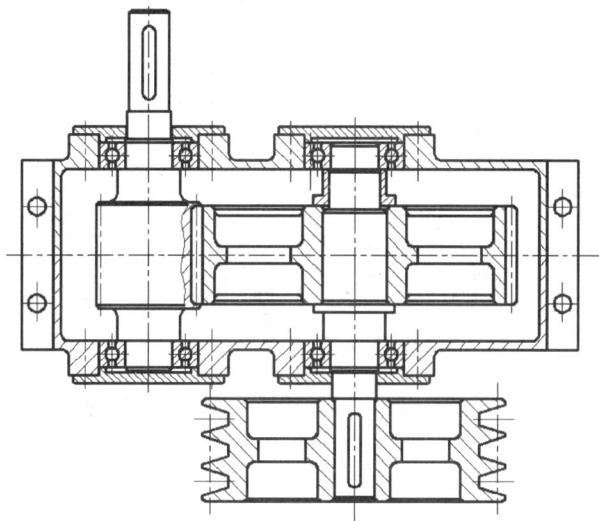

图 5 - 65　整理结果

(6)绘制主视图

根据装配关系,在主视图中绘制对应投影皮带轮和端盖,并进行整理,如图 5 - 66 所示。

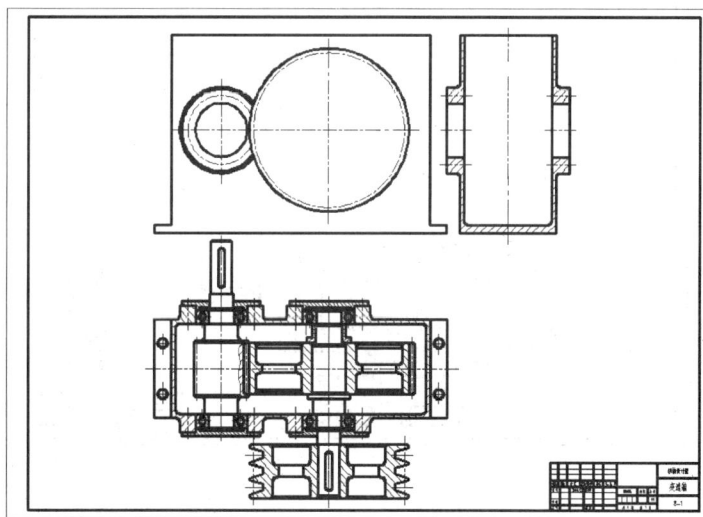

图 5 - 66　绘制主视图

(7)绘制左视图

从图 5 - 49 中可以看出,左视图中主要显示了端盖、皮带轮以及两根轴的部分投影,下面根据这一特点绘制左视图。

① 复制和旋转

执行 COPY　命令,将俯视图中对应的皮带轮、端盖以及部分轴复制到图形的空白部位,执行 ROTATE　命令,将复制得到的图形旋转90°,如图 5 - 67 所示。

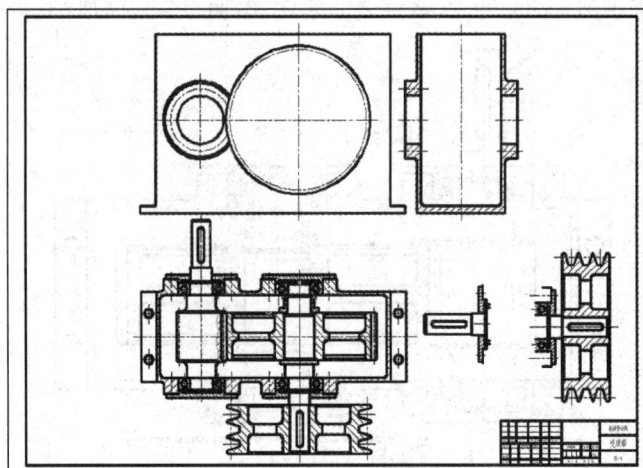

图 5-67　复制、旋转部分图形

② 整理

根据图 5-49 中的左视图，对通过复制得到的图形进行删除和延伸等操作，并删除右侧视图中的剖面线，如图 5-68 所示。

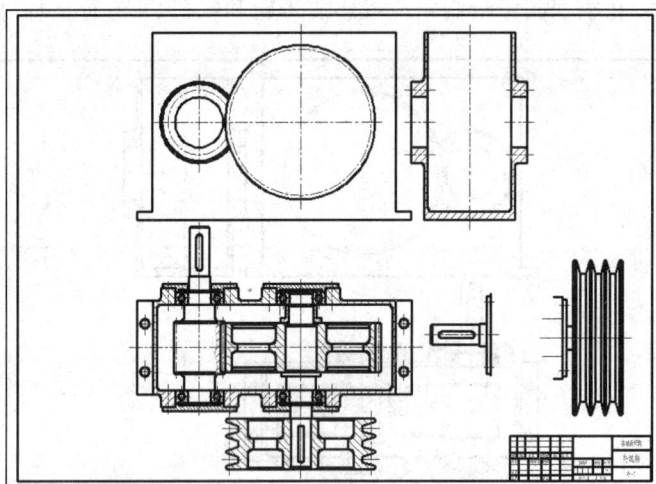

图 5-68　整理结果

③ 移动

执行 MOVI ✛ 命令，AutoCAD 提示：

选择对象：（在图 5-68 中的左下角位置，选择皮带轮及各相关图形）

选择对象：↙

指定基点或[位移(D)]<位移>：（在俯视图中拾取对应点）

指定第二个点或<使用第一个点作为位移>：（在图 5-68 所示的左视图中拾取对应点）

对表示左轴头的图形进行类似的处理，结果如图 5-69 所示。

④ 整理

根据图5-49,对图5-69中的左视图作进一步整理,并绘制表示顶板的线等,结果如图5-70所示。

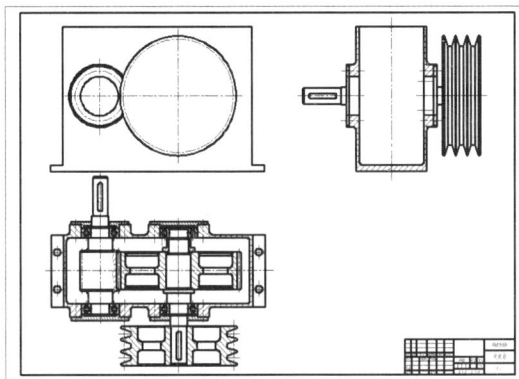

图5-69 移动结果   图5-70 整理结果

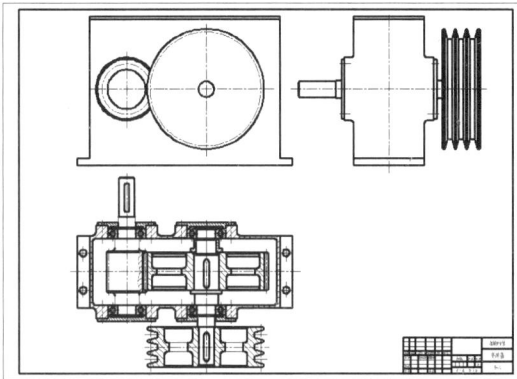

(8)标注尺寸

参照图5-49所示,对图5-70标注尺寸,结果如图5-71所示。

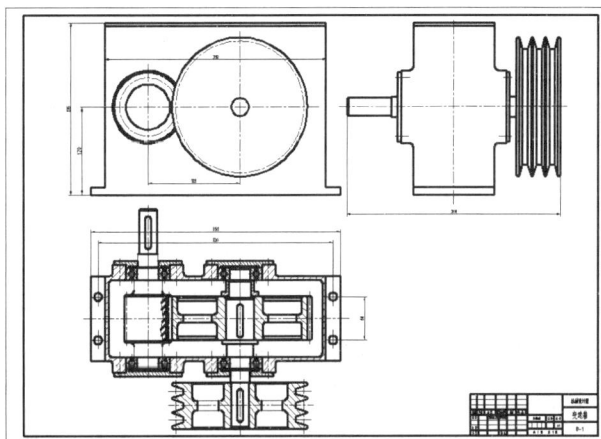

图5-71 标注尺寸

还可以对图5-71作进一步处理,如绘制(或插入)螺栓、加入零件指引线、绘制明细表等。至此,完成根据零件图绘制变速箱装配图的操作,将该图形命名并保存。

实 训 五

实 训 目 的

1. 了解设计中心的概念及用途。
2. 掌握直接绘制装配图的技巧。

3. 掌握插入法绘制装配图的技巧。

4. 掌握装配图的标注方法。

实训内容及指导

1. 用 1∶1 比例,画出实训图 5-1～实训图 5-4 所示零件图,再用插入法绘制轴承的装配图(如实训图 5-5 所示),标注必要的尺寸,编写零件序号,填写标题栏和明细栏。

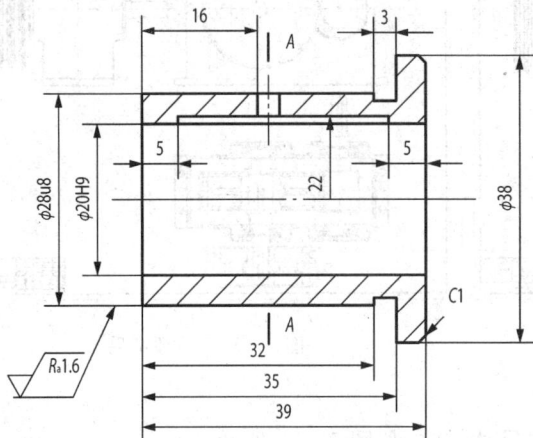

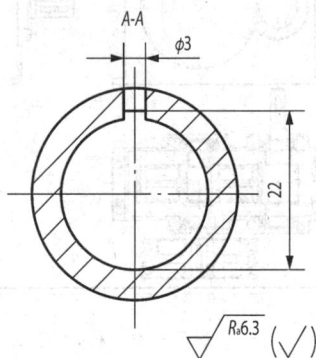

序号 1 名称:轴衬 数量 1

实训图 5-1 轴衬零件图

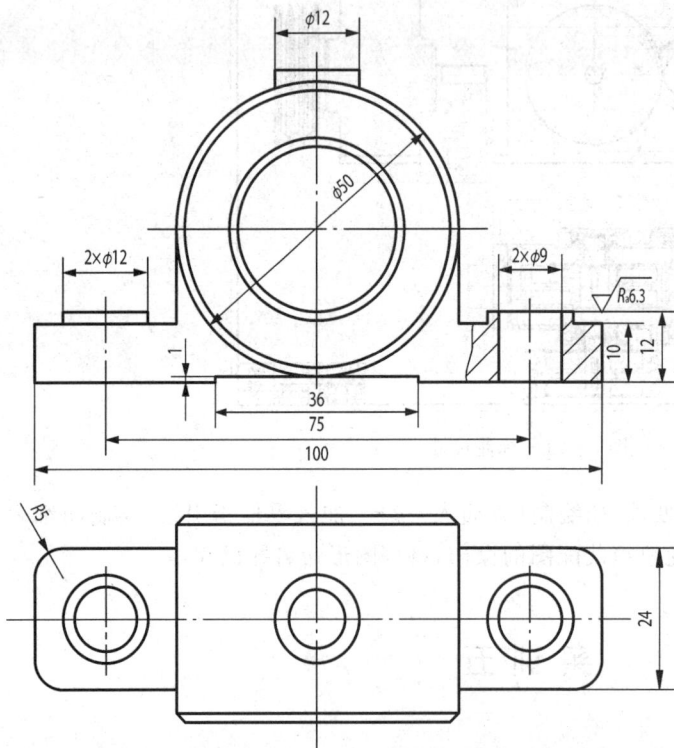

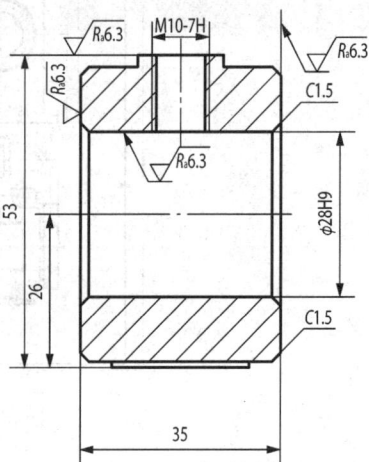

序号 2 名称:轴承座 数量 1

实训图 5-2 轴承座零件图

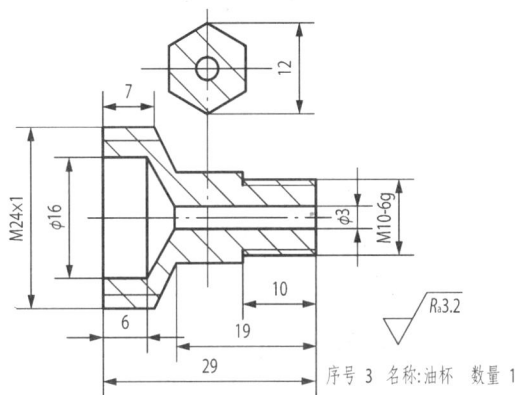

序号 3　名称:油杯　数量 1

实训图 5-3　油杯零件图

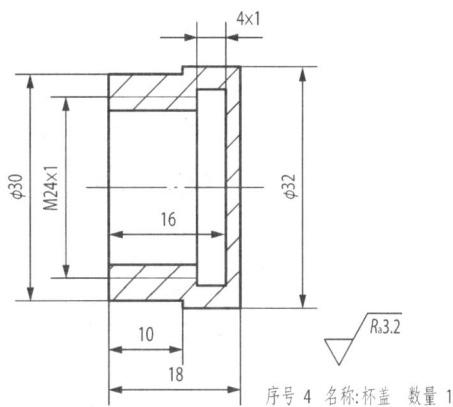

序号 4　名称:杯盖　数量 1

实训图 5-4　杯盖零件图

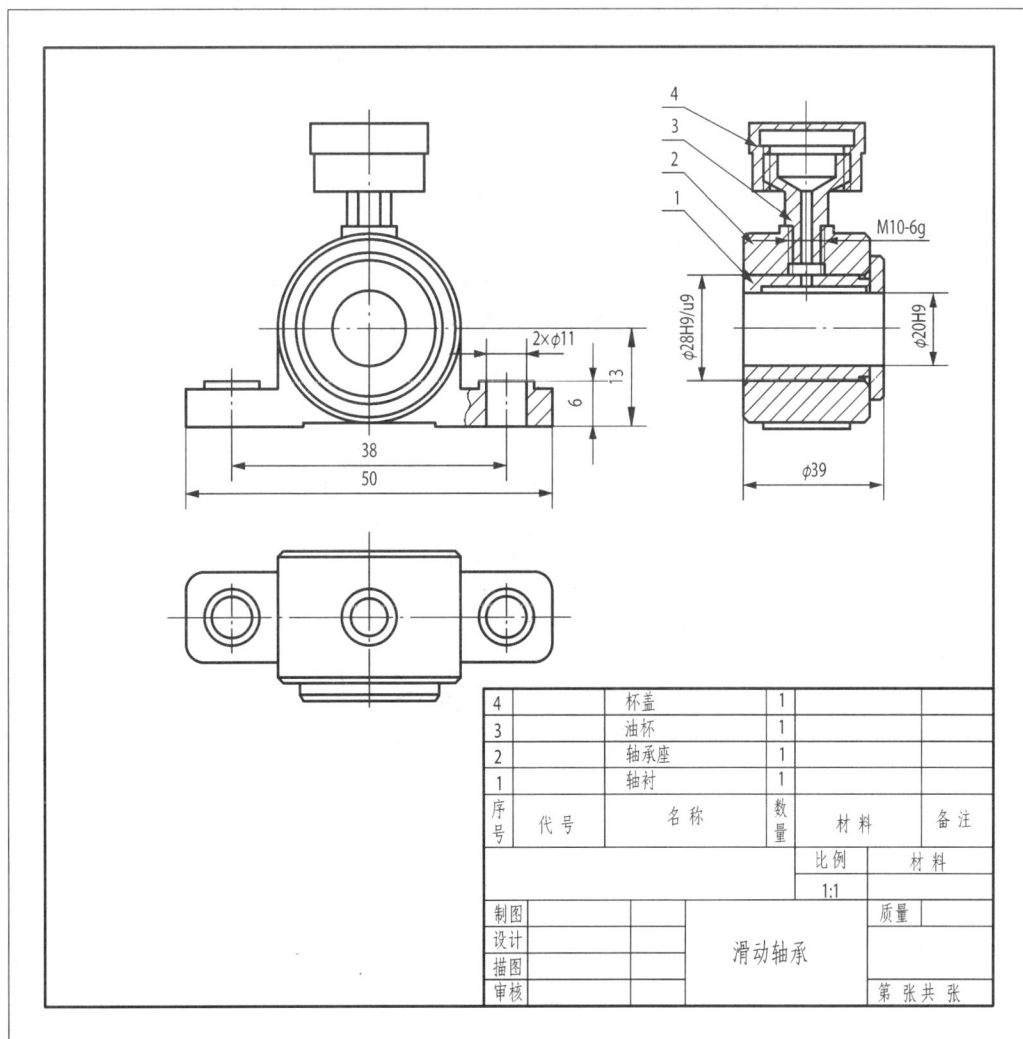

4		杯盖	1		
3		油杯	1		
2		轴承座	1		
1		轴衬	1		
序号	代号	名称	数量	材料	备注
			比例	材料	
			1:1		
制图				质量	
设计		滑动轴承			
描图					
审核				第 张共 张	

实训图 5-5　轴承装配图

2. 根据千斤顶零件轴测图和装配示意图（如实训图 5-6～实训图 5-12 所示），按 1∶1 比例画出各零件图及装配图。

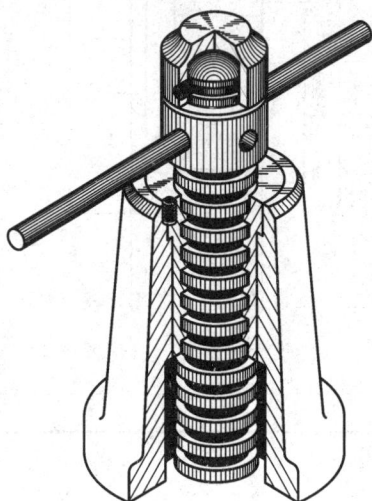

实训图 5-6　千斤顶轴测图

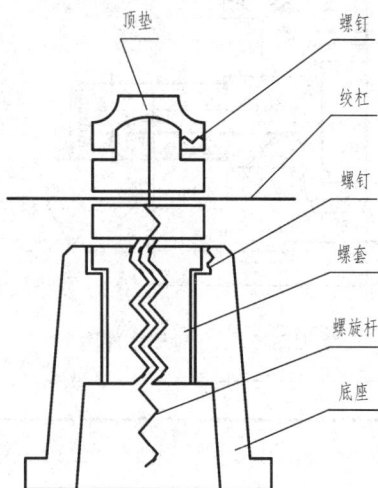

实训图 5-7　千斤顶装配示意图

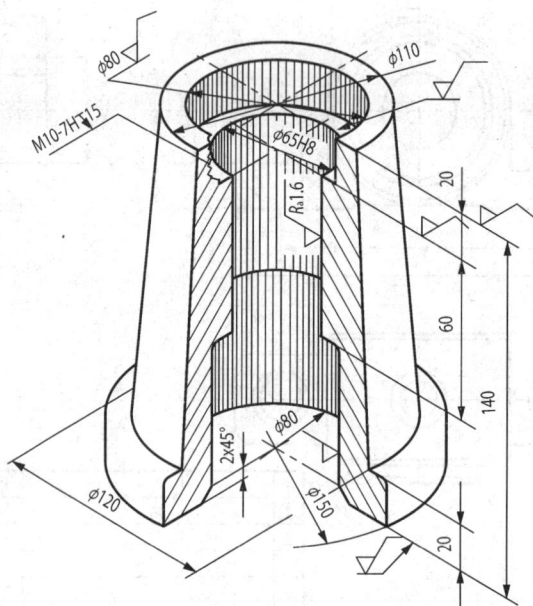

实训图 5-8　底座

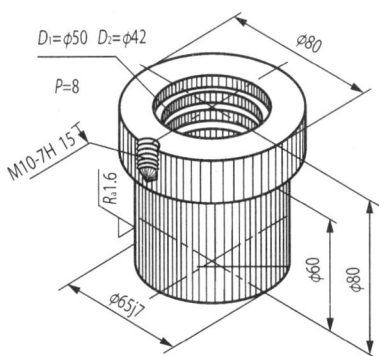

实训图 5-9　螺套

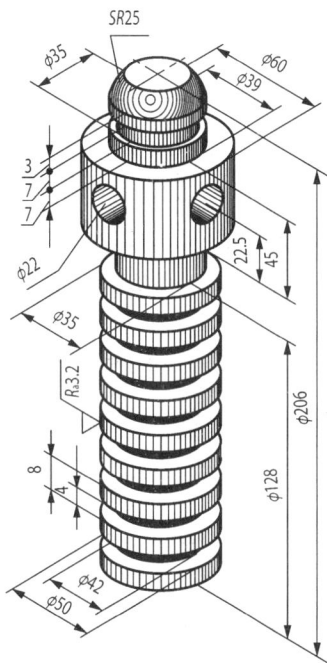

实训图 5-10　螺旋杆

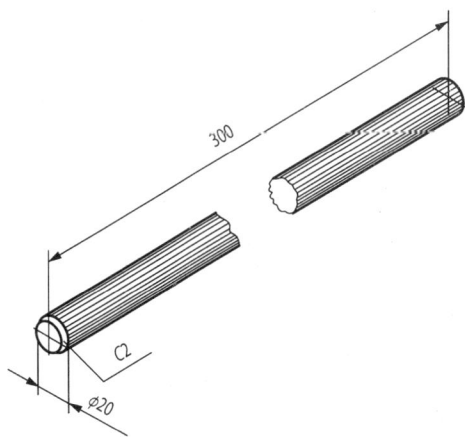

实训图 5-11　绞杠

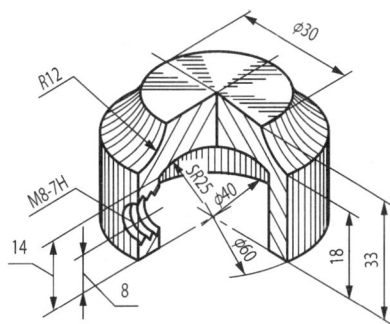

实训图 5-12　顶垫

第六章 三维实体造型

在工程绘图中,常常需要绘制三维图形或实体造型。AutoCAD 系统提供了较为完善的三维立体表达能力,合理运用其三维功能,可以准确地表达设计思想,提高设计效率,使读图人员能快速而准确地理解图样的设计意图。

第一节 三维绘图基础

在绘制三维对象之前,首先应了解一些三维绘图的基础知识,包括用户坐标系的建立、设置视图观测点、动态观察图形、使用相机、漫游和飞行,以及观察三维图形的方法。

一、建立用户坐标系

AutoCAD 有两种坐标系。一种是称为世界坐标系(WCS)的固定坐标系;另一种是称为用户坐标系(UCS)的可变动坐标系。世界坐标系主要在绘制二维图形时使用,而用户坐标系则主要在绘制三维图形时使用。合理地创建 UCS,可以方便用户创建三维模型。

1. 功能

建立、管理和使用用户坐标系。

2. 命令格式

● 下拉菜单:单击菜单栏中的"工具"→"新建 UCS"等命令。

● 由键盘输入命令:ucs ↙

选择上述任一方式输入命令后,命令行提示:

当前 UCS 名称: * 世界 * (系统提示)

指定 UCS 的原点或[面(F)/命名(NA)/对象(OB)/上一个(P)/视图(V)/世界(W)/X/Y/Z/Z 轴(ZA)]<世界>:(指定新坐标系的原点)

3. 选项说明

◇ 指定 UCS 的原点　选择该命令选项,使用一点、两点或三点定义一个新的 UCS。如果指定单个点,当前 UCS 的原点将会移动而不会更改 X,Y 和 Z 轴的方向。

◇ 面(F)　选择该命令选项,依据在三维实体中选中的面来定义 UCS。

◇ 命名(NA)　选择该命令选项,按名称保存并恢复使用的 UCS。

◇ 对象(OB)　选择该命令选项,根据选定三维对象定义新的坐标系。新建 UCS 的拉伸方向(Z 轴正方向)与选定对象的拉伸方向相同。

◇ 上一个(P)　选择该命令选项,恢复上一次使用的 UCS。

◇ 视图(V)　选择该命令选项,以垂直于观察方向的平面为 XY 平面,建立新的坐标系。

◇ 世界（W） 选择该命令选项,将当前用户坐标系设置为世界坐标系。

◇ X/Y/Z 选择该命令选项,绕指定轴旋转当前 UCS。

◇ Z 轴（ZA） 选择该命令选项,用指定的 Z 轴正半轴定义 UCS。

二、设置视图观测点

视图的观测点也称为视点,是指观测图形的方向。在三维空间中使用不同的视点来观测图形,会得到不同的效果。图 6-1 为在三维空间不同视点处观测到三维物体的效果。

图 6-1 不同视点处观测到的三维物体效果

在 AutoCAD 2010 中,系统提供了两种视点:一种是标准视点,另一种是用户自定义视点。以下分别进行介绍:

1. 标准视点

标准视点是系统为用户定义的视点,共有 10 种,这些视点包括俯视、仰视、左视、右视、主视、后视、西南等轴测、东南等轴测、东北等轴测和西北等轴测。选择菜单栏中的"视图"→"三维视图"命令,或单击"视图"工具栏中的相应按钮,即可切换标准视点,如图 6-2 所示。

"三维视图"菜单子命令   "视图"工具栏

图 6-2 标准视点

2. 自定义视点

自定义视点是用户自己设置的视点,使用自定义视点可以精确地设置观测图形的方向。在 AutoCAD 2010 中,设置自定义视点的方法有以下几种:

（1）视点预置　用户可选择菜单栏中的"视图"→"三维视图"→"视点预置"命令或在命令行中输入命令 ddvpoint，弹出"视点预置"对话框，如图 6-3 所示。

该对话框中各选项功能介绍如下：

◇ 绝对于 WCS(W)和相对于 UCS(U)　表示视点绝对于世界坐标系或相对于当前用户坐标系设置视点。

◇ X 轴(A)　指视线在 XY 平面上的投影与 X 轴正向的夹角。用户可在对话框的左图中点击所需角度值，也可在"自 X 轴"文本框内输入相应的角度值。

◇ XY 平面(P)　指视线与 XY 平面的夹角。用户可在对话框的右图中点击所需角度值，也可在"自 XY 平面"文本框内输入相应的角度值。

◇ 设置为平面视图(V) 按钮　表示设置视线与 XY 平面垂直，即视线与 XY 平面的夹角为 90°。单击此按钮，设置查看角度以相对于选定坐标系显示平面视图。

（2）视点设置　用户可以通过选择菜单栏中的"视图"→"三维视图"→"视点"命令，或在命令行输入命令 vpoint 执行视点设置命令，如图 6-4 所示。通过拖动鼠标移动十字光标，同时坐标系图标也随之变换方向，如果十字光标位于小圆以内，则视点落在 Z 轴正方向上；如果十字光标位于小圆与大圆之间，则视点落在 Z 轴负方向上。当十字光标处于适当位置时，单击鼠标左键即可确定视点。

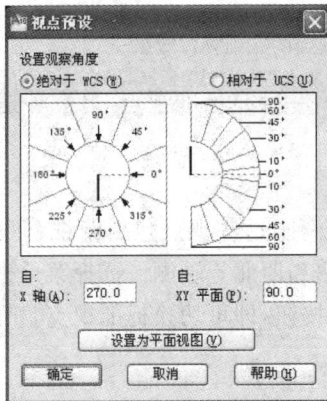

图 6-3　"视点预设"对话框　　　　图 6-4　视点设置

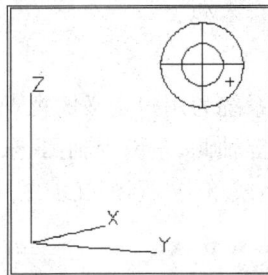

三、动态观察

动态观察用于动态显示三维图形的效果，在 AutoCAD 2010 中，动态观察命令有 3 个，分别为"受约束的动态观察"、"自由动态观察"和"连续动态观察"，选择"视图"→"动态观察"子命令或单击"动态观察"工具栏中的相应按钮即可执行动态观察命令，如图 6-5 所示。

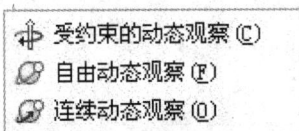

"动态观察"子菜单　　　　　　　　"动态观察"工具栏

图 6-5　动态观察

1. 受约束的动态观察

执行该命令后,即可激活三维动态观察视图,在视图中的任意位置拖动并移动鼠标,即可动态观察图形中的对象。释放鼠标后,对象保持静止。使用该命令观察三维图形时,视图的目标始终保持静止,而观察点将围绕目标移动,所以从用户的视点看起来就像三维模型正在随着鼠标光标的拖动而旋转。拖动鼠标时,如果水平拖动光标,视点将平行于世界坐标系的 XY 平面移动;如果垂直拖动光标,视点将沿 Z 轴移动。

2. 自由动态观察

执行该命令后,激活三维自由动态观察视图,并显示一个导航球,它被更小的圆分成 4 个区域,拖动鼠标即可动态观察三维模型。在执行该命令前,用户可以选中查看整个图形,或者选择一个或多个对象进行观察。

3. 连续动态观察

执行该命令后,在绘图区域中单击并沿任意方向拖动鼠标,即可使对象沿着鼠标拖动方向移动。释放鼠标后,对象在指定方向上继续沿着轨迹运动。拖动鼠标移动的速度决定了对象旋转的速度。

四、使用相机

AutoCAD 2010 系统引入了相机的概念。在模型空间中放置一台或多台相机,用户就可以使用相机来观察三维图形的效果。如图 6-6 所示为使用相机观察三维物体的效果。

1. 创建相机

单击菜单栏中的"视图"→"创建相机"命令,即可在指定位置为指定的对象创建相机,命令行提示如下:

命令:_camera

当前相机设置:高度=0 焦距=20 毫米(系统提示)

指定相机位置:(拖动鼠标指定相机位置)

指定目标位置:(拖动鼠标指定目标位置)

输入选项[? /名称(N)/位置(LO)/高度(H)/目标(T)/镜头(LE)/剪裁(C)/视图(V)/退出(X)]<退出>:(按回车键结束命令)

其中各命令选项功能介绍如下:

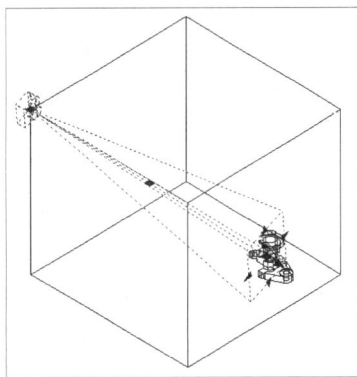

图 6-6 使用相机观察三维物体

◇ ? 选择此命令选项,列出当前已定义的相机列表。

◇ 名称(N) 选择此命令选项,为当前创建的相机设置名称。

◇ 位置(LO) 选择此命令选项,指定相机的位置。

◇ 高度(H) 选择此命令选项,指定相机的高度。

◇ 目标(T) 选择此命令选项,指定相机的目标。

◇ 镜头(LE) 选择此命令选项,改变相机的焦距。

◇ 剪裁(C) 选择此命令选项,定义前后剪裁平面并设置它们的值。

◇ 视图(V) 选择此命令选项,设置当前视图以匹配相机设置。

◇ 退出(X) 选择此命令选项,取消该命令。

2. 相机预览

当选中已创建的相机后,系统会弹出"相机预览"对话框,该对话框中显示了在相机视图下观察到的视图效果。在下拉列表框中选择不同的视觉样式模式，可以改变相机预览的效果，如图 6 - 7 所示。

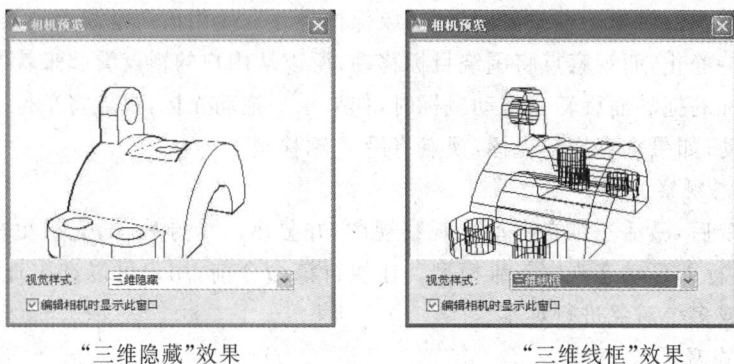

"三维隐藏"效果   "三维线框"效果

图 6 - 7 相机预览效果

在使用相机预览的过程中，还可以通过选择"视图"→"相机"→"调整视距"命令或选择"视图"→"相机"→"回旋"命令对相机的位置和显示效果进行设置。

五、漫游和飞行

在 AutoCAD 2010 中，用户可以在漫游或飞行模式下通过键盘和鼠标来控制视图显示，并创建导航动画。

1. 漫游和飞行设置

选择"视图"→"漫游和飞行"→"漫游"或"飞行"命令，进入漫游或飞行环境，同时弹出"定位器"选项板，如图 6 - 8 所示。

"定位器"选项板的功能类似于地图，在其"预览"窗口中显示模型的俯视图，并显示了当前用户在模型中所处的位置。当鼠标指针移动到指示器中时，指针就会变成一个"手"的形状，拖动鼠标即可改变指示器的位置。在"定位器"选项板中的"基本"选项区中可以设置指示器的颜色、尺寸、是否闪烁，以及目标指示器的开关状态、颜色、预览透明度和预览视觉样式等。

选择"视图"→"漫游和飞行"→"漫游和飞行设置"命令，弹出对话框，如图 6 - 9 所示。在该对话框中可以设置显示指令窗口的时机、窗口显示的时间，以及"当前图形设置"选项组中的漫游/飞行步长、每秒步数等参数。

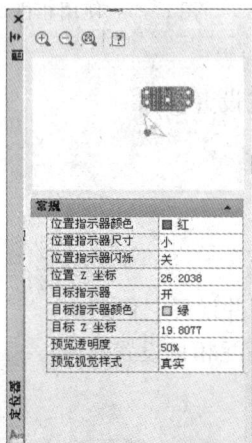

图 6 - 8 "定位器"选项板障   图 6 - 9 "漫游和飞行设置"对话框

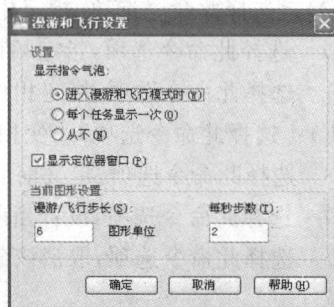

六、观察三维图形

在 AutoCAD 2010 中,用户可以使用缩放和平移命令来观察三维图形,在观察三维图形时,还可以通过旋转、消隐及设置视觉样式等方法来调整三维图形的显示效果。

1. 消隐图形

使用消隐命令可以暂时隐藏位于实体背后被遮挡的部分,这样就可以更好地观察三维曲面及实体的效果,如图 6 - 10 所示。

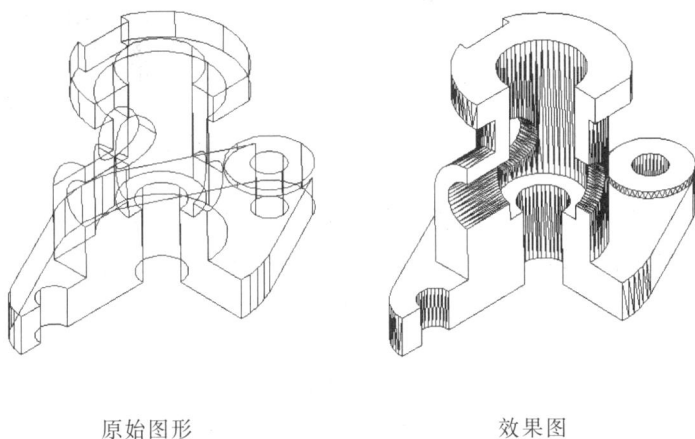

原始图形　　　　　　　　　　　效果图

图 6 - 10　消隐图形

执行消隐命令的方法有以下两种:

● 下拉菜单:单击菜单栏中的"视图"→"消隐"命令。

● 由键盘输入命令:plan ↙

执行消隐命令后,"绘图"窗口将暂时无法使用"缩放"和"平移"命令,直到选择"视图"→"重生成"命令后才能使用。

2. 改变图形的视觉样式

在观察三维图形时,为了得到不同的观察效果,可以使用多种视觉样式进行观察,图 6 - 11 为采用多种视觉样式观察三维图形的效果。

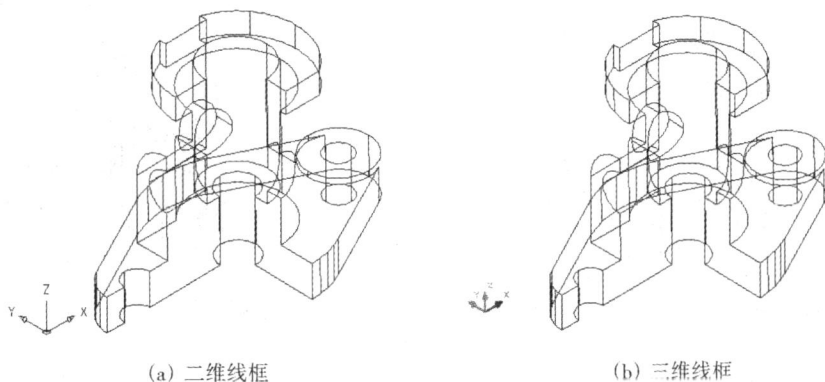

(a) 二维线框　　　　　　　　　　　(b) 三维线框

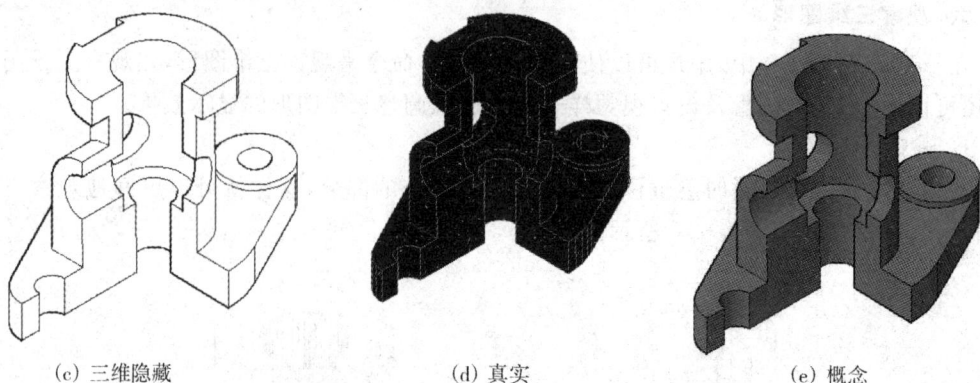

(c) 三维隐藏   (d) 真实   (e) 概念

图 6-11 多种视觉样式观察三维图形

在 AutoCAD 2010 中,改变图形视觉样式的方法有以下两种:

● 单击"视觉样式"工具栏中的相应按钮,如图 6-12a 所示。

● 下拉菜单:单击菜单栏中的"视图"→"视觉样式"菜单子命令,如图 6-12b 所示。

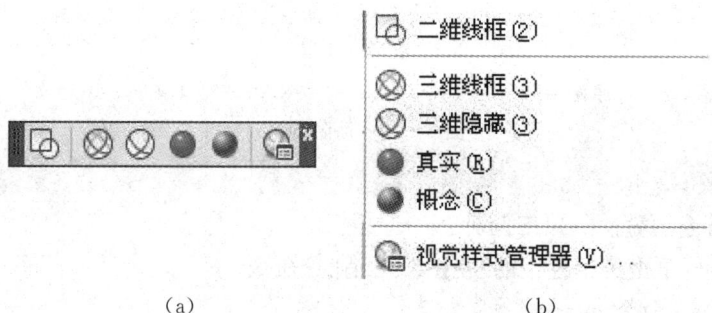

（a）   （b）

图 6-12 "视觉样式"工具栏和"视觉样式"子命令

3. 设置曲面的轮廓素线

曲面的轮廓素线用于控制三维图形在线框模式下弯曲面的线条数,如图 6-13 所示。系统变量 ISOLINES 用于设置曲面的轮廓素线,系统默认值为 4,用户可以根据需要重新设置该系统变量值。曲面的轮廓素线越多,越接近三维实体。

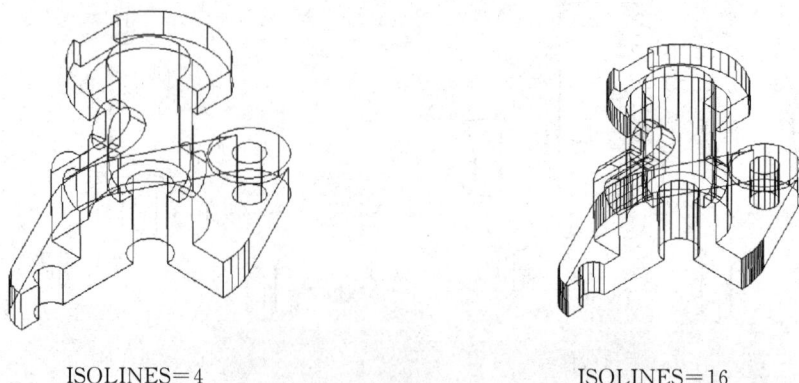

ISOLINES=4   ISOLINES=16

图 6-13 设置曲面轮廓素线

4. 显示实体轮廓

在 AutoCAD 2010 中,使用系统变量 DISPSILH 可以以线框形式显示实体轮廓,但必须设置该系统变量值为 1,然后使用消隐命令。如果设置该系统变量值为 0,再使用消隐命令,则在显示实体轮廓的同时还显示实体表面的线框,效果如图 6-14 所示。

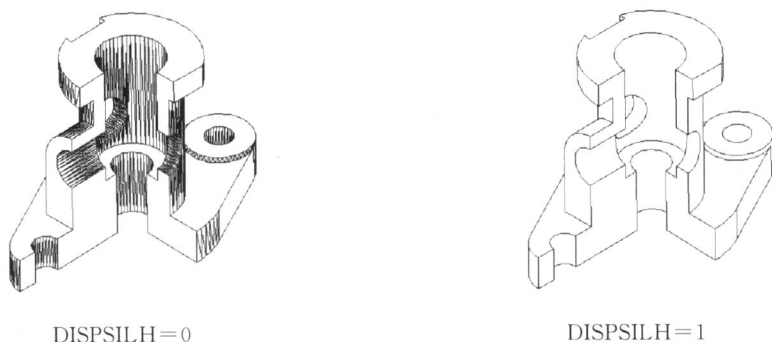

DISPSILH＝0　　　　　　　　DISPSILH＝1

图 6-14　以线框形式显示实体轮廓

5. 改变实体表面的平滑度

实体表面的平滑度由系统变量 FACETRES 控制,该系统变量用于设置曲面的面数,取值范围为 0.01～10。FACETRES 值越大,曲面越平滑。图 6-15 是系统变量 FACETRES 为 1 和 10 时消隐后的效果。

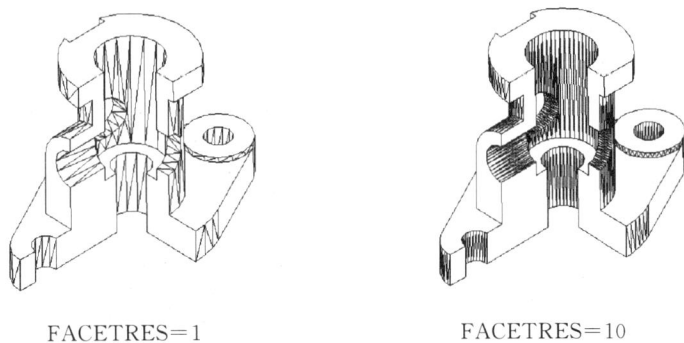

FACETRES＝1　　　　　　　　FACETRES＝10

图 6-15　改变实体表面的平滑度

第二节　三维实体的绘制

一、AutoCAD 系统的三维模型的类型及特点

1. 线框模型

用三维线框对三维实体轮廓进行描述,属于三维模型中最简单的一种。它没有面和体的特征,由描述实体边框的点、直线和曲线所组成。绘制线框模型时,是通过三维绘图的方法在三维空间建立线框模型,只须切换视图即可。线框模型显示速度快,但不能进行消隐、着色或渲染等操作。

2.表面模型

它不仅定义了三维实体的边界，而且还定义了它的表面，因而具有面的特征。可以先生成线框模型，将其作为骨架在上面附加表面。表面模型可以消隐（Hide）、着色（Shade）和渲染（Render），但表面模型是空心结构，在反映内部结构方面存在不足。

3.实体模型

由三维实体造型（Solids）构成。它具有实体的特性。可以对它进行钻孔、挖槽、倒角以及布尔运算等操作，还可以计算实体模型的质量、体积、重心、惯性矩，以及进行强度、稳定性及有限元的分析，并且能够将构成的实体模型的数据转换成 NC（数控加工）代码等。无论在表现形体形状或内部结构方面，实体模型都具有强大的功能，还能表达物体的物理特征及数据生成。

二、绘制基本三维实体

在 AutoCAD 2010 中，系统提供了多种基本三维实体的创建命令，利用这些命令可以非常方便地创建多段体、长方体、楔体、圆柱体、圆锥体、球体、圆环体和棱锥面等基本三维实体。

1.多段体

（1）命令格式

● 单击图标：⬚ 位于"建模"工具栏中。

● 下拉菜单：单击菜单栏中的"绘图"→"建模"→"多段体"命令。

● 由键盘输入命令：Polysolid ↙

选择上述任一方式输入命令后，命令行提示：

指定起点或[对象(O)/高度(H)/宽度(W)/对正(J)]＜对象＞:（指定多段体的起点）

指定下一个点或[圆弧(A)/放弃(U)]:（指定多段体的下一点）

指定下一个点或[圆弧(A)/放弃(U)]:（按回车键结束命令）

（2）选项说明

◇ 对象(O)　选择此命令选项，指定将二维图形转换成多段体。

◇ 高度(H)　选择此命令选项，为绘制的多段体设置高度。

◇ 宽度(W)　选择此命令选项，为绘制的多段体设置宽度。

◇ 对正(J)　选择此命令选项，为绘制的多段体设置对齐方式，系统默认为居中对齐，还可以根据需要设置为左对齐或右对齐。

◇ 圆弧(A)　选择此命令选项，创建圆弧多段体。

◇ 放弃(U)　选择此命令选项，放弃上一步的操作。

图6－16即为绘制的多段体。

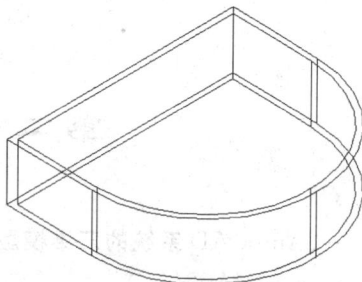

图6－16　绘制的多段体

2.长方体

（1）命令格式

● 单击图标：▱ 位于"建模"工具栏中。

● 下拉菜单:单击菜单栏中的"绘图"→"建模"→"长方体"命令。

● 由键盘输入命令:Box ↙

选择上述任一方式输入命令后,命令行提示:

指定第一个角点或[中心(C)]:(指定长方体底面的第一个角点)

指定其他角点或[立方体(C)/长度(L)]:(指定长方体底面的第二个角点)

指定高度或[两点(2P)]:(输入长方体的高)

(2)选项说明

◇ 中心点(C)　选择此命令选项,使用指定的中心点创建长方体。

◇ 立方体(C)　选择此命令选项,创建一个长、宽、高相同的长方体。

◇ 长度(L)　选择此命令选项,按照指定长、宽、高创建长方体。

◇ 两点(2P)　选择此命令选项,指定两点确定长方体的高。

【例6-1】　绘制一个长、宽、高分别为120、100、80的长方体,如图6-17所示。

绘图步骤如下:

(1)单击菜单栏中的"绘图"→"建模"→"长方体"命令。

(2)在指定第一个角点或[中心(C)]:提示下,输入坐标(0,0),以原点作为长方体一角点。

(3)在指定其他角点或[立方体(C)/长度(L)]:提示下,输入 L,根据长、宽、高绘制长方体。

(4)在指定长度:提示下,指定长方体的长度为120。

(5)在指定宽度:提示下,指定长方体的宽度为100。

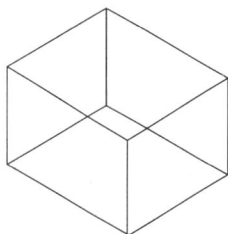

图6-17　长方体

(6)在指定高度或[两点(2P)]提示下,指定长方体的宽度为80。

(7)单击菜单栏中的"视图"→"三维视图"→"西南等轴测"命令,即可得到如图6-17所示的长方体效果。

3. 球体

(1)命令格式

● 单击图标: 位于"建模"工具栏中。

● 下拉菜单:单击菜单栏中的"绘图"→"建模"→"球体"命令。

● 由键盘输入命令:Sphere ↙

选择上述任一方式输入命令后,命令行提示:

命令:_sphere

指定中心点或[三点(3P)/两点(2P)/切点、切点、半径(T)]:(确定球体的球心位置)

指定半径或[直径(D)]:(输入球体的半径或直径)

(2)选项说明

◇ 三点(3P)　选择此命令选项,通过指定三点来确定球体的大小和位置。

◇ 两点(2P)　选择此命令选项,通过指定两点来确定球体的大小和位置,两点的端点为球体一条直径的端点。

◇ 相切、相切、半径(T)　选择此命令选项,通过指定球体表面的两个切点和半径来确定球体的大小和位置。

◇ 直径(D)　选择此命令选项,通过指定球体的直径来确定球体的大小。

4. 圆柱体

(1)命令格式

● 单击图标：位于"建模"工具栏中。

● 下拉菜单：单击菜单栏中的"绘图"→"建模"→"圆柱体"。

● 由键盘输入命令：Cylinder ↙

选择上述任一方式输入命令后，命令行提示：

指定底面的中心点或[三点(3P)/两点(2P)/切点、切点、半径(T)/椭圆(E)]:（指定圆柱体底面中心点）

指定底面半径或[直径(D)]<965.7118>:（输入圆柱体底面半径）

指定高度或[两点(2P)/轴端点(A)]<80.0000>:（输入圆柱体高度）

(2)选项说明

◇ 三点(3P)　选择此命令选项，通过指定三点来确定圆柱体的底面。

◇ 两点(2P)　选择此命令选项，通过指定两点来确定圆柱体的底面。

◇ 相切、相切、半径(T)　选择此命令选项，通过指定圆柱体底面的两个切点和半径来确定圆柱体的底面。

◇ 椭圆(E)　选择此命令选项，创建具有椭圆底的圆柱体。

◇ 直径(D)　选择此命令选项，通过输入直径来确定圆柱体的底面。

◇ 两点(2P)　选择此命令选项，通过两点来确定圆柱体的高。

◇ 轴端点(A)　选择此命令选项，指定圆柱体轴的端点位置。

图6-18即为绘制的圆柱体。

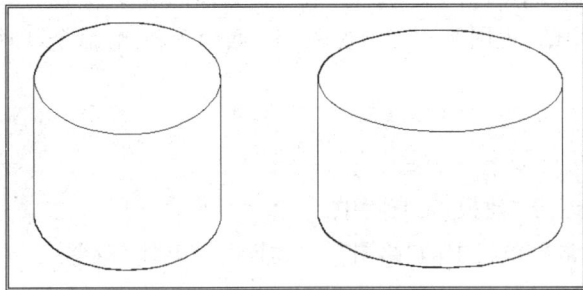

图6-18　圆柱体与椭圆柱体示例

5. 圆锥体

(1)命令格式

● 单击图标：位于"建模"工具栏中。

● 下拉菜单：单击菜单栏中的"绘图"→"建模"→"圆锥体"命令。

● 由键盘输入命令：Cone ↙

选择上述任一方式输入命令后，命令行提示：

指定底面的中心点或[三点(3P)/两点(2P)/切点、切点、半径(T)/椭圆(E)]:

指定底面半径或[直径(D)]<35.0000>:

指定高度或[两点(2P)/轴端点(A)/顶面半径(T)]<62.1347>:

(2)选项说明

◇ 三点(3P) 选择此命令选项,通过指定三点来确定圆锥体的底面。

◇ 两点(2P) 选择此命令选项,通过指定两点来确定圆锥体的底面,两点的连线为圆锥体底面圆的直径。

◇ 相切、相切、半径(T) 选择此命令选项,通过指定圆锥体底面圆的两个切点和半径来确定圆锥体的底面。

◇ 椭圆(E) 选择此命令选项,创建具有椭圆底的圆锥体。

◇ 直径(D) 选择此命令选项,通过输入直径来确定圆锥体的底面。

◇ 两点(2P) 选择此命令选项,通过指定两点来确定圆锥体的高。

◇ 轴端点(A) 选择此命令选项,指定圆锥体轴的端点位置。

◇ 顶面半径(T) 选择此命令选项,输入圆锥体顶面圆的半径。

绘制的圆锥体和椭圆锥体如图 6-19 所示。

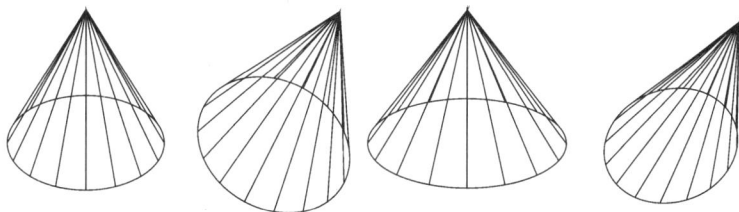

图 6-19 圆锥体与椭圆锥体示例

6. 楔体

(1)命令格式

● 单击图标: 位于"建模"工具栏中。

● 下拉菜单:单击菜单栏中的"绘图"→"建模"→"楔体"命令。

● 由键盘输入命令:Wedge ↙

选择上述任一方式输入命令后,命令行提示:

指定第一个角点或[中心(C)]:(指定楔体底面的第一个角点)

指定其他角点或[立方体(C)/长度(L)]:(指定楔体底面的第二个角点)

指定高度或[两点(2P)]<420.7157>:(输入楔体的高度)

(2)选项说明

◇ 中心点(C) 选择此命令选项,使用指定中心点创建楔体。

◇ 立方体(C) 选择此命令选项,创建等边楔体。

◇ 长度(L) 选择此命令选项,创建指定长度、宽度和高度值的楔体。

◇ 两点(2P) 选择此命令选项,通过指定两点来确定楔体的高度。

图 6-20 即为绘制的楔体。

7. 圆环体

命令格式如下:

● 单击图标: 位于"建模"工具栏中。

● 下拉菜单:单击菜单栏中的"绘图"→"建模"→"圆环体"命令。

● 由键盘输入命令:Torus ↙

选择上述任一方式输入命令后,命令行提示:

命令:_torus

指定中心点或[三点(3P)/两点(2P)/相切、相切、半径(T)]:(指定圆环体的中心)

指定半径或[直径(D)]<35.2457>:(输入圆环体的半径或直径)

指定圆管半径或[两点(2P)/直径(D)]:(输入圆管的半径或直径)

绘制的圆环体如图 6-21 所示。

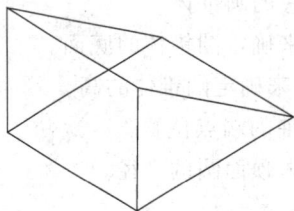

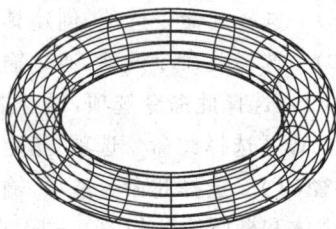

图 6-20 楔体示例　　　　　　　图 6-21 圆环体示例

8.绘制棱锥面

(1)命令格式

● 单击图标:△位于"建模"工具栏中。

● 下拉菜单:单击菜单栏中的"绘图"→"建模"→"棱锥面"命令。

● 由键盘输入命令:Pyramid↙

选择上述任一方式输入命令后,命令行提示:

4 个侧面　外切(系统提示)

指定底面的中心点或[边(E)/侧面(S)]:(指定棱锥面底面的中心点)

指定底面半径或[内接(I)]:(输入棱锥面底面的半径)

指定高度或[两点(2P)/轴端点(A)/顶面半径(T)]:(输入棱锥面的高度)

(2)选项说明

◇ 边(E)　选择此命令选项,通过指定棱锥面底面的边长来确定棱锥面的底面。

◇ 侧面(S)　选择此命令选项,确定棱锥面的侧面数。

◇ 内接(I)　选择此命令选项,指定棱锥面底面内接于棱锥面的底面半径。

◇ 两点(2P)　选择此命令选项,通过两点来确定棱锥面的高。

◇ 轴端点(A)　选择此命令选项,指定棱锥面轴的端点位置。

◇ 顶面半径(T)　选择此命令选项,指定棱锥面的顶面半径,并创建棱锥体平截面。

图 6-22 即为绘制的棱锥面。

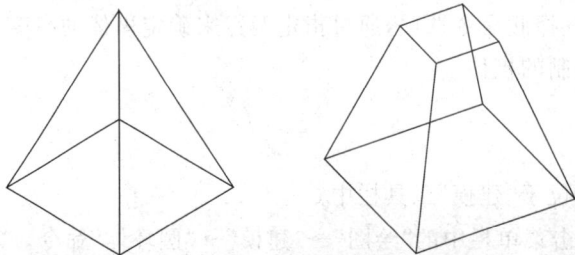

图 6-22 绘制的棱锥面

三、通过二维对象创建实体

除了上述介绍的使用特定命令创建三维实体，在 AutoCAD 2010 中，还可以通过拉伸二维对象，或者将二维对象绕指定轴旋转的方法创建三维实体。被拉伸或旋转的二维对象可以是平面三维面、封闭多段线、多边形、圆、椭圆、封闭样条曲线、圆环和面域。

1. 面域

面域是具有物理特性（如形心或质量中心）的二维封闭区域，是使用形成闭合环的对象创建的。在 AutoCAD 2010 中，用户可以将某些对象围成的封闭区域转换为面域，这些封闭区域可以是圆、椭圆、封闭的二维多段线或封闭的样条曲线等对象，也可以是由圆弧、直线、二维多段线、椭圆弧、样条曲线等对象构成的封闭区域。可以通过结合、减去或查找面域的交点创建组合面域。面域可用于应用着色和填充、使用 MASSPROP 分析特性等。

（1）面域命令

命令格式如下：

● 单击图标：⬤ 位于"绘图"工具栏中。

● 下拉菜单：单击菜单栏中的"绘图"→"面域"命令。

● 由键盘输入命令：Region ↙

选择上述任一方式输入命令后，命令行提示：

选择对象：（在选择要将其转换为面域的对象后，按 Enter 键即可将该图形转换为面域）

（2）边界命令

● 下拉菜单：单击菜单栏中的"绘图"→"边界"命令。

● 由键盘输入命令：Boundary ↙

选择上述任一方式输入命令后，打开如图 6-23 所示的"边界创建"对话框，通过指定封闭对象区域内的点，可将封闭区域创建为多段线或面域。

2. 通过拉伸绘制实体

（1）功能

将二维封闭对象按指定的高度或路径拉伸成三维实体。

图 6-23 "边界创建"对话框

（2）命令格式

● 单击图标：⬛ 位于"建模"工具栏中。

● 下拉菜单：菜单栏中的"绘图"→"建模"→"拉伸"命令。

● 由键盘输入命令：Extrude ↙

选择上述任一方式输入命令后，命令行提示：

当前线框密度：ISOLINES＝4（系统提示）

选择要拉伸的对象：（选择用于拉伸的二维对象）

选择要拉伸的对象：↙（按回车键结束对象选择）

指定拉伸的高度或[方向(D)/路径(P)/倾斜角(T)]＜512.7637＞：选择对象：（指定拉伸高度）

（3）选项说明

◇ 方向(D)　选择此命令选项，通过指定两个点来确定拉伸的高度和方向。

◇ 路径(P)　选择此命令选项,将沿选定的对象进行拉伸。

◇ 倾斜角(T)　选择此命令选项,输入拉伸对象时倾斜的角度。此提示要求确定拉伸的倾斜角度。如果以零角度响应,AutoCAD 把二维对象按指定高度拉伸成柱体;如果输入一角度值,拉伸后实体截面沿拉伸方向按此角度变化。

图 6－24　拉伸实体

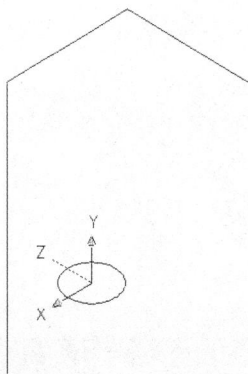

【例 6－2】　用 Extrude 命令绘制图 6－24 所示的拉伸实体。

绘图步骤如下:

(1)绘制圆

首先,改变视点为"东北等轴测"。然后绘制半径为 10 的圆。

(2)定义 UCS

单击"UCS"工具栏 图标,AutoCAD 提示:

指定绕 X 轴的旋转角度＜90＞:

(3)绘制路径

执行 3DPOLY〔绘制三维多段线〕命令,AutoCAD 提示:

指定多段线的起点:(在绘图屏幕适当位置确定一点)

指定直线的端点或[放弃(U)]:@0,100

指定直线的端点或[放弃(U)]:@－50,0

指定直线的端点或[闭合(C)/放弃(U)]:@0,0,－50

指定直线的端点或[闭合(C)/放弃(U)]:

执行结果如图 6－25 所示。

(4)拉伸

执行 Extrude 命令,AutoCAD 提示:

当前线框密度:ISOLINES＝4

选择要拉伸的对象:找到 1 个(选择圆)

选择要拉伸的对象:

指定拉伸的高度或[方向(D)/路径(P)/倾斜角(T)]＜－12.7820＞:p

选择拉伸路径或[倾斜角(T)]:(选择三维多段线)

执行结果如图 6－26 所示。

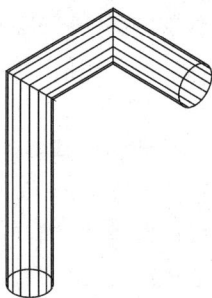

图 6－25　绘制路径　　　　　图 6－26　拉伸结果

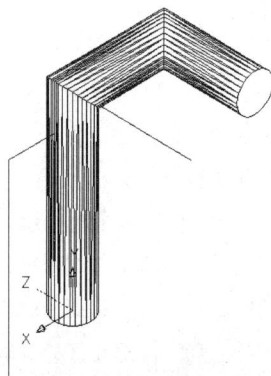

3．通过旋转绘制实体

（1）功能

将二维封闭对象绕指定轴旋转生成三维实体。

（2）命令格式

● 单击图标：☎位于"建模"工具栏中。

● 下拉菜单：单击菜单栏中的"绘图"→"建模"→"旋转"命令。

● 由键盘输入命令：Revolve↙

选择上述任一方式输入命令后，命令行提示：

当前线框密度：ISOLINES＝4（系统提示）

选择要旋转的对象：（选择旋转的对象）

选择要旋转的对象：（按回车键结束对象选择）

指定轴起点或根据以下选项之一定义轴[对象(O)/X/Y/Z]＜对象＞：（指定旋转轴的起点）

指定轴端点：（指定旋转轴的端点）

指定旋转角度或[起点角度(ST)]＜360＞：（输入旋转角度）

（3）选项说明

◇ 对象(O)　选择此命令选项，选择现有的直线或多段线中的单条线段定义轴，这个对象将绕该轴旋转。

◇ X　选择此命令选项，使用当前 UCS 的正向 X 轴作为轴的正方向。

◇ Y　选择此命令选项，使用当前 UCS 的正向 Y 轴作为轴的正方向。

◇ Z　选择此命令选项，使用当前 UCS 的正向 Z 轴作为轴的正方向。

图 6-27 为将封闭多段线绕现有的直线旋转 360°所形成的三维实体。

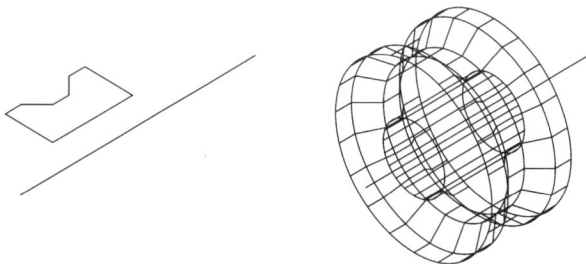

图 6-27　通过旋转绘制实体

注意：旋转对象必须位于旋转轴的一侧。旋转轴不能垂直于旋转对象所在平面。

4．扫掠创建实体

（1）功能

在 AutoCAD 2010 中，用户可以使用扫掠命令创建三维曲面或三维实体。如果扫掠的平面曲线不闭合，则生成三维曲面，否则生成三维实体。

（2）命令格式

● 单击图标：☎位于"建模"工具栏中。

● 下拉菜单：单击菜单栏中的"绘图"→"建模"→"扫掠"命令。

● 由键盘输入命令：Sweep↙

选择上述任一方式输入命令后，命令行提示：

当前线框密度：ISOLINES＝4（系统提示）

选择要扫掠的对象：（选择扫掠的对象）

选择要扫掠的对象：（按回车键结束对象选择）

选择扫掠路径或[对齐(A)/基点(B)/比例(S)/扭曲(T)]：（选择扫掠的路径）

（3）选项说明

◇ 对齐(A)　选择此命令选项，确定是否对齐垂直于路径的扫掠对象。

◇ 基点(B)　选择此命令选项，指定扫掠的基点。

◇ 比例(S)　选择此命令选项，指定扫掠的比例因子。

◇ 扭曲(T)　选择此命令选项，指定扫掠的扭曲度。

图6－28即为扫掠创建的三维曲面和实体。

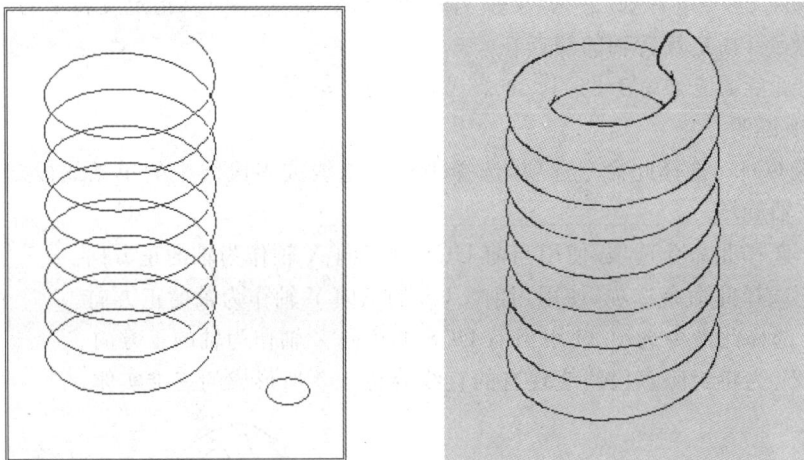

图6-28　扫掠创建的弹簧

5．放样创建实体

（1）功能

使用放样命令将二维图形放样生成三维实体。

（2）命令格式

● 单击图标：位于"建模"工具栏中。

● 下拉菜单：单击菜单栏中的"绘图"→"建模"→"放样"命令。

● 由键盘输入命令：Loft↙

选择上述任一方式输入命令后，命令行提示：

按放样次序选择横截面：（选择第一个放样横截面）

按放样次序选择横截面：（选择下一个放样横截面）

按放样次序选择横截面：（按回车键结束对象选择）

输入选项[导向(G)/路径(P)/仅横截面(C)]<仅横截面>（选择放样方式）

（3）选项说明

◇ 导向(G)　选择此命令选项，为放样曲面或实体指定导向曲线，每条导向曲线均与放样曲面相交，且开始于第一个截面，终止于最后一个截面。

◇ 路径(P) 选择此命令选项，为放样曲面或实体指定放样路径，路径必须与每个截面相交。

◇ 仅横截面(C) 选择此命令选项，弹出"放样设置"对话框，如图 6-29 所示，在该对话框中可以设置放样横截面上的曲面控制选项。

图 6-30 即为放样生成的三维实体和曲面。

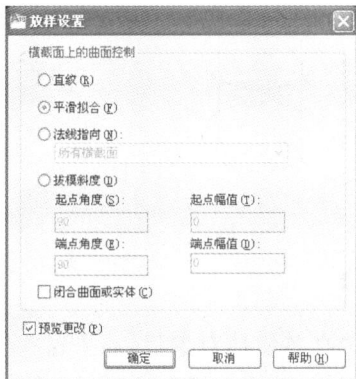

图 6-29 "放样设置"对话框

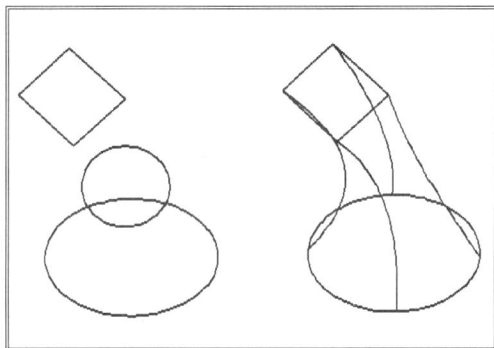

图 6-30 放样生成的三维实体

第三节 创建实体模型

用户通过基本形体、拉伸和旋转二维轮廓命令可以创建各种各样的实体，在此基础上还可以使用现有实体的并集、差集和交集创建组合体。

一、布尔运算

布尔运算是数学上的一种逻辑运算。用 AutoCAD 绘制比较复杂的图形时，运用布尔运算可以提高绘图效率。布尔运算的对象只包括实体和共面的面域。对于普通的线条图形对象，则无法使用布尔运算。用户可以对面域或实体执行"并集"、"差集"和"交集"三种布尔运算，从而创建复合面域或形状较为复杂的实体。

1. 并集运算

并集运算通过添加操作合并选定实体或面域，即通过计算两个（或多个）实体的总体积，或两个（或多个）面域的总面积，建立一个新的实体或面域。并集运算的效果，如图 6-31 所示。

命令格式如下。

● 单击图标：⚇位于"实体编辑"工具栏中。

● 下拉菜单：单击菜单栏中的"修改"→"实体编辑"→"并集"命令。

● 由键盘输入命令：Union ↙

选择上述任一方式输入命令后，命令行提示：

选择对象：(在选择需要进行并集运算的实体或面域后↙，AutoCAD 即可对所选择的对象进行并集运算，将其合并为一个对象)

（a）面域的并集运算

（b）实体的并集运算

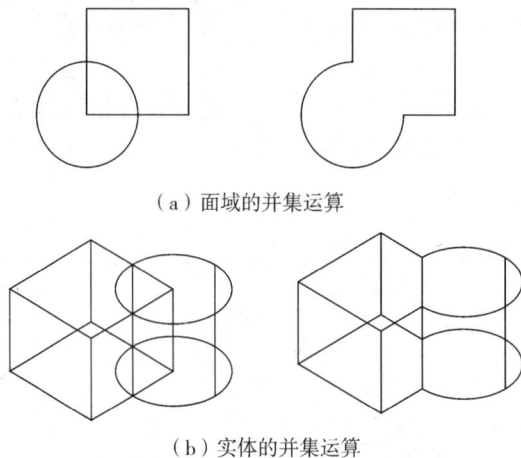

图 6-31　布尔并集运算

注意：执行 Union 命令后，在"选择对象："提示下选择各实体对象后，如果这些实体彼此不接触或不重叠，AutoCAD 仍对这些实体进行并集运算，并将它们生成一个组合体。

2. 差集运算

差集运算通过减操作合并选定实体或面域，即从第一个选择集中的对象，减去第二个选择集中的对象，从而创建一个新的实体或面域。差集运算的效果，如图 6-32 所示。

命令格式如下。

● 单击图标：位于"实体编辑"工具栏中。

● 下拉菜单：单击菜单栏中的"修改"→"实体编辑"→"差集"命令。

● 由键盘输入命令：Subtract↙

（a）面域的差集运算

（b）实体的差集运算

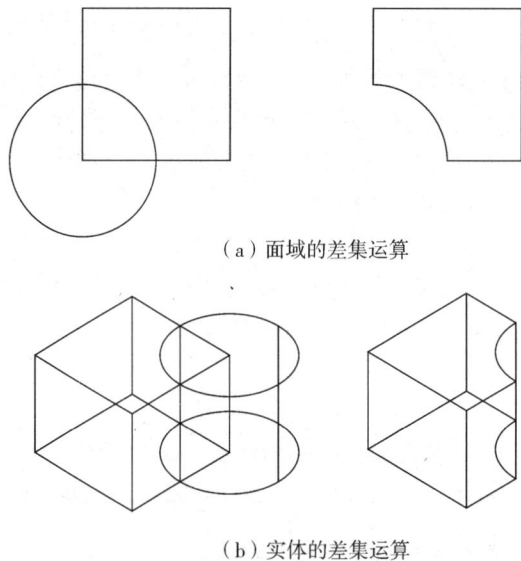

图 6-32　布尔差集运算

选择上述任一方式输入命令后,命令行提示:

选择要从中减去的实体或面域

选择对象:(选择要从中减去的实体或面域后↙,命令行继续提示)

选择要减去的实体或面域:

选择对象:(选择要减去的实体或面域后↙,AutoCAD 将从第一次选择的对象中,减去第二次选择的对象)

3. 交集运算

交集运算通过布尔减操作合并选定实体或面,即从两个或多个实体或面域的交集中创建复合实体或面域,然后删除交集外的区域。交集运算的效果如图 6-33 所示。

命令格式如下:

● 单击图标:⬭ 位于"实体编辑"工具栏中。

● 下拉菜单:单击菜单栏中的"修改"→"实体编辑"→"交集"命令。

● 由键盘输入命令:Intersect ↙

选择上述任一方式输入命令后,命令行提示:

选择对象:(用户在选择需要进行交集运算的实体或面域后↙,即可将所选实体或面域的公共部分,创建一个新的实体或面域)

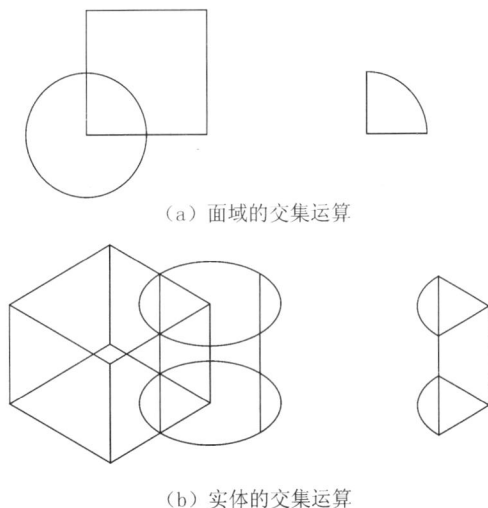

(a) 面域的交集运算

(b) 实体的交集运算

图 6-33　布尔交集运算

二、三维实体造型

【例 6-3】　根据图 6-34 所示图形,绘制其三维实体模型。

绘图步骤如下:

(1)单击菜单栏中的"绘图"→"圆"命令,绘制一个直径为 36 的圆。

(2)单击菜单栏中的"绘图"→"正多边形"命令,以圆心为中心点,绘制一个外接圆直径为 16 的正六边形。

(3)单击菜单栏中的"绘图"→"圆"命令,以大圆的象限点为圆心,绘制一个直径为 10 的圆。

(4)单击菜单栏中的"修改"→"阵列"命令,将直径为 10 的圆、以大圆圆心为阵列中心,环形阵列 4 个。

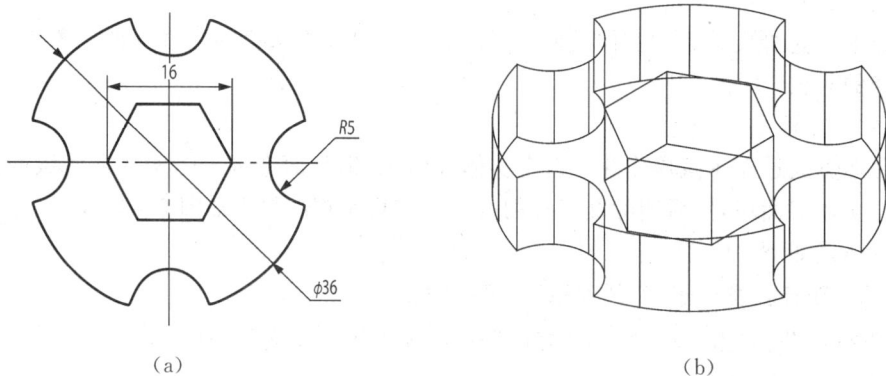

(a)

(b)

图 6-34 布尔运算实例

(5)单击菜单栏中的"绘图"→"面域"命令,将以上所画图形转换为面域。

(6)单击菜单栏中的"修改"→"实体编辑"→"差集"命令,从大圆面域中减去正六边形和四个小圆面域,即可得到如图 6-34a 所示图形。

(7)单击菜单栏中的"视图"→"三维视图"→"西南等轴测"命令,设置西南等轴测视图。

(8)单击菜单栏中的"绘图"→"建模"→"拉伸"命令,将上述面域沿默认方向拉伸高度 8,即可得到如图 6-34b 所示图形。

【例 6-4】 创建如图 6-35 所示端盖的实体模型,掌握三维模型的创建方法。

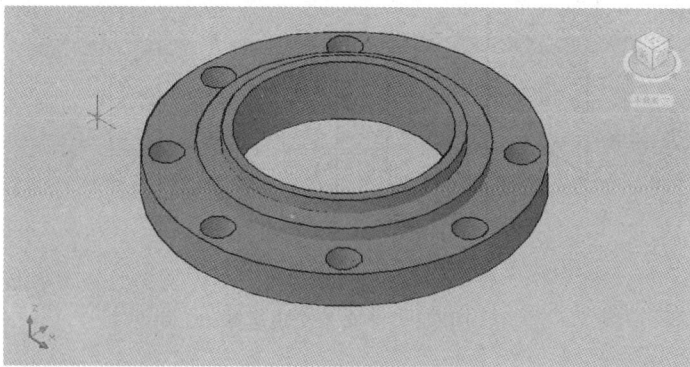

图 6-35 端盖

操作步骤如下:

(1)单击"绘图"工具栏中的"圆"按钮,以坐标系原点为圆心,分别绘制半径为 55 和 33 的两个圆,效果如图 6-36 所示。

(2)再次执行绘制圆命令,以点(48,0)为圆心,绘制半径为 5 的圆,然后单击"修改"工具栏中的"阵列"按钮,以坐标系原点为中心,环形阵列半径为 5 的圆,阵列的个数为 8,效果如图 6-37 所示。

（3）单击"绘图"工具栏中的"面域"按钮，将图 6-37 所示图形创建成面域。然后对生成的面域图形进行布尔运算，具体操作为：用半径为 55 的面域图形减去半径为 33 的面域图形，再用生成的面域图形减去 8 个半径为 5 的面域图形。

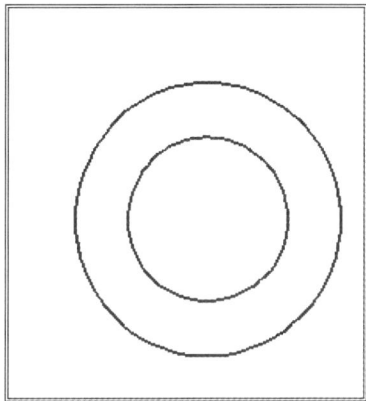

图 6-36　绘制圆

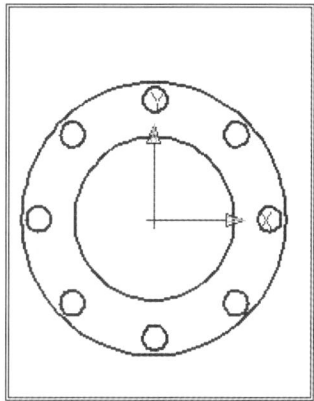

图 6-37　阵列圆

（4）切换视图到东南等轴测，单击"建模"工具栏中的"拉伸"按钮，将步骤（2）生成的面域图形垂直拉伸，拉伸高度为 10，拉伸后的效果如图 6-38 所示。

（5）再次执行绘制圆命令，以当前坐标系原点为圆心，分别绘制半径为 40 和 33 的两个圆，效果如图 6-39 所示。

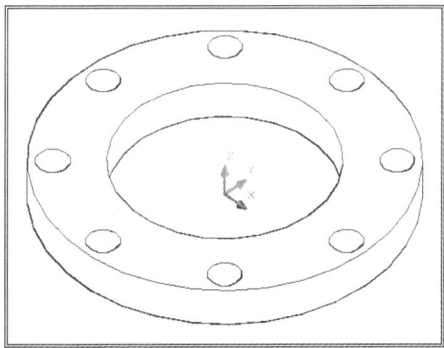

图 6-38　拉伸效果

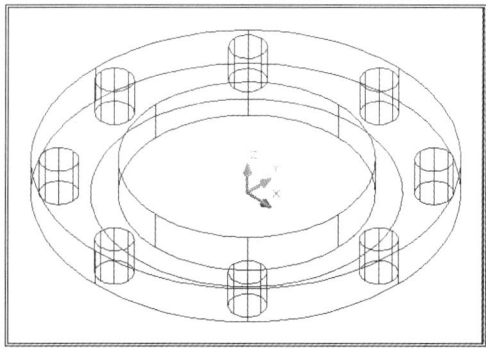

图 6-39　绘制圆

（6）单击"绘图"工具栏中的"面域"按钮，将半径为 40 和 33 的两个圆创建成面域对象，然后对其进行差集运算。

（7）单击"建模"工具栏中的"拉伸"按钮，将步骤（6）生成的面域图形垂直拉伸，拉伸高度为 14，效果如图 6-40 所示。

（8）再次执行绘制圆命令，以坐标系原点为圆心，分别绘制半径为 33 和 30 的两个圆，参照以上操作步骤，将其拉伸成高为 18 的实体，效果如图 6-41 所示。

（9）执行并集命令，对创建的实体对象进行并集运算，即可得到如图 6-35 所示图形。

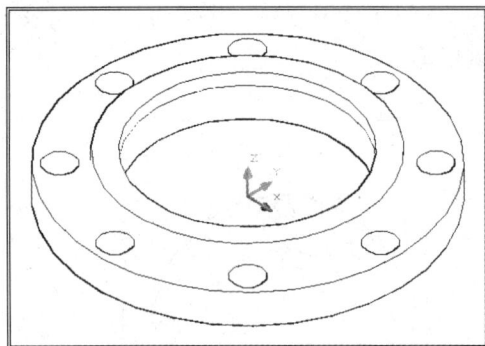

图 6-40　拉伸创建实体　　　　　　　　图 6-41　拉伸创建实体

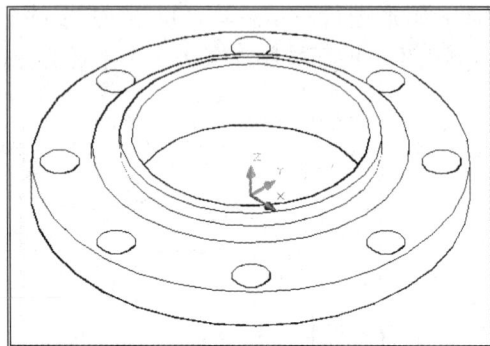

【例 6-5】　根据图 6-42 所示视图,绘制三通管的三维实体模型。

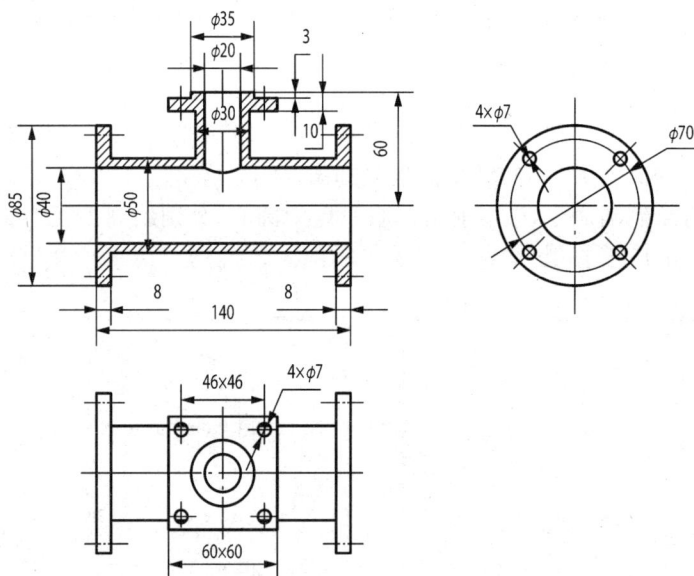

图 6-42　三通管视图

绘图步骤如下:

(1)单击菜单栏中的"文件"→"新建"命令,采用系统默认设置新建一文件。

(2)单击菜单栏中的"视图"→"三维视图"→"西南等轴测"命令,设置西南等轴测视图。

(3)单击菜单栏中的"工具"→"正交 UCS"→"左视"命令,将绘图平面设置成侧平面。

(4)单击菜单栏中的"绘图"→"建模"→"圆柱体"命令,以坐标原点为圆心绘制三个圆柱,直径分别为 85、50、40,高度分别为 8、140、140。

(5)单击菜单栏中的"绘图"→"建模"→"圆柱体"命令,以(35<45)为圆心,绘制直径为 7、高度为 8 的圆柱。

(6)单击菜单栏中的"修改"→"阵列"命令,以(0,0)为阵列中心,将直径为 7 的圆柱环形阵列 4 个,如图 6-43a 所示。

(7)单击菜单栏中的"工具"→"正交 UCS"→"俯视"命令,将绘图平面设置成水平面。

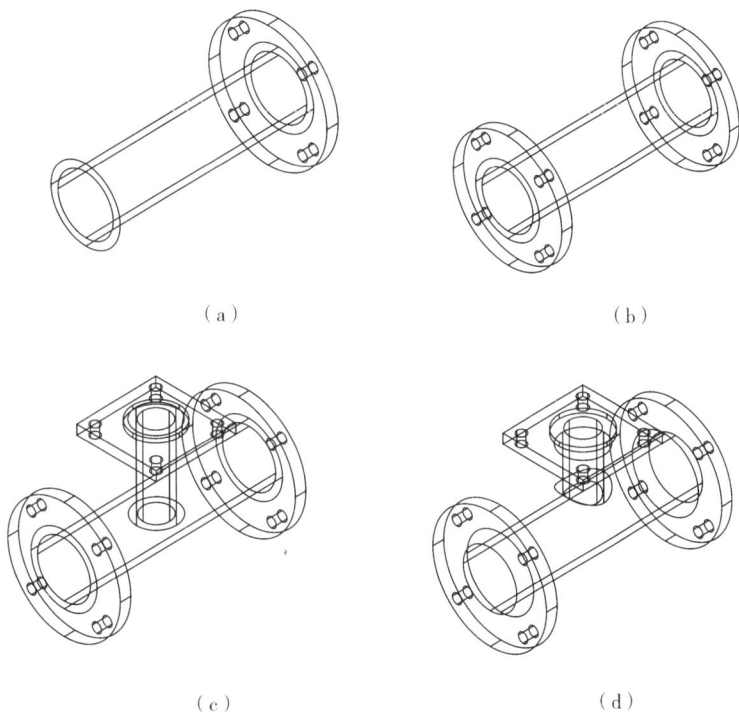

（a）　　　　　　　　　　　　（b）

（c）　　　　　　　　　　　　（d）

图 6-43　三通管绘图步骤

(8)单击菜单栏中的"修改"→"复制"命令,将图形右端的五个圆柱,沿着当前坐标系的 X 轴负方向复制,距离为 132,如图 6-43b 所示。

(9)单击菜单栏中的"工具"→"移动 UCS"命令,将坐标系原点移至(-70,0)处。

(10)单击菜单栏中的"绘图"→"建模"→"圆柱体"命令,以坐标原点为圆心绘制两个圆柱,直径分别为 30、20,高度为 60。

(11)单击菜单栏中的"绘图"→"建模"→"长方体"命令,以(-30,-30,50)为角点绘制长 60、宽 60、高 7 的长方体。

(12)单击菜单栏中的"绘图"→"建模"→"圆柱体"命令,以(0,0,57)为圆心绘制直径为 35,高为 3 的圆柱。

(13)单击菜单栏中的"绘图"→"建模"→"圆柱体"命令,以(-23,-23,50)为圆心绘制直径为 7,高为 7 的圆柱。

(14)单击菜单栏中的"修改"→"阵列"命令,将直径为 7 的圆柱矩形阵列两行、两列,行偏移、列偏移为 46,如图 6-43c 所示。

(15)单击菜单栏中的"修改"→"实体编辑"→"差集"命令,以直径为 85、50、30、35 的 5 个圆柱和长方体作为要从中减去的实体集,以直径为 40、20 和 7 的 14 个圆柱作为要减去的实体集,通过减操作合并选定实体,完成三通管的绘制,如图 6-43d 所示。

第四节　三维实体的编辑

创建实体模型后，可以通过圆角、倒角、剖切等操作，修改模型的外观；也可以编辑实体模型的面、边或体等；用户还可以使用三维编辑命令，在三维空间中复制、镜像及旋转三维对象。

一、三维操作

1. 三维移动

（1）功能

使用该命令可以在三维空间中任意移动选中的对象。

（2）命令格式

● 单击图标：⊕ 位于"建模"工具栏中。

● 下拉菜单：单击菜单栏中的"修改"→"三维操作"→"三维移动"命令。

● 由键盘输入命令：3dmove↙

选择上述任一方式输入命令后，命令行提示：

选择对象：（选择要移动的对象）

选择对象：（按回车键结束对象选择）

指定基点或[位移(D)]<位移>：（指定移动基点）

指定第二个点或<使用第一个点作为位移>：（指定移动目标点）

执行三维移动命令后，用户必须指定一个基点和一个目标点才能移动三维对象。在移动三维对象时，用户还可以将选定的对象锁定在坐标轴或坐标平面上进行移动，如图 4-44 所示。三维视图中，显示三维移动小控件以帮助在指定方向上按指定距离移动三维对象。

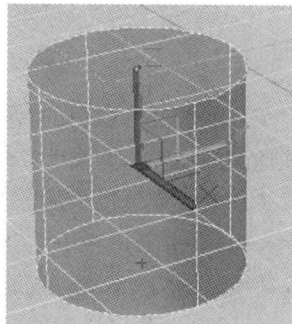

图 4-44　三维移动

2. 三维旋转

（1）功能

使用三维旋转命令可以使对象绕三维空间中的 X 轴、Y 轴或 Z 轴旋转任意角度。使用三维旋转小控件，用户可以自由旋转选定的对象和子对象，或将旋转约束到轴。

（2）命令格式

● 下拉菜单：单击菜单栏中的"修改"→"三维操作"→"三维旋转"命令。

● 由键盘输入命令：rotate3d↙

选择上述任一方式输入命令后，命令行提示：

UCS当前的正角方向：ANGDIR=逆时针 ANGBASE=0（系统提示）

选择对象：（选择需要旋转的对象）

选择对象：（按回车键结束对象选择）

指定基点：（指定对象上的基点）

拾取旋转轴：（捕捉旋转轴）

指定角的起点:(指定三维旋转的起点)

指定角的端点:(指定三维旋转的终点)

执行三维旋转命令并选中要旋转的对象后,系统会显示如图4-45所示的三维旋转图标,移动鼠标到该图标附近,单击并选中该图标中的轴句柄(带颜色的圆环,分别用于表示 X 轴、Y 轴和 Z 轴),即可指定旋转轴,然后输入旋转角度,即可按指定的设置在三维空间中旋转选定的对象。

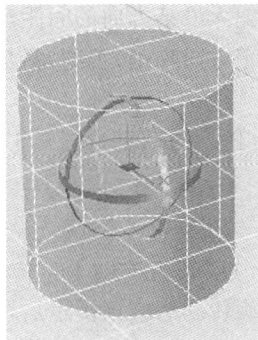

图 4-45 三维旋转图标

3．三维阵列

(1)功能

使用三维阵列命令可以在三维空间中以环形阵列或矩形阵列的方式复制对象。

(2)命令格式

● 下拉菜单:单击菜单栏中的"修改"→"三维操作"→"三维阵列"命令。

● 由键盘输入命令:3darray ↙

选择上述任一方式输入命令后,命令行提示:

选择对象:↙(选择要阵列的对象)

输入阵列类型[矩形(R)/环形(P)]:

(3)选项说明

◇ 矩形阵列 在行(X 轴)、列(Y 轴)和层(Z 轴)矩形阵列中复制对象。一个阵列必须具有至少两个行、列或层。在输入阵列类型[矩形(R)/环形(P)]:提示下,执行"矩形(R)"选项,即进行矩形阵列,命令行提示:

输入行数(－－－):(输入阵列的行数)

输入列数(|||):(输入阵列的列数)

输入层数(…):(输入阵列的层数)

指定行间距(－－－):(输入行间距)

指定列间距(|||):(输入列间距)

指定层间距(…):(输入层间距)

按提示依次操作后,AutoCAD 将所选对象按指定的行、列、层实现阵列。例如,将一半径为30、高度为10的圆柱,以行间距100、列间距80、层间距50,矩形阵列成2行、4列、2层,如图6-46所示。

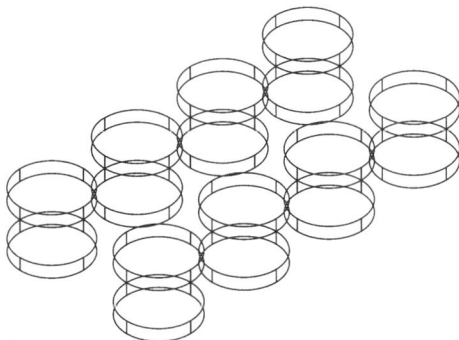

图 6-46 三维阵列中的矩形阵列

注意:在矩形阵列中,行、列、层分别沿当前 UCS 的 X、Y、Z 轴方向阵列。当命令行提示输入沿某方向的间距值时,可以输入正值,也可以输入负值。输入正值,将沿相应坐标轴的正方向阵列;否则,沿负方向阵列。

◇ 环形阵列　绕旋转轴复制对象。在输入阵列类型[矩形(R)/环形(P)]:提示下,执行"环形(P)"选项,即进行环形阵列,命令行提示:

输入阵列中的项目数目:(输入阵列的项目个数)

指定要填充的角度(＋＝逆时针,－＝顺时针)<360>:(输入环形阵列的填充角度)

旋转阵列对象?[是(Y)/否(N)]<是>:(要求用户确定在阵列对象时是否使对象发生对应的旋转。响应该提示后,命令行提示)

指定阵列的中心点:(确定阵列的中心点位置)

指定旋转轴上的第二点:(确定阵列旋转轴上的另一点)

按提示执行操作后,AutoCAD 将所选对象按指定要求进行阵列。

【例 6-6】　试用"三维阵列"命令中的环行阵列法,根据图 6-47a,完成图 6-47b 所示图形。

绘图步骤如下:

(1)单击菜单栏中的"修改"→"三维操作"→"三维阵列"命令,并在选择对象:提示下选择图 6-47a 中的耳架。

(2)在输入阵列类型[矩形(R)/环形(P)]<矩形>:提示下输入 p,选择环形阵列复制方式。

(3)在输入阵列中的项目数目:提示下,输入阵列的项目个数为 3。

(4)在指定要填充的角度(＋＝逆时针,－＝顺时针)<360>:提示下,按 Enter 键。

(5)在旋转阵列对象?[是(Y)/否(N)]<是>:提示下,按 Enter 键。

(6)在指定阵列的中心点:和指定旋转轴上的第二点:提示下,分别捕捉圆柱两端的圆心,以它们的连线为轴,旋转复制耳架。

(7)单击菜单栏中的"修改"→"实体编辑"→"并集"命令,对所有对象求并集。

(8)单击菜单栏中的"视图"→"消隐"命令,对图形作消隐处理,即可得到如图 6-47b 所示效果图。

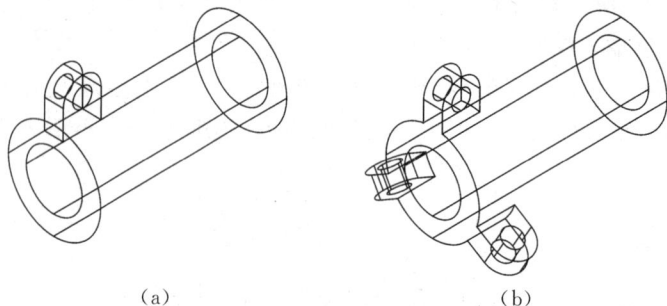

(a)　　　　　　　　　　　　　(b)

图 6-47　三维阵列中的环形阵列

2. 三维镜像

(1)功能

可以将选定的对象相对于某一平面进行镜像。

(2)命令格式

● 下拉菜单:单击菜单栏中的"修改"→"三维操作"→"三维镜像"命令。

● 由键盘输入命令:Mirror3d↙

选择上述任一方式输入命令后,命令行提示:

选择对象:(选择要镜像的对象)↙

指定镜像平面(三点)的第一个点或[对象(O)/最近的(L)/Z 轴(Z)/视图(V)/XY 平面(XY)/YZ 平面(YZ)/ZX 平面(ZX)/三点(3)]<三点>:

(3)选项说明

◇ 三点(3)   通过三个点定义镜像平面。如果通过指定一点选择此选项,命令行将不再显示"在镜像平面上指定第一点:"的提示。通过三点确定镜像平面,为默认项。

◇ 对象(O)   使用选定对象所在平面作为镜像平面。

◇ 最近的(L)   相对于最后定义的镜像平面,对选定的对象进行镜像处理。

◇ Z 轴(Z)   根据平面上的一个点和平面法线上的一个点定义镜像平面。

◇ 视图(V)   用与当前视图平面平行的平面作为镜像平面。

◇ XY 平面(XY)、YZ 平面(YZ)、ZX 平面(ZX)   这三项分别表示将与当前 UCS 的 XY、YZ、ZX 平面平行的平面,作为镜像平面。

【例 6-7】   试用"三维镜像"命令,根据图 6-48a,完成图 6-48b 所示的图形。

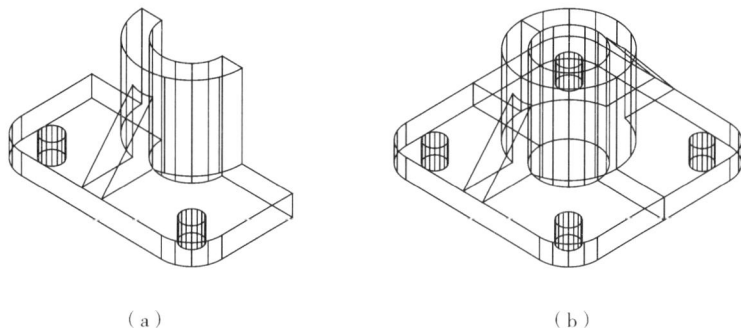

（a）   （b）

图 6-48   三维镜像

绘图步骤如下:

(1)单击菜单栏中的"修改"→"三维操作"→"三维镜像"命令,在选择对象:提示下,选择图 6-48a 中的对象。

(2)在指定镜像平面的第一个点(三点)或[对象(O)/最近的(L)/Z 轴(Z)/视图(V)/XY 平面(XY)/YZ 平面(YZ)/ZX 平面(ZX)/三点(3)]<三点>:提示下,输入 yz。

(3)在指定 YZ 平面上的点<0,0,0>:提示下,捕捉大圆柱的圆心,以过该点且与 YZ 平面平行的平面(即左右对称平面)作为镜像平面。

(4)在是否删除源对象?[是(Y)/否(N)]<否>:提示下,按 Enter 键,表示在镜像的同时不删除源对象。

(5)单击菜单栏中的"修改"→"实体编辑"→"并集"命令,对实体做并集运算,即可得到如图 6-48b 所示图形。

4.三维对齐

(1)功能

使用三维对齐命令可以按指定的源点和目标点对齐选定的三维对象。

(2)命令格式

● 下拉菜单：单击菜单栏中的"修改"→"三维操作"→"三维对齐"命令。

● 由键盘输入命令：3dalig↙

选择上述任一方式输入命令后，命令行提示：

选择对象：(选择要对齐的对象)

选择对象：(按回车键结束对象选择)

指定源平面和方向 ...(系统提示)

指定基点或[复制(C)]：(指定对象上的基点)

指定第二个点或[继续(C)]<C>：(指定对象上的第二个源点)

指定第三个点或[继续(C)]<C>：(指定对象上的最后一个源点)

指定目标平面和方向 ...(系统提示)

指定第一个目标点：(指定第一个目标点)

指定第二个目标点或[退出(X)]<X>：(指定第二个目标点)

指定第三个目标点或[退出(X)]<X>：(指定第三个目标点)

使用三维对齐命令时需要指定 3 个源点和 3 个目标点，这样才能准确地对齐选中的三维对象，选定对象从源点"1"移到目标点"2"；选定对象"1"和"3"旋转，并与目标对象"2"和"4"对齐；选定对象"3"和"5"旋转，并与目标对象"4"和"6"对齐。图 6-49b 为三维对齐的效果。

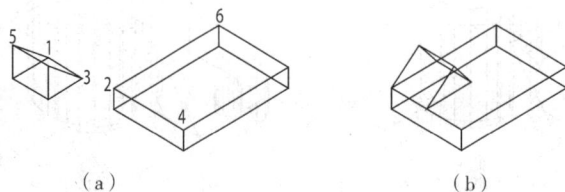

（a）　　　　　　　　（b）

图 6-49　三维对齐效果

二、三维实体的圆角与倒角处理

在 AutoCAD 中，用户除了可以对三维对象执行旋转、镜像、阵列等编辑操作外，还可以使用 FILLET 命令为选定对象抛圆或圆角，使用 CHAMFER 命令为实体的相邻面加倒角。

1. 创建圆角

(1)命令格式

● 单击图标：⬜位于"修改"工具栏中。

● 下拉菜单：单击菜单栏中的"修改"→"圆角"命令。

● 由键盘输入命令：Fillet↙

选择上述任一方式输入命令后，命令行提示：

当前设置：模式＝修剪，半径＝0.000

选择第一个对象或[多段线(P)/半径(R)/修剪(T)/多个(U)]：(选择实体上要修圆角的边)

输入圆角半径<当前>：(输入圆角半径)↙

选择边或[链(C)/半径(R)]：

(2)选项说明

◇ 选择边　选择要修圆角的边。在此提示下，可以连续选择所需的单个边，直到按 Enter 键为止，AutoCAD 将对它们修出圆角。

◇　链(C)　选择连续相切的边。执行该选项后,命令行提示:

选择边链或[边(E)/半径(R)]:

◇　边链　如果要修圆角的多条边彼此首尾相切,此时选择其中的一条,其余边均被选中。如图 6-50a 所示,如果选中了长方体顶部的一条边,则顶部上所有相切的边都被选中。AutoCAD 对它们进行修圆角操作,结果如图 6-50b 所示。此外,用户也可以在该提示下依次选择多条边进行修圆角。

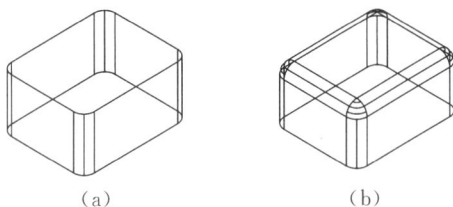

(a)　　　　　　　　(b)

图 6-50　三维实体修圆角

◇　边(E)　切换到单边选择模式。

◇　半径(R)　定义圆角半径。

◇　半径(R)　重设圆角的半径。

2.创建倒角

(1)命令格式

● 单击图标:□ 位于"修改"工具栏中。

● 下拉菜单:单击菜单栏中的"修改"→"倒角"命令。

● 由键盘输入命令:Chamfer↙

选择上述任一方式输入命令后,命令行提示:

(|修剪|模式)当前倒角距离 1=0.0000,距离 2=0.0000

选择第一条直线或[多段线(P)/距离(D)/角度(A)/修剪(T)/方式(M)/多个(U)]:(如果选定三维实体的一条边,则该边所在的面将以虚线形式显示。命令行继续提示)

基面选择…

输入曲面选择选项[下一个(N)/当前(OK)]<当前>:(要求用户指定与此边相邻两个表面中的一个为基准表面。如果选择当前以虚线形式显示的面为基面,则直接按 Enter 键。若执行"下一个(N)"选项,那么另一个面将以虚线形式显示,表示将该面作为倒角基面。确定基面后,命令行继续提示)

指定基面的倒角距离<当前>:(输入基面上的倒角距离)

指定其他曲面的倒角距离<当前>:(输入与基面相邻的另一面上的倒角距离)

选择边或[环(L)]:

(2)选项说明

◇　选择边　对基面上的指定边倒角,为默认项。可以指定多条边,直到按 Enter 键为止。

◇　环(L)　对基面上的各边均倒角。执行该选项后,命令行提示:

选择边环或[边(E)]:

◇　边环

选择基面上的所有边。在该提示下选择基面上的一条边,即可实现对该面上的各边倒角,如

图 6-51 所示。

◇ 边(E)　切换到"边"模式。

三、剖切三维实体

使用 SLICE 命令，可以用平面剖切实体并移去指定部分，从而创建新的实体。

(1)命令格式

● 下拉菜单：单击菜单栏中的"修改"→"三维操作"→"剖切"命令。

● 由键盘输入命令：Slice ↙

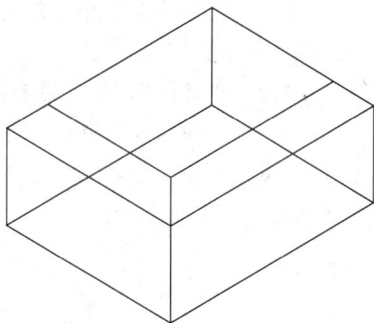

图 6-51　三维实体倒角

选择上述任一方式输入命令后，命令行提示：

选择对象：(选择要剖切的实体对象)↙

选择对象：//按回车键结束对象选择

指定切面的起点或[平面对象(O)/曲面(S)/Z 轴(Z)/视图(V)/XY 平面(XY)/YZ 平面(YZ)/ZX 平面(ZX)/三点(3)]<三点>：(指定切面上的第一个点)

指定平面上的第二个点：(指定切面上的第二个点)

指定平面上的第三个点：(指定切面上的第三个点)

在要保留的一侧指定点或[保留两侧(B)]：(指定要保留的一侧实体)

(2)选项说明

◇ 三点(3)　用三点定义剖切平面。如果通过指定切面上的第一个点选择此选项，命令行将不再显示"指定平面上的第一个点："的提示。通过三点确定剖切平面，为默认项。

◇ 平面对象(O)　将指定对象所在的平面作为剖切面。

◇ Z 轴(Z)　通过平面上指定一点，在平面的 Z 轴(法线)上指定另一点来定义剖切平面。

◇ 视图(V)　将剖切平面与当前视图平面对齐。指定一点可定义剖切平面的位置。

◇ XY 平面(XY)/YZ 平面(YZ)/ZX 平面(ZX)　将剖切平面与当前用户坐标系(UCS)的 XY 平面、YZ 平面或 ZX 平面对齐。指定一点，可定义剖切平面的位置。

◇ 在要保留的一侧指定点　选择此命令选项，定义一点从而确定图形将保留剖切实体的哪一侧，该点不能位于剪切平面上。

◇ 保留两侧(B)　选择此命令选项，剖切实体的两侧均保留。

剖切实体的效果如图 6-52 所示。

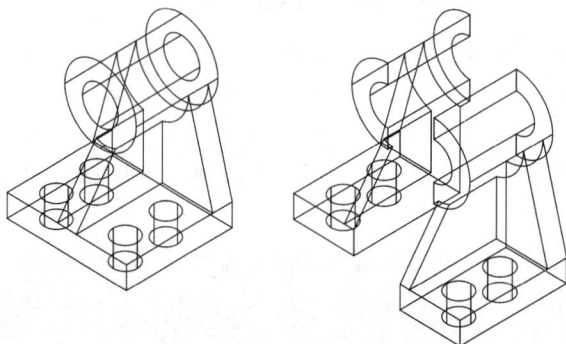

图 6-52　剖切命令应用举例

四、加厚实体

（1）功能

用两个或多个实体的交集生成一个新实体，并保留原实体。

（2）命令格式

● 下拉菜单：单击菜单栏中的"修改"→"三维操作"→"加厚"命令。

● 由键盘输入命令：Thicken↙

选择上述任一方式输入命令后，命令行提示：

选择要加厚的曲面：（选择要加厚的曲面）

选择要加厚的曲面：（按回车键结束对象选择）

指定厚度＜0.0000＞：（输入厚度值）

加厚实体的效果如图6－53所示。

五、修改三维实体的面、边和体

使用Solidedit命令可以编辑实体对象，对它

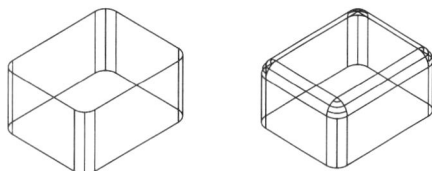

图6－53　加厚实体

的面进行拉伸、移动、旋转、偏移、倾斜、复制、着色、删除等操作，还可修改边的颜色或复制独立的边，以及对体进行分割、抽壳、压印、清除等操作。

1.命令格式

● 单击图标：图标位于"实体编辑"工具栏中（如图6－54所示）。

图6－54　实体编辑工具栏

● 下拉菜单：单击菜单栏中的"修改"→"实体编辑"等命令。

● 由键盘输入命令：solidedit↙

选择上述任一方式输入命令后，命令行提示：

实体编辑自动检查：SOLIDCHECK＝1

输入实体编辑选项[面(F)/边(E)/体(B)/放弃(U)/退出(X)]＜退出＞：（输入选项或↙）

2.选项说明

◇ 边(E)　通过修改边的颜色或复制独立的边来编辑三维实体对象。

◇ 体(B)　编辑整个实体对象，方法是在实体上压印其他几何图形，将实体分割为独立实体对象，以及抽壳、清除或检查选定的实体。

◇ 放弃(U)　放弃编辑操作。

◇ 退出(X)　退出Solidedit命令。

◇ 面(F)　编辑三维实体面，可用操作包括：拉伸、移动、旋转、偏移、倾斜、删除、复制或更改选定面的颜色。执行该选项后，命令行提示：

输入面编辑选项：

[拉伸(E)/移动(M)/旋转(R)/偏移(O)/倾斜(T)/删除(D)/复制(C)/着色(L)/放弃(U)/退出(X)]＜退出＞：（输入选项或↙）

◇ 拉伸(E)　将选定三维实体对象的面，拉伸到指定的高度或沿一路径拉伸。一次可以选择多个面。

◇ 移动(M)　沿指定的高度或距离，移动选定三维实体对象的面。AutoCAD只移动

选定的面,而不改变其方向。使用该选项,可以方便地移动三维实体上的孔。

◇ 旋转(R)　绕指定的轴旋转一个面、多个面或实体的某些部分。

◇ 偏移(O)　按指定的距离,将面均匀地偏移。

◇ 倾斜(T)　按一个角度将面进行倾斜。倾斜角度的旋转方向,由选择基点和第二点的顺序决定。

◇ 删除(D)　删除面,包括实体对象上的圆角和倒角。

◇ 复制(C)　复制三维实体对象上的面。将实体对象上的面复制为面域或体。

◇ 着色(L)　修改实体对象上面的颜色。在选定面之后,AutoCAD 显示"选择颜色"对话框。在该对话框中指定某一种颜色后,单击 确定 按钮即完成操作。

◇ 放弃(U)　放弃操作,一直返回到 Solidedit 命令的开始状态。

◇ 退出(X)　退出面编辑选项并显示"输入实体编辑选项"提示。

【例 6-8】　通过修改三维实体的面,将图 6-55a 中的实体,修改为图 6-55b~图 6-55e 所示形状。

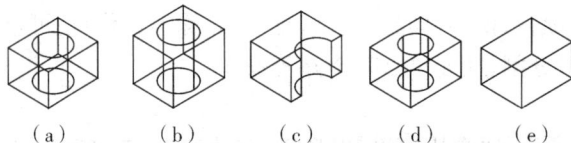

图 6-55　修改三维实体的面

操作步骤如下:

(1)单击菜单栏中的"修改"→"实体编辑"→"拉伸面"命令,选取图 6-55a 中实体的顶面,指定正的拉伸高度,得到图 6-55b 所示图形。

(2)单击菜单栏中的"修改"→"实体编辑"→"移动面"命令,选取图 6-55a 中的圆柱面,捕捉底面圆心为基点,捕捉长方体底边中点为位移的第二点,得到图 6-55c 所示图形。

(3)单击菜单栏中的"修改"→"实体编辑"→"偏移面"命令,选取图 6-55a 中的圆柱面,指定正的偏移距离,得到图 6-55d 所示图形。

(4)单击菜单栏中的"修改"→"实体编辑"→"删除面"命令,选取图 6-55a 中的圆柱面,按 Enter 键确认,得到图 6-55e 所示图形。

第五节　零部件的绘制

本节通过常见机械零部件的绘制,介绍 AutoCAD 2010 三维绘图与编辑功能的综合应用。

一、零件的绘制

【例 6-9】　按照图 6-56 所示轴的平面图形,绘制轴的三维模型。

绘图步骤如下:

(1)根据轴的平面图形,绘制轴的截面轮廓及键槽的轮廓,并将轴和键槽的轮廓图形转换成面域,如图 6-57a 所示。

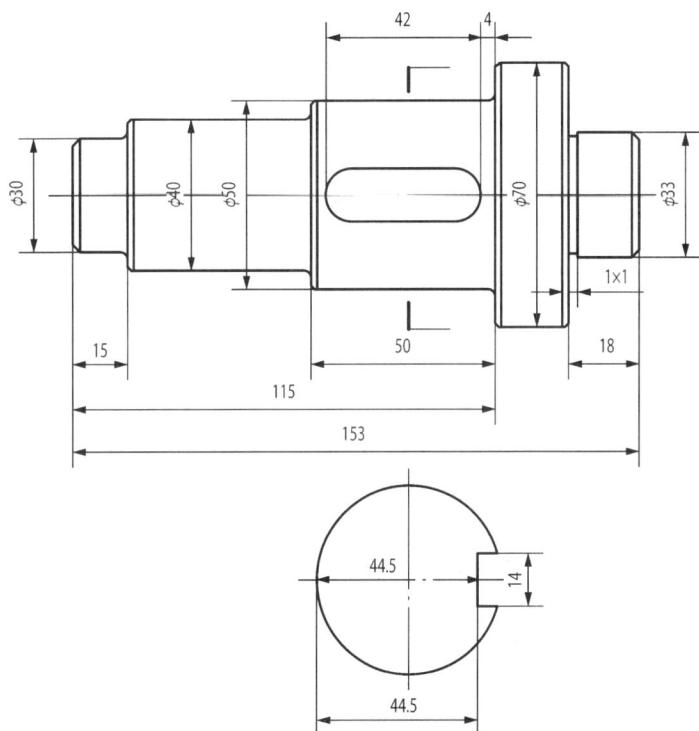

图 6 - 56 轴的平面图

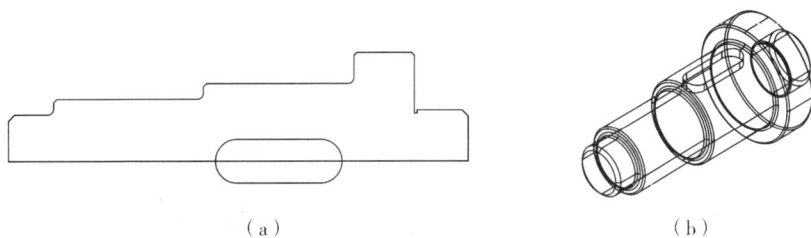

（a） （b）

图 6 - 57 轴

（2）用 Revolve 命令将轴的截面轮廓以中心线为轴线,旋转生成轴的三维模型,并将视图设置成"西南等轴测"视图。

（3）将键槽轮廓沿 Z 轴向上移动 25,再用 Extrude 命令向下拉伸 5.5,最后用布尔减运算生成键槽,如图 6 - 57b 所示。

【例 6 - 10】 按照图 6 - 58 所示带轮的平面图形,绘制带轮的三维模型。

绘图步骤如下:

（1）根据带轮的平面图形,绘制其截面轮廓,并将带轮的轮廓图形转换成面域,如图 6 - 59a所示。

（2）用 Revolve 命令将面域以中心线为轴线旋转,生成带轮的三维模型,并将视图设置成"西南等轴测"视图,如图 6 - 59b 所示。

（3）将用户坐标系设置成正交 UCS 中的"左视",并将坐标系原点设置在带轮左端中心

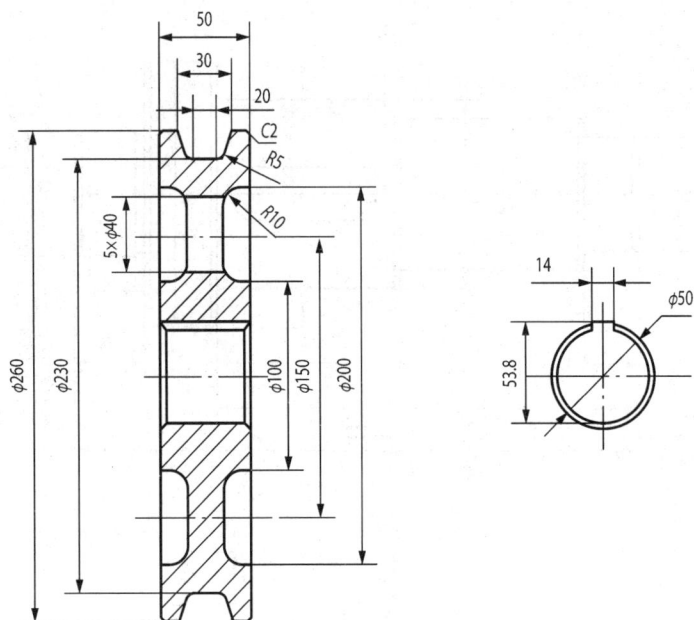

图 6-58　带轮平面图

处，以（-7,0）为角点，以（7,28.8,-50）为另一角点，绘制一长方体，再用布尔减运算生成键槽。

（4）以（0,75）为圆心绘制直径为40、高为-50的圆柱，用阵列命令将所画圆柱沿圆周方向环形阵列5个，再用布尔减运算生成5个均布圆孔，完成带轮三维模型的绘制，如图6-59c所示。

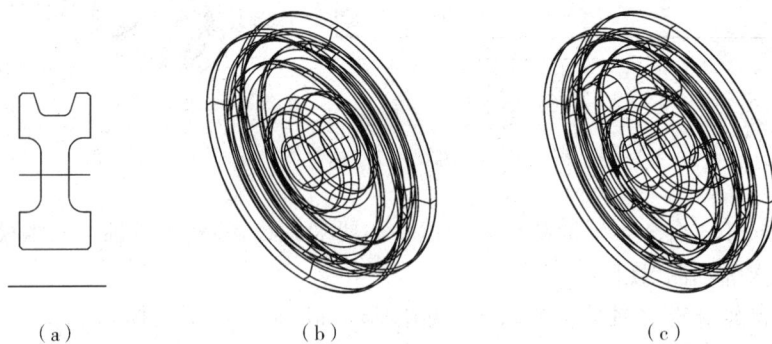

（a）　　　　　　（b）　　　　　　（c）

图 6-59　带轮

【例6-11】　按照图6-60a所示普通平键的平面图形，绘制普通平键的三维模型。

操作步骤如下：

（1）根据图6-60a所示键的平面图形，用多段线命令绘制其截面轮廓。

（2）将键的平面图形拉伸9个单位生成键的三维模型，如图6-60b所示。

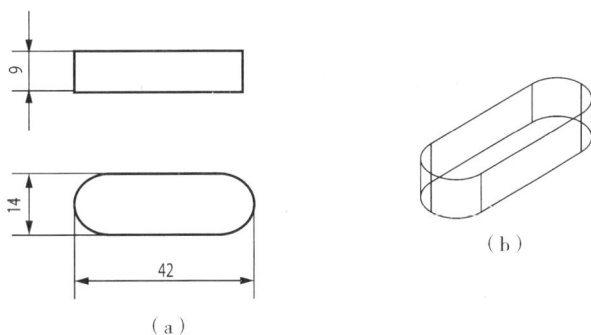

图 6-60　键

二、部件的绘制

【例 6-12】　按图 6-61 的形式,用上述绘制好的轴、带轮及键的三维模型,根据装配关系将它们组合在一起,绘制如图所示的爆炸图和轴测剖视图。

(1)用 Align 或 Move 命令,将轴、带轮、键三者装配在一起,并复制一份三维装配图,用 Slice 命令将带轮剖切开后,保留后半部,如图 6-61a 所示。

(2)将三维装配图中的轴和键沿着 X 轴向右移动,再将键沿着 Z 轴向上移动,如图 6-61b 所示。

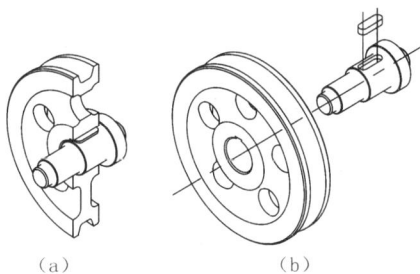

图 6-61　轴、带轮和键的装配体

第六节　三维图形的渲染

创建三维实体后,为了进一步获得逼真的模型图像,用户可以对实体对象使用视觉样式和渲染处理,增加色泽感。

一、消隐

消隐处理是在屏幕上消除三维模型的隐藏线,使图形显示更加清晰,但不能编辑消隐后的视图。

命令格式如下:

● 下拉菜单:单击菜单栏中的"视图"→"消隐"命令。

● 由键盘输入命令:hide↙

选择上述任一方式输入命令后,AutoCAD 重生成二维模型,此时的模型不显示隐藏线。实体消隐前后的效果如图 6-62 所示。

(a)消隐前　　　　　　　　　　(b)消隐后

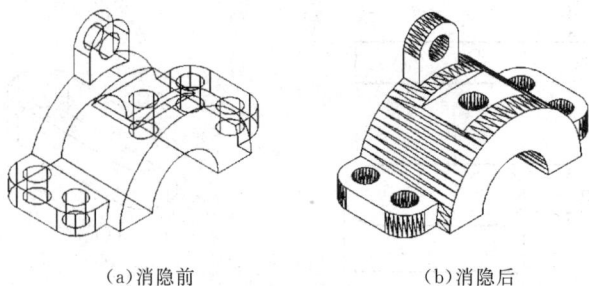

图 6-62　三维实体消隐前后的效果

二、视觉样式

AutoCAD 2010 为用户提供了 5 种主要视觉样式:二维线框、三维线框、三维隐藏、真实和概念,使用这些视觉样式观察三维图形会显示出不同的效果。视觉样式是一组设置,用来控制视口中边和着色的显示。更改视觉样式的特性,而不是使用命令和设置系统变量。一旦应用了视觉样式或更改了其设置,就可以在视口中查看效果。

1. 命令格式

● 下拉菜单:单击菜单栏中的"视图"→"视觉样式"等命令。

● 由键盘输入命令:Vscurrent ↙

选择上述任一方式输入命令后,命令行提示:

输入选项[二维线框(2)/三维线框(3)/三维隐藏(H)/真实(R)/概念(C)/其他(O)]<二维线框>:

注意:要显示从点光源、平行光、聚光灯或阳光发出的光线,请将视觉样式设置为真实、概念或带有着色对象的自定义视觉样式。

2. 选项说明

◇ 二维线框(2D)　显示用直线和曲线表示边界的对象。将三维图形用表示图形边界的直线和曲线形式显示,线型和线宽都是可见的。

◇ 三维线框(3D)　该模式用于显示用直线和曲线表示边界的对象,同时显示三维坐标球和已经使用的材质颜色,如图 6-63 所示。

◇ 三维隐藏　显示用三维线框表示的对象,并隐藏表示后向面的线,如图 6-64 所示。

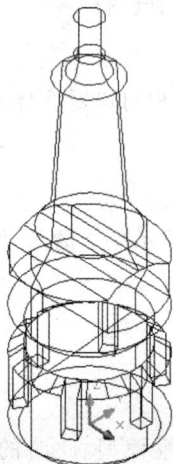

图 6-63　三维线框　　　　　　　　　图 6-64　三维隐藏

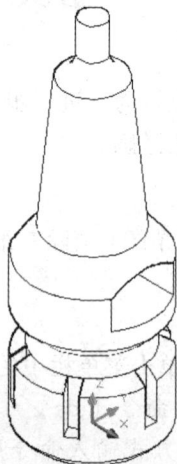

◇ 真实 该模式用于着色多边形平面间的对象,并使对象的边平滑化,同时显示已附着到对象的材质,如图 6-65 所示。

注意:如果对三维对象着色后颜色很黑,立体效果不明显,可双击该对象,利用"特性"窗口中的"颜色"下拉列表框,将对象的颜色设置为浅色。

◇ 概念 着色多边形平面间的对象,并使对象的边平滑化。着色使用冷色和暖色之间的过渡,效果缺乏真实感,但是可以更方便地查看模型的细节。如图 6-66 所示。

◇ 其他 将显示以下提示:

输入视觉样式名称[?]:输入当前图形中的视觉样式的名称或输入? 以显示名称列表并重复该提示。

图 6-65 真实

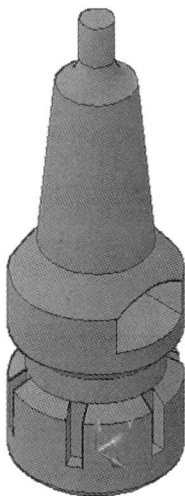

图 6-66 概念

三、渲染

使用视觉样式只能预览三维模型的真实效果,而不能执行产生亮显、移动光源或添加光源的操作。要更全面地控制光源,必须使用渲染。AutoCAD 运用几何图形、光源和材质,将模型渲染为具有真实感的图像。渲染可使三维对象表面显示出明暗色彩和光照效果,用户可以对渲染进行各种设置,如设置光源、场景、材料、背景等。如图 6-67 所示为"渲染"子菜单和"渲染"工具栏。

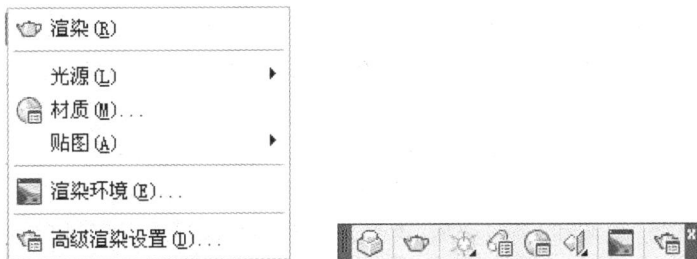

图 6-67 "渲染"子菜单和"渲染"工具栏

(一)设置材质

在渲染对象时,使用材质可以增强模型的真实感。

1. 命令格式

● 单击图标：⟦图标⟧位于"渲染"工具栏中。

● 下拉菜单：单击菜单栏中的"视图"→"渲染"→"材质"命令。

● 由键盘输入命令：Materials↙

选择上述任一方式输入命令后，弹出"材质"面板，如图6-68所示。在打开的选项板中可以创建并修改材质的属性。

2. 选项说明

（1）图形中可用的材质

该面板用于显示图形中可用材质的样例。

◇ 切换显示模式　切换样例的显示（从一个样例切换为多行样例）。该按钮位于右上角的样例上方。

◇ 样例几何体　控制选定样例显示的几何体类型：长方体、圆柱体或球体。在其他样例中选择几何体时，其中的几何体将会改变。

◇ 关闭/打开交错参考底图　显示彩色交错参考底图以帮助用户查看材质的不透明度。

◇ 预览样例光源模型　将光源模型从单光源更改为背光源模型。从弹出型按钮中进行选择后，将更改选定的材质样例。

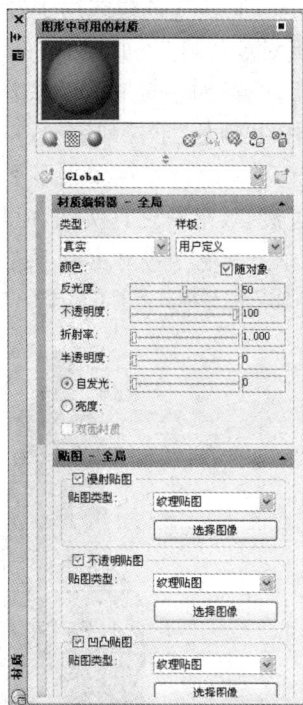

图6-68 "材质"面板

◇ 创建新材质　显示"创建新材质"对话框。输入名称后，将在当前样例的右侧创建新样例并选择新样例。

◇ 从图形中清除　从图形中删除选定的材质。无法删除全局材质和任何正在使用的材质。

◇ 表明材质正在使用　更新正在使用的图标的显示。图形中当前正在使用的材质在样例的右下角显示图形图标。

◇ 将材质应用到对象　将当前选定的材质应用到对象和面。

◇ 从选定的对象中删除材质　从选定的对象和面中拆离材质。

（2）材质编辑器－全局面板

该面板用于设置在面板中选定材质的参数。新图形中始终有一个材质可用，即GLOBAL，默认情况下该材质使用"真实"样板；默认情况下，此材质将应用于所有对象，直到在对象上更改了材质；可以使用此材质作为创建新材质的基础。

◇ 类型　"真实"类型和"真实金属"类型。基于物理性质的材质。可以从预定义的材质（例如"瓷砖"、"釉面"、"织物"或"玻璃"等）列表中选择材质样板。

◇ 样板　"高级"类型和"高级金属"类型。具有多个选项的材质，包括可以用来创建特殊效果（例如模拟反射）的特性。"高级"类型和"高级金属"类型不提供材质样板。

（3）颜色　对象上材质的颜色在该对象的不同区域各不相同。例如，如果观察红色球体，它并不显现出统一的红色。远离光源的面显现出的红色比正对光源的面显现出的红色暗。反射高光区域显示最浅的红色。事实上，如果红色球体非常有光泽，其高亮区域可能显现白色。

(4)反光度 材质的反射质量定义了反光度或粗糙度。若要模拟有光泽的曲面,材质应具有较小的高亮区域,并且其镜面颜色较浅,甚至可能是白色。较粗糙的材质具有较大的高亮区域,并且高亮区域的颜色更接近材质的主色。

(5)高级光源替代 (在真实材质类型和真实金属材质类型下可用。)通过光度控制光源照射材质时,设置影响材质渲染的参数。

(6)材质缩放与平铺 指定贴图频道或同步缩放和平铺因子,以在所有贴图级别中共享。此部分用于二维(纹理贴图、方格、渐变延伸、瓷砖)贴图和贴图频道(漫射、凹凸、不透明、反射)。

(7)材质偏移与预览

指定材质上贴图的偏移与预览特性。

修改设置时,设置将与材质样例一起保存。所做更改将显示在材质样例预览中。再次渲染图形时,所做更改将应用于所有具有已更改材质的对象。

(二)设置光源

光源直接反映了三维对象表面的光照情况,在渲染过程中起着非常重要的作用。在AutoCAD 2010中,用户不仅可以使用自然光(环境光),也可以使用点光源、平行光源及聚光灯光源。光源的设置直接影响渲染效果。如果在渲染时没有设置光源,AutoCAD将使用默认光源。如图6-69所示为"光源"下拉列表和"光源"子菜单。

图6-69 "光源"下拉列表和"光源"子菜单

1.创建光源

为了更好地表现出光照对三维模型的影响效果,用户可以在渲染之前在图形中创建多个光源,以不同的形式对模型添加光照效果。在AutoCAD 2010中,用户可以创建的光源有点光源、聚光灯和平行光光源,具体操作方法如下:

(1)创建点光源

单击"渲染"工具栏中"光源"下拉列表中的"新建点光源"按钮，或选择菜单栏中的"视图"→"渲染"→"光源"→"新建点光源"命令,命令行提示如下:

命令:_pointlight

指定源位置<0,0,0>:(用鼠标指定光源位置或直接输入光源位置)

输入要更改的选项[名称(N)/强度(I)/状态(S)/阴影(W)/衰减(A)/颜色(C)/退出(X)]<退出>:(按回车键结束命令或选择设置其他选项)

其中各命令选项功能介绍如下:

◇ 名称(N) 选择该命令选项,为创建的点光源设置名称。

◇ 强度(I) 选择该命令选项,设置点光源的强度或亮度。

◇ 状态（S）　选择该命令选项，设置点光源的开启和关闭状态。

◇ 阴影（W）　选择该命令选项，设置是否启用阴影设置。

◇ 衰减（A）　选择该命令选项，设置光源衰减的启用，以及光源衰减的类型和边界。

◇ 颜色（C）　选择该命令选项，设置光源的颜色。

◇ 退出（X）　选择该命令选项，退出命令。

（2）创建聚光灯

单击"渲染"工具栏中"光源"下拉列表中的"新建聚光灯"按钮，或选择菜单栏中的"视图"→"渲染"→"光源"→"新建聚光灯"命令，命令行提示如下：

命令：_spotlight

指定源位置<0,0,0>：（指定光源位置）

指定目标位置<0,0,-10>：（指定目标对象位置）

输入要更改的选项[名称（N）/强度（I）/状态（S）/聚光角（H）/照射角（F）/阴影（W）/衰减（A）/颜色（C）/退出（X）]：（按回车键结束命令）

其中各选项功能介绍如下：

◇ 名称（N）　选择该命令选项，为创建的聚光灯设置名称。

◇ 强度（I）　选择该命令选项，设置聚光灯的强度或亮度。

◇ 状态（S）　选择该命令选项，设置聚光灯的开启或关闭状态。

◇ 聚光角（H）　选择该命令选项，指定最亮光锥的角度。

◇ 照射角（F）　选择该命令选项，指定完整光锥的角度。

◇ 阴影（W）　选择该命令选项，设置阴影的开启与关闭。

◇ 衰减（A）　选择该命令选项，设置光源衰减的启用，以及光源衰减类型和边界。

◇ 颜色（C）　选择该命令选项，设置光源的颜色。

◇ 退出（X）　选择该命令选项，退出命令。

（3）创建平行光

单击"渲染"工具栏中"光源"下拉列表中的"新建平行光"按钮，或选择菜单栏中的"视图"→"渲染"→"光源"→"新建平行光"命令，命令行提示如下：

命令：_distantlight

指定光源方向 FROM<0,0,0>或[矢量（V）]：（指定光源来的方向）

指定光源方向 TO<1,1,1>：（指定光源去的方向）

输入要更改的选项[名称（N）/强度（I）/状态（S）/阴影（W）/颜色（C）/退出（X）]<退出>：（按回车键退出命令）

其中各选项功能介绍如下：

◇ 名称（N）　选择该命令选项，为创建的平行光设置名称。

◇ 强度（I）　选择该命令选项，设置平行光的强度和亮度。

◇ 状态（S）　选择该命令选项，设置平行光的开启和关闭状态。

◇ 阴影（W）　选择该命令选项，设置阴影的开启与关闭。

◇ 颜色（C）　选择该命令选项，设置光源的颜色。

◇ 退出（X）　选择该命令选项，退出命令。

2. 管理光源

当在图形中创建多个光源时,可以通过单击"渲染"工具栏中"光源"下拉列表中的"光源列表"按钮，或选择菜单栏中的"视图"→"渲染"→"光源"→"光源列表"命令,在打开的模型中的光源选项板中查看和管理所有光源,如图6-70所示。

(三)设置贴图

贴图是指在渲染对象时将材质映射到对象上。AutoCAD 2010 中,贴图的方式有 4 种,分别为平面贴图、长方体贴图、柱面贴图和球面贴图,单击"渲染"工具栏中的"贴图"下拉列表中的相应按钮,或选择"视图"→"渲染"→"贴图"菜单子命令即可设置贴图方式,如图6-71所示。

图 6-70 "模型中的光源"选项板

图 6-71 "贴图"下拉列表和"贴图"子菜单

在渲染图形时,根据模型的形状和选择贴图的图像,可以选择不同的贴图方式对贴图进行调整,效果如图 6-72～图 6-75 所示。

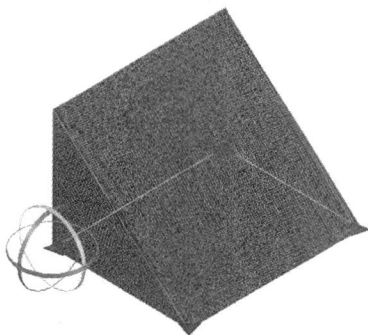

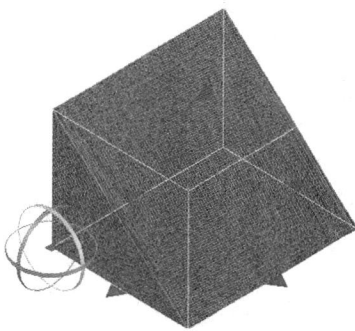

图 6-72 平面贴图　　　　图 6-73 长方体贴图

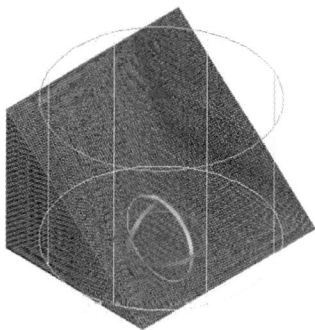

图 6-74 柱面贴图　　　　图 6-75 球面贴图

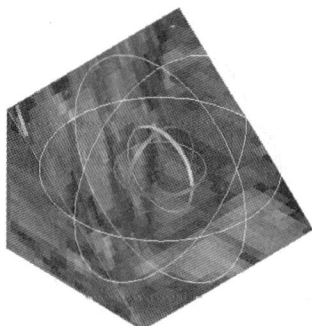

（四）渲染环境

渲染环境是指在渲染对象时进行的雾化和深度设置。

1. 命令格式

● 单击图标： 位于"渲染"工具栏中。

● 下拉菜单：单击菜单栏中的"视图"→"渲染"→ "渲染环境"命令。

选择上述任一方式输入命令后，弹出如图 6 - 76 所示对话框，可以在该对话框中设置雾化和深度的 参数。

2. 对话框说明

该对话框中各选项功能介绍如下：

◇ 启用雾化　该选项用于设置雾化的开启与关闭。

◇ 颜色　该选项用于设置雾化的颜色。

◇ 雾化背景　该选项用于设置雾化背景的开启与关闭。

◇ 近距离　该选项用于设置雾化开始处到相机的距离。

◇ 远距离　该选项用于设置雾化结束处到相机的距离。

◇ 近处雾化百分比　该选项用于设置近距离处雾化的不透明度。

◇ 近处雾化百分比　该选项用于设置远距离处雾化的不透明度。

（五）设置高级渲染环境

高级渲染环境是对渲染环境更细化的设置。

1. 命令格式

● 单击图标： 位于"渲染"工具栏中。

● 下拉菜单：单击菜单栏中的"视图"→"渲染"→"高级渲染设置"命令。

选择上述任一方式输入命令后，弹出如图 6 - 77 所示选项板。

在"选择渲染预设"下拉列表框中，可以选择预设的渲染类型，这时在参数区中可以设置 该渲染类型的基本、光线跟踪、间接发光、诊断、处理等参数。在"选择渲染预设"下拉列表框 中选择"管理渲染预设"选项，可在弹出的对话框中自定义渲染预设，如图 6 - 78 所示。

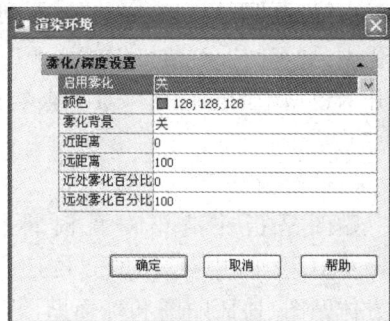

图 6 - 76　"渲染环境"对话框

图 6 - 77　"高级渲染设置"选项板　　　　图 6 - 78　"渲染预设管理器"对话框

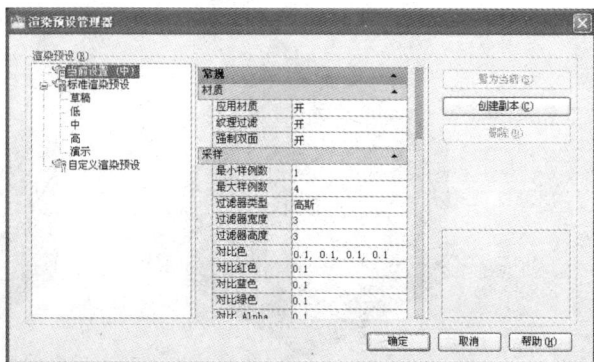

第七节　三维图形的尺寸标注和文字注写

尺寸标注和文字标注都是在 XOY 作图面上完成的,因此对于三维图形的文字注写和尺寸标注应特别注意其方向性。

一、轴测图的尺寸标注及文字注写

轴测图实际上是一个在 XOY 平面上完成的二维图形,因此对于三维图形的文字注写和尺寸标注样式中设置好相应的角度值。

(1)轴测图顶面的旋转角度和倾斜角度设置　在顶面进行文字注写和尺寸标注时,设置文字的选择(ROTATION)角度为 30°、倾斜(OBLIQUING)角度为 30°。

(2)轴测图左侧面的旋转角度和倾斜角度设置　在左侧进行文字注写和尺寸标注时,设置文字的旋转(ROTATION)角度为 30°、倾斜(OBLIQUING)角度为 30°。

(3)右侧面进行文字注写和尺寸标注　设置文字的旋转(ROTATION)角度为 30°、倾斜(OBLIQUING)角度为 30°。

二、三维图形的尺寸标注及文字注写

在三维图形进行尺寸标注和文字注写时,应不断地转换用户坐标系,使其在正确的坐标系中进行尺寸标注和文字注写。

实 训 六

实 训 目 的

1. 掌握三维实体对象的建模特征。
2. 掌握编辑命令编辑实体。
3. 掌握布尔操作,通过组合或修改基本三维实体几何形状构造复杂的实体模型。
4. 掌握控制三维实体的外观的方法。

实训内容及指导

1. 实训内容:

绘制如实训图 6-1 所示的阀体。

2. 操作指导:

(1)启动系统。启动 AutoCAD,使用默认设置画图。

(2)设置线框密度。在命令行中输入"ISOLINES"命令,设置线框密度为 10。单击"视图"工具栏中的按钮,切换到西南等轴测图。

(3)设置用户坐标系。在命令行输入"UCS"命令,将其绕 X 轴旋转 90°。

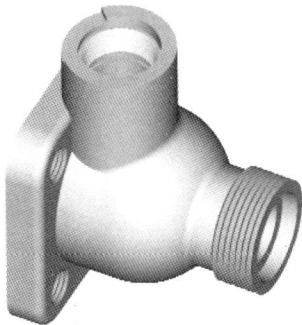

实训图 6-1　阀体

(4)创建长方体,以(0,0,0)为中心点,创建长 75,宽 75,高 12 的长方体。

(5)圆角操作,对长方体进行倒圆角操作,圆角半径为 R12.5。

（6）创建外形圆柱，将坐标原点移动到(0,0,6)。以(0,0,0)为圆心，创建直径为 $\phi55$，高 17 的圆柱。

（7）创建球，以(0,0,17)为圆心，创建直径为 $\phi55$ 的球。

（8）继续创建外形圆柱　将坐标原点移动到(0,0,63)。以(0,0,0)为圆心，分别创建直径为 $\phi36$，高－15，及直径为 $\phi32$，高－34 的圆柱。

（9）并集运算，将所有的实体进行并集运算。单击"渲染"工具栏中的按钮，进行消隐处理后的图形如实训图 6-2 所示。

（10）创建内形圆柱，以(0,0,0)为圆心，分别创建直径为 $\phi28.5$，高－5，及直径为 $\phi20$，高－34 的圆柱；以(0,0,－34)为圆心，创建直径为 $\phi35$，高－7 的圆柱；以(0,0,－41)为圆心，创建直径为 $\phi43$，高－29的圆柱；以(0,0,－70)为圆心，创建直径为 $\phi50$，高－5 的圆柱。

（11）设置用户坐标系　将坐标原点移动到(0,56,－54)，并将其绕 X 轴旋转 $90°$。

（12）创建外形圆柱，以(0,0,0)为圆心，创建直径为 $\phi36$，高 50 的圆柱。

（13）布尔运算，将实体与 $\phi36$ 外形圆柱进行并集运算，将实体与内形圆柱进行差集运算。进行消隐处理后的图形如实训图 6-3 所示。

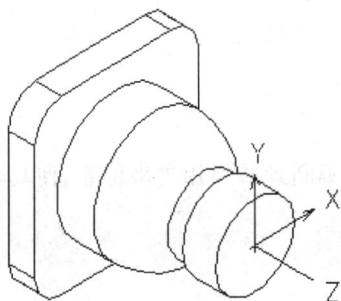

实训图 6-2　并集后的实体　　　　实训图 6-3　布尔运算后的实体

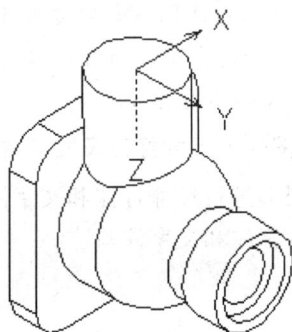

（14）创建内形圆柱，以(0,0,0)为圆心，创建直径为 $\phi26$，高 4 的圆柱；以(0,0,4)为圆心，创建直径为 $\phi24$，高 9 的圆柱；以(0,0,13)为圆心，创建直径为 $\phi24.3$，高 3 的圆柱；以(0,0,16)为圆心，创建直径为 $\phi22$，高 13 的圆柱；以(0,0,29)为圆心，创建直径为 $\phi18$，高 27 的圆柱。

（15）差集运算，将实体与内形圆柱进行差集运算。进行消隐处理后的图形如实训图 6-4 所示。

（16）绘制二维图形，并将其创建为面域，切换到俯视图。以(0,0)为圆心，分别绘制直径为 $\phi36$ 及 $\phi26$ 的圆。从(0,0)→(@18<45)，及从(0,0)→(@18<135)，分别绘制直线。对圆进行修剪，结果如实训图 6-5 所示。

单击"绘图"工具栏中的按钮，将绘制的二维图形创建为面域。

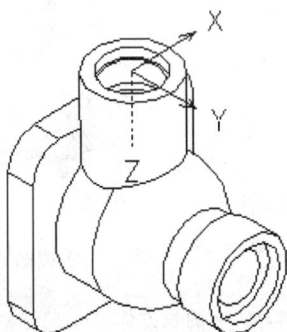

实训图 6-4　差集后的实体　　　　实训图 6-5　创建面域

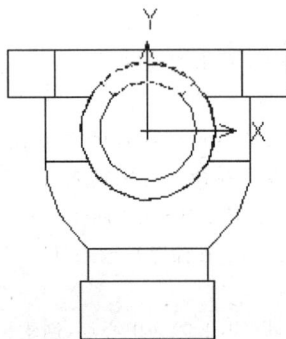

(17)面域拉伸,切换到西南等轴测图,将面域拉伸-2。

(18)差集运算,将阀体与拉伸实体进行差集运算。结果如图实训图6-6所示。

(19)创建阀体外螺纹。切换到左视图,在实体旁边绘制一个正三角形,其边长为2。在命令行输入"XLINE"命令,过正三角形底边绘制水平辅助线。在命令行输入"OFFSET"命令,将水平辅助线向上偏移18。以偏移后的水平辅助线为旋转轴,选取正三角形,将其旋转360°,删除绘制的辅助线。将旋转形成的实体进行1行,8列的矩形阵列,列间距为2,将阵列后的实体进行并集运算。以螺纹右端面圆心为基点,将其移动到阀体右端圆心处。将阀体与螺纹进行差集运算。进行消隐处理后的图形如实训图6-7所示。

实训图6-6　差集拉伸实体后的阀体　　　实训图6-7　创建阀体外螺纹

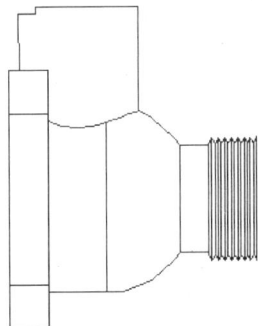

(20)分别为阀体创建螺纹孔。结果如实训图6-8所示。

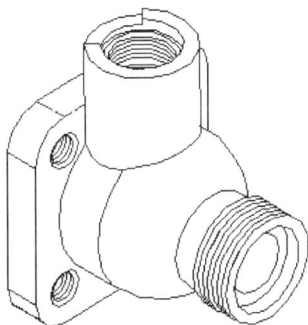

实训图6-8　创建阀体螺纹孔

(21)对阀体进行倒角及倒圆角操作。

(22)单击"视图"→"视觉样式"→"概念"命令,显示效果如实训图6-1所示。

绘图训练

1.已知管的直径为10mm,总长为200mm,弯曲半径为50mm,且左右对称(如实训图6-9所示)。

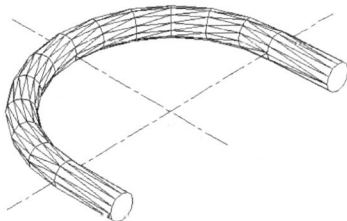

实训图6-9　圆管

2. 绘制如实训图 6-10 所示的棘轮。

3. 绘制如实训图 6-11 所示的轴支架。

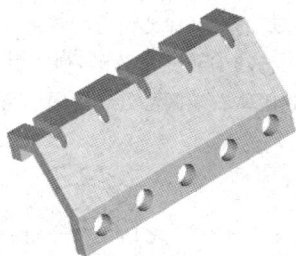

4. 绘制如实训图 6-12 所示的压板。

实训图 6-10　棘轮　　　实训图 6-11　轴支架　　　实训图 6-12　压板

4. 绘制如实训图 6-13 所示的弯管。

5. 绘制如实训图 6-14 所示的连接盘，并进行渲染处理。

6. 绘制如实训图 6-15 所示的拔叉，并赋材渲染。

实训图 6-13　弯管　　　实训图 6-14　连接盘　　　实训图 6-15　拔叉

7. 绘制如实训图 6-16 所示的压紧杆，并赋材渲染。

8. 绘制如实训图 6-17 所示的阀盖，并赋材渲染。

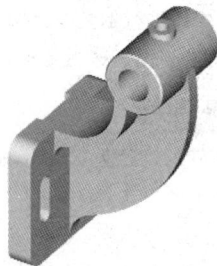

9. 绘制如实训图 6-18 所示的踏脚座，并赋材渲染。

实训图 6-16　压紧杆　　　实训图 6-17　阀盖　　　实训图 6-18　踏脚座

第七章　图形输出

使用 AutoCAD 绘图软件包,不仅可在屏幕上绘制并显示出各种高质量的图,而且还可通过打印机或绘图仪输出图形。要想更好地完成这个工作,必须熟悉输出设备以及 AutoCAD 中可用的设置。

第一节　打印设置

要输出图形,必须配备相应的打印设备。用户可根据自己的打印机或绘图仪等输出设备的型号,在 Windows 或 AutoCAD 中设置自己的输出设备。

一、设置打印机或绘图仪

要设置打印环境,可以使用"页面设置管理器"对话框,如图 7-1 所示。

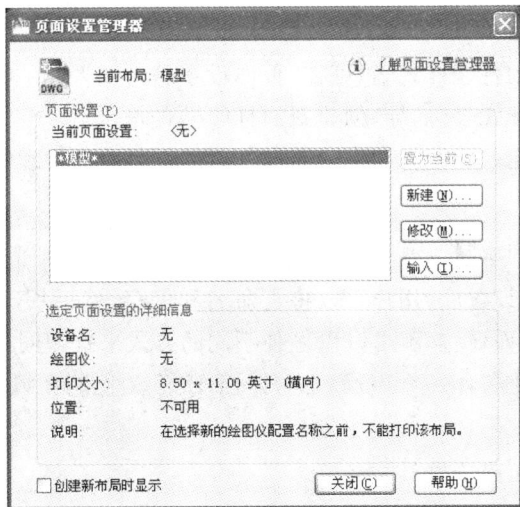

图 7-1　"页面设置管理器"对话框

设置打印机环境的具体步骤如下:

(1)执行"文件"→"页面设置管理器"命令,打开"页面设置管理器"对话框,在该对话框中单击"新建"按钮。接着在弹出的"新建页面设置"对话框中选择"默认输出设置"选项,单击"确定"按钮。

(2)系统接着弹出如图 7-2 所示的对话框。在"打印机/绘图仪"选项区的"名称"下拉列表中选择打印机名称。

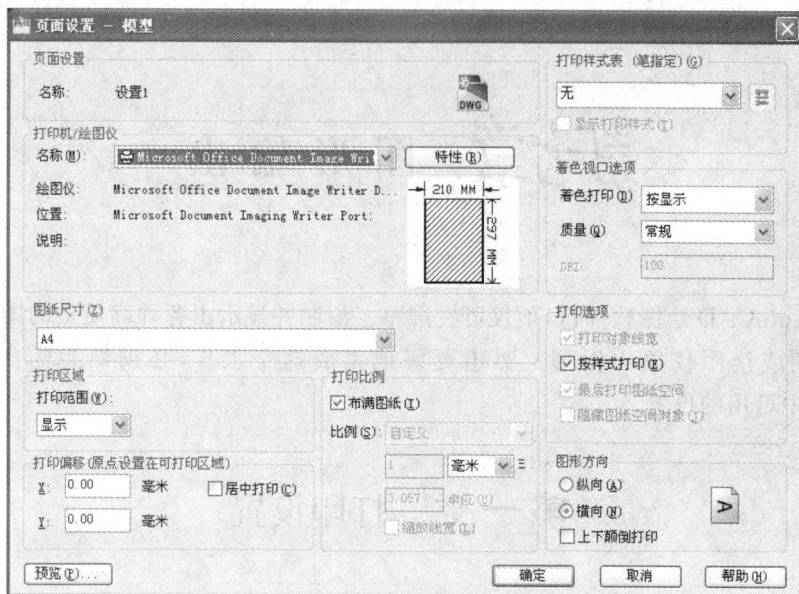

图 7-2 "页面设置—模型"对话框

（3）如果要查看或修改打印机的配置信息，可在"打印机/绘图仪"选项区中单击"特性"按钮，在打开"打印机配置编辑器"对话框中设置。

（4）如果要查看打印样式表是否应用到布局中，可在"打印机样式表"选项区的"名称"下拉列表中选择一个样式表。

（5）如果要添加新的打印样式表，可在"页面设置管理器"对话框中单击"新建"按钮，使用"添加颜色相关打印样式表"向导，创建新的打印样式表。

（6）如果要使用指定的设置打印当前布局，可在"页面设置管理器"对话框中单击"打印"按钮。

二、保存和命名页面设置

定义了布局的页面设置后，用户可以将它命名和保存，然后用于当前布局或其他布局。通过建立多个不同的页面设置，就可以以多种不同的方式来打印同一个布局。例如，可以以1：1的比例在 A 型纸上打印一个布局，也可以以1：2的比例在 B 型图纸上打印同一个布局，以得到不同的输出效果。

三、输入已保存的页面设置

如果已在图形中保存或命名了一些页面设置，则可以将这些页面设置用于其他图形。要将一个已命名的页面设置输入到当前图形，可使用 PSETUPIN 命令。使用此命令后，所输入的页面设置中的相关设置就可用于新图形的布局中。PSETUPIN 命令可通过命令行来激活。激活 PSETUPIN 命令后，AutoCAD 将显示一个标准的选择文件对话框，通过该对话框，读者选择一个要输入其页面设置的图形文件。输入已保存的页面设置的具体操作步骤如下：

（1）激活 PSETUPIN 命令。

（2）在"从文件中选择页面设置"对话框中，选择其页面设置要输入的图形文件。

(3)选择图形文件后,显示"输入读者定义的页面设置"对话框。

(4)在对话框中选择要输入的页面设置名称,此时在"位置"栏显示了各页面设置是默认页面设置还是布局页面设置。

(5)单击"确定"按钮,所选择的页面设置将输入到当前图形文件中,并用于当前图形中的布局。

四、使用和保存布局样板

布局样板是从 DWG 或 DWT 文件中导入的布局,利用现有的样板中的信息可以创建新的布局。AutoCAD 提供了众多布局样板,以供读者设计新布局环境时使用。根据布局样板创建新布局时,新布局中将使用现有样板中的图纸空间几何图形及其页面设置。这样,将在图纸空间中显示几何图形和视口对象,用户可以决定保留从样板中导入的几何图形,还是删除几何图形。

1. 使用布局样板

AutoCAD 提供的布局样板文件插入到新布局,源图形或源样板文件保存的符号表及块定义信息都将插入到新布局中。但是,如果使用 layout 命令的"另存为(SA)"选项保存源样板文件,任何未经引用的符号表和块定义信息都不随布局样板一起保存。使用"样板(T)"选项可以在图形中创建新的布局。使用这种方法保存和插入布局样板,可以避免删除不必要的符号表信息。使用现有的布局样板的操作步骤如下:

(1)执行"插入"→"布局"→"来自样板的布局"命令,打开"从文件选择样板"对话框,并在样板文件列表中选择图形样板文件。

(2)单击"打开"按钮,打开选中的样板文件。

(3)在"插入布局"对话框的列表中选择布局样板,然后单击"确定"按钮,其结果将如图7-3所示。

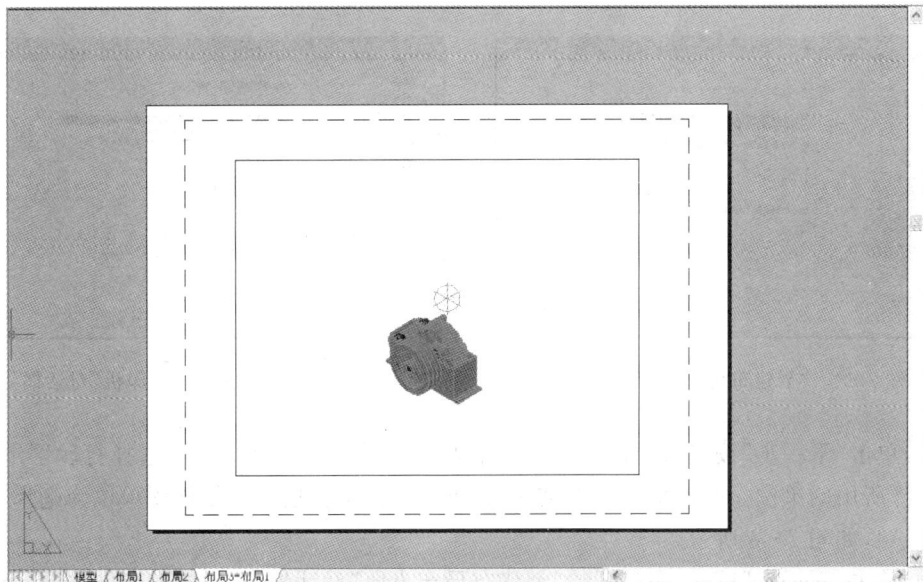

图 7-3　插入布局

任何图形都可以保存为样板图形，所有的几何图形和布局设置都可保存到 DWT 文件。选择 layout 命令的"另存为(SA)"选项可以将布局保存为样板文件（DWT）。样板文件保存于"选项"对话框的"文件"选项卡中设定"图形样板设置"目录的"样板图形文件位置"子目录中。创建新的布局样板时，任何引用的符号定义都将随样板一起保存；如果将这个样板输入到新布局，引用的符号定义将被输入为布局设置的一部分。建议使用 layout 命令的"另存为(SA)"选项创建新的布局样板，此时没有使用的符号表定义将不随文件一起保存，也不添加到输入样板的新布局中。

2．保存布局样板

保存样板文件的操作步骤如下：

（1）执行 layout 命令。

（2）在命令行的提示下，输入 SA，保存当前布局样板。在提示要保存的布局名时，输入相应的名称。

（3）在"创建图形文件"对话框中输入要保存的图形样板文件名称。

（4）在"存为类型"中选择"图形样板＊.dwt"选项。

（5）单击"保存"按钮保存文件。

五、使用布局向导创建布局

执行"工具"→"向导"→"创建布局"命令，可以使用"创建布局"向导，指定打印设备、确定相应的图纸尺寸和图形的打印方向、选择布局中使用的标题栏或确定视口设置。具体操作步骤如下：

（1）执行"工具"→"向导"→"创建布局"命令，打开"创建布局－开始"对话框，并在"输入新布局的名称"文本框中，输入新创建的布局的名称，如图 7－4 所示。

（2）单击"下一步"按钮，在打开的"创建布局－打印机"对话框中，选择当前配置的打印机，如图 7－5 所示。

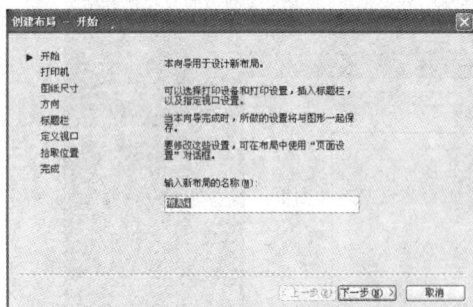

图 7－4 "创建布局－开始"对话框　　　　图 7－5 "创建布局－打印机"对话框

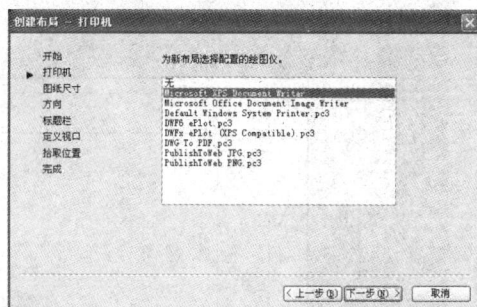

（3）单击"下一步"按钮，在打开的"创建布局－图纸尺寸"对话框中，选择打印图纸的大小并选择所用的单位。图形单位可以是毫米、英寸或像素。这里选择绘图单位为毫米，纸张大小为 A4，如图 7－6 所示。

（4）单击"下一步"按钮，在打开的"创建布局－方向"对话框中，设置打印的方向，可以是横向打印，也可以是纵向打印，这里选中"横向"单选按钮，如图 7－7 所示。

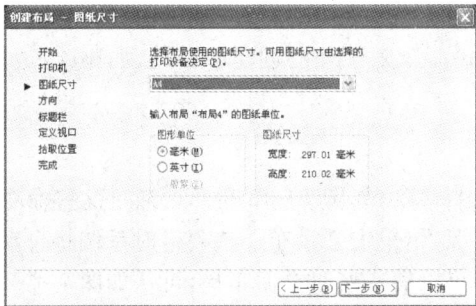

图 7-6 "创建布局-图纸尺寸"对话框

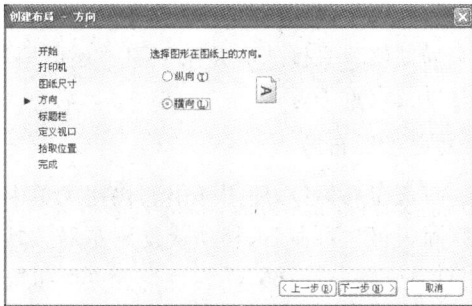

图 7-7 "创建布局-方向"对话框

（5）单击"下一步"按钮，在打开的"创建布局-标题栏"对话框中，选择图纸的边框和标题栏的样式。对话框右边的预览框中给出了所选样式的预览图像。在"类型"选项区中，可以指定所选择的标题栏图形文件是作为块还是作为外部对照插入当前图形中，如图 7-8 所示。

（6）单击"下一步"按钮，在打开的"创建布局-定义视口"对话框中指定新创建的布局的默认视口的设置和比例等。在"视口设置"选项区中选择"单个"单选按钮，在"视口比例"下拉列表框中选择"1∶1"选项，如图 7-9 所示。

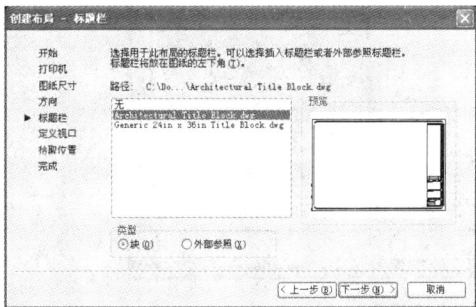

图 7-8 "创建布局-标题栏"对话框

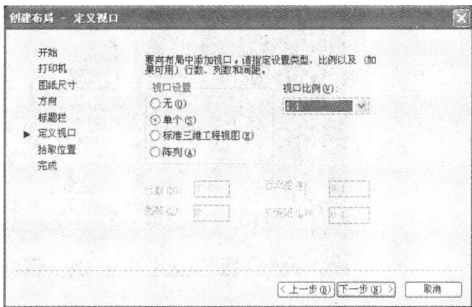

图 7-9 "创建布局-定义视口"对话框

（7）单击"下一步"按钮，在打开的"创建布局-拾取位置"对话框中，可单击"选择位置"按钮，以指定视口配置的位置，如图 7-10 所示。

（8）单击"下一步"按钮，在打开的"创建布局-完成"对话框中，单击"完成"按钮，完成新布局及默认的视口创建，如图 7-11 所示。

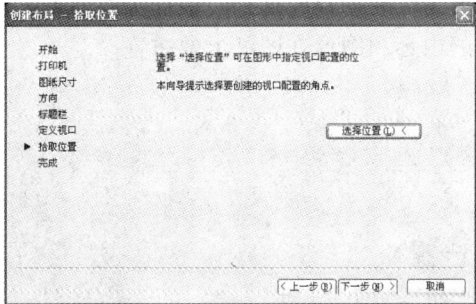

图 7-10 "创建布局-拾取位置"对话框

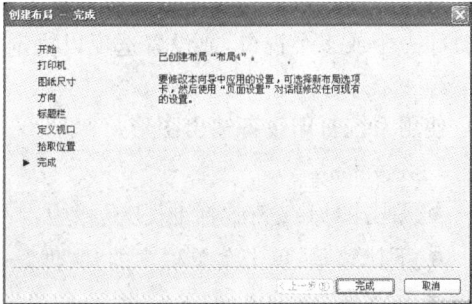

图 7-11 "创建布局-完成"对话框

另外也可以使用 layout 命令，以多种方式创建新布局，如从已有的模板开始创建、从已有布局创建或直接从头开始创建。还可用 layout 命令来管理已创建的布局，如删除、改名、保存以及设置等。

六、管理布局

右击布局标签，使用弹出的快捷菜单中的适当命令，如图 7 - 12 所示。通过这些命令可以删除、新建、重命名、移动或复制布局。默认情况下，单击某个布局选项卡时系统将自动显示"页面设置"对话框，供读者设置页面布局。如果以后要修改页面布局，可从如图 7 - 12 所示的快捷菜单中选择"页面设置"命令。通过修改布局的页面设置，将图形按不同比例打印到不同尺寸的图纸中。

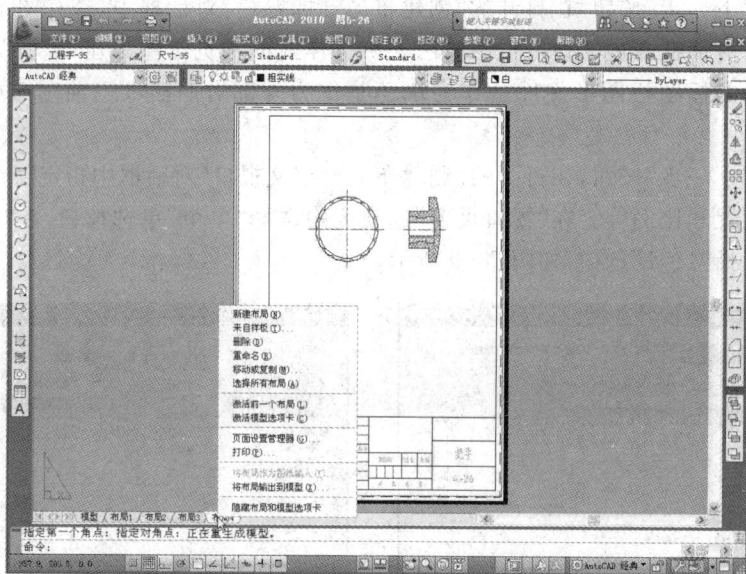

图 7 - 12 布局的快捷菜单

第二节 打印图形

创建图形之后，通常要打印到图纸上，也可以是生成一份电子图纸，以便从互联网上访问。打印的图形可以包含图形的单一视图，或者更为复杂的视图排列。根据不同的需要，可以打印一个或多个视口，或设置选项以决定打印的内容和图像在图纸上的布置。

1. 功能

使用系统打印设备输出图形。

2. 命令格式

● 单击图标：在"标准"工具栏中。

● 下拉菜单：单击菜单栏中的"文件"→"打印"命令。

● 输入命令：plot ↙

如果是在模型空间，执行该命令后，弹出"打印－模型"对话框，如图 7 - 13 所示。如果是在图纸空间,执行该命令后,弹出"打印－布局"对话框,如图 7－14 所示。各区域功能说明如下。

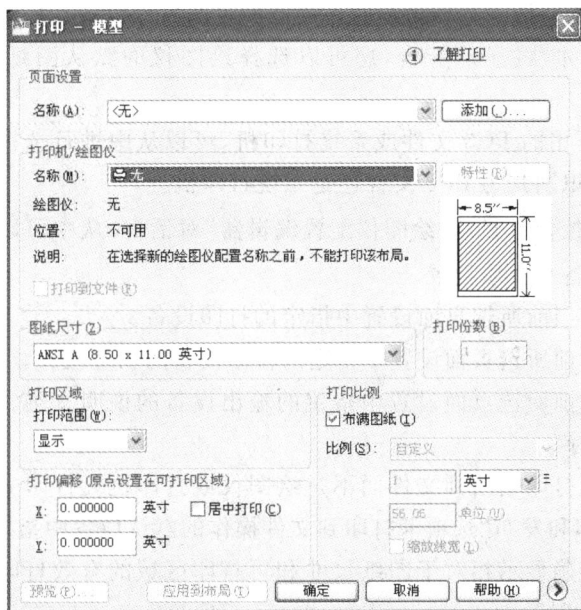

图 7－13 "打印－模型"对话框

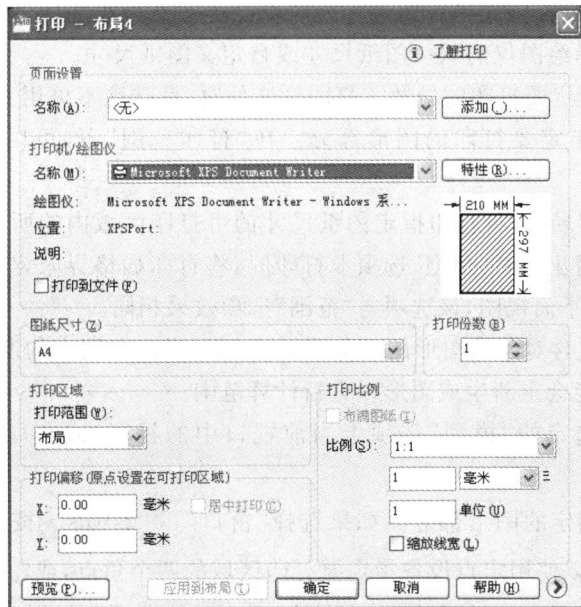

图 7－14 "打印－布局"对话框

◇ 页面设置 列出图形中已命名或已保存的页面设置。可以将图形中保存的命名页面设置作为当前页面设置,也可以在"打印"对话框中单击"添加",基于当前设置,创建一个新的命名页面设置。

◇ 名称 显示当前页面设置的名称。

◇ **添加(.)...** 按钮 显示"添加页面设置"对话框,从中可以将"打印"对话框中的当前设置保存到命名页面设置。可以通过"页面设置管理器"修改此页面设置。

◇ 打印机/绘图仪 指定打印布局时使用已配置的打印设备。如果所选绘图仪不支持布局中选定的图纸尺寸,将显示警告,您可以选择绘图仪的默认图纸尺寸或自定义图纸尺寸。

◇ 名称 列出可用的 PC3 文件或系统打印机,可以从中进行选择,以打印当前布局。设备名称前面的图标识别其为 PC3 文件还是系统打印机。

◇ **特性(R)...** 按钮 显示"绘图仪配置编辑器"对话框,从中可以查看或修改当前绘图仪的配置、端口、设备和介质设置。

◇ 绘图仪 显示当前所选页面设置中指定的打印设备。

◇ 位置 显示当前所选页面设置中指定的输出设备的物理位置。

◇ 说明 显示当前所选页面设置中指定的输出设备的说明文字。可以在绘图仪配置编辑器中编辑这些文字。

◇ 打印到文件 打印输出到文件而不是绘图仪或打印机。打印文件的默认位置是在"选项"对话框中"打印和发布"选项卡打印到文件操作的默认位置中指定的。

◇ 局部预览 精确显示相对于图纸尺寸和可打印区域的有效打印区域。工具提示显示图纸尺寸和可打印区域。

◇ 图纸尺寸 显示所选打印设备可用的标准图纸尺寸。如果未选择绘图仪,将显示全部标准图纸尺寸的列表以供选择。如果所选打印设备不支持布局中选定的图纸尺寸,将显示警告,用户可以选择绘图仪的默认图纸尺寸或自定义图纸尺寸。

◇ 打印份数 指定要打印的份数。打印到文件时,此选项不可用。

◇ 打印区域 指定要打印的图形部分。在"打印范围"下,可以选择要打印的图形区域。

◇ 布局 打印布局时,将打印指定图纸尺寸的可打印区域内的所有内容,其原点从布局中的(0,0)点计算得出。从"模型"选项卡打印时,将打印栅格界限定义的整个图形区域。如果当前视口不显示平面视图,该选项与"范围"选项效果相同。

◇ 范围 打印包含对象的图形的部分当前空间。当前空间内的所有几何图形都将被打印。打印之前,可能会重新生成图形以重新计算范围。

◇ 显示 打印选定的"模型"选项卡当前视口中的视图,或布局中的当前图纸空间视图。

◇ 窗口 打印指定的图形部分。如果选择"窗口", **窗口(0)<** 按钮将变为可用按钮。单击 **窗口(0)<** 按钮以使用定点设备指定要打印区域的两个角点,或输入坐标值。

◇ 打印偏移 根据"指定打印偏移时相对于"选项("选项"对话框,"打印和发布"选项卡)中的设置,指定打印区域相对于可打印区域左下角或图纸边界的偏移。

◇ "X","Y" 通过在"X 偏移"和"Y 偏移"框中输入正值或负值,可以偏移图纸上的几何图形。

◇ 居中打印 自动计算 X 偏移和 Y 偏移值,在图纸上居中打印。当"打印区域"设置为"布局"时,此选项不可用。

◇ 打印比例　控制图形单位与打印单位之间的相对尺寸。打印布局时,默认缩放比例设置为 1∶1。从"模型"选项卡打印时,默认设置为"布满图纸"。

◇ 布满图纸　缩放打印图形以布满所选图纸尺寸。

◇ 比例　定义打印的精确比例。"自定义"可定义用户定义的比例。

◇ 预览(P)...按钮　按执行 Preview 命令时,在图纸上打印的方式显示图形。要退出打印预览并返回"打印"对话框,可按 Esc 键或 Enter 键,或点击右键,然后在快捷菜单上单击"退出"按钮。

◇ 应用到布局(T)按钮　将当前"打印"对话框的设置保存到当前布局。只有对打印设置进行修改,该按钮才可用。

◇ 其他选项　控制是否显示"打印"对话框中其他选项。单击"更多选项"按钮,可以在"打印"对话框中显示"打印样式表"、"着色视口选项"、"打印选项"、"图形方向"等更多选项。用户可以选择若干影响对象打印方式的选项。

◇ 打印样式表　指定使用打印样式打印图形。AutoCAD 提供的打印样式可对线条颜色、线型、线宽、线条终点类型和交点类型、图形填充模式、灰度比例、打印颜色深浅等进行控制。

指定此选项,将自动打印线宽,如果不选择此选项,将按指定给对象的特性打印对象,而不是按打印样式打印。如果在"图层特性管理器"中设置了"线宽",在这里就保留"线宽"的默认设置"使用对象线宽"。要修改打印样式,可单击打印样式列表旁的 按钮。

◇ "着色视口"选项　着色视口打印。指定"按显示"、"线框"或"消隐"着色打印等选项。此设置的效果反映在打印预览中,而不反映在布局中。在"布局"环境下,此选项不可用。

◇ "打印"选项　打印可用选项,取决于当前所处的打印环境及打印样式的指定。最后打印图纸空间是指定先打印模型空间中的对象,然后打印图纸空间中的对象。隐藏图纸空间对象是指定"消隐"操作是否应用于图纸空间视口中的对象。此选项仅在布局选项卡中可用。启用打印戳记是指启用打印戳记,并在每个图形的指定角上放置打印戳记,或将戳记记录到文件中。打印戳记设置在"打印戳记"对话框中指定,从中可以指定要应用到打印戳记的信息,例如图形名称、日期和时间、打印比例等等。要打开"打印戳记"对话框,先选择"打开打印戳记",然后单击 按钮。

◇ 图形方向　图形方向默认设置为"横向",可根据打印需要进行相关设置。

【例 7-1】　在模型空间中,选用 A4 图纸,将图 7-15 按 1∶1 的比例打印出图。

操作步骤如下:

(1)打开要输出的图形文件(根据图 7-15,用 1∶1 的比例抄画的阀体零件图)。

(2)单击菜单栏中的"文件"→"打印"命令,在弹出的"打印—模型"对话框中根据出图要求,在"打印机/绘图仪"中选择系统打印设备,在"图纸尺寸"中选择 A4 图纸,在"打印范围"中选择窗口,并在"绘图"窗口选择图框的两个对角点,在"打印比例"中将布满图纸前的"√"去掉,并选择"1∶1"的比例。

(3)单击 预览(P)...按钮,查看图形在图纸中的相对位置,如图 7-16 所示。

(4)调整后,再次预览,直至图形位置合适,单击 确定 按钮,输出图形。

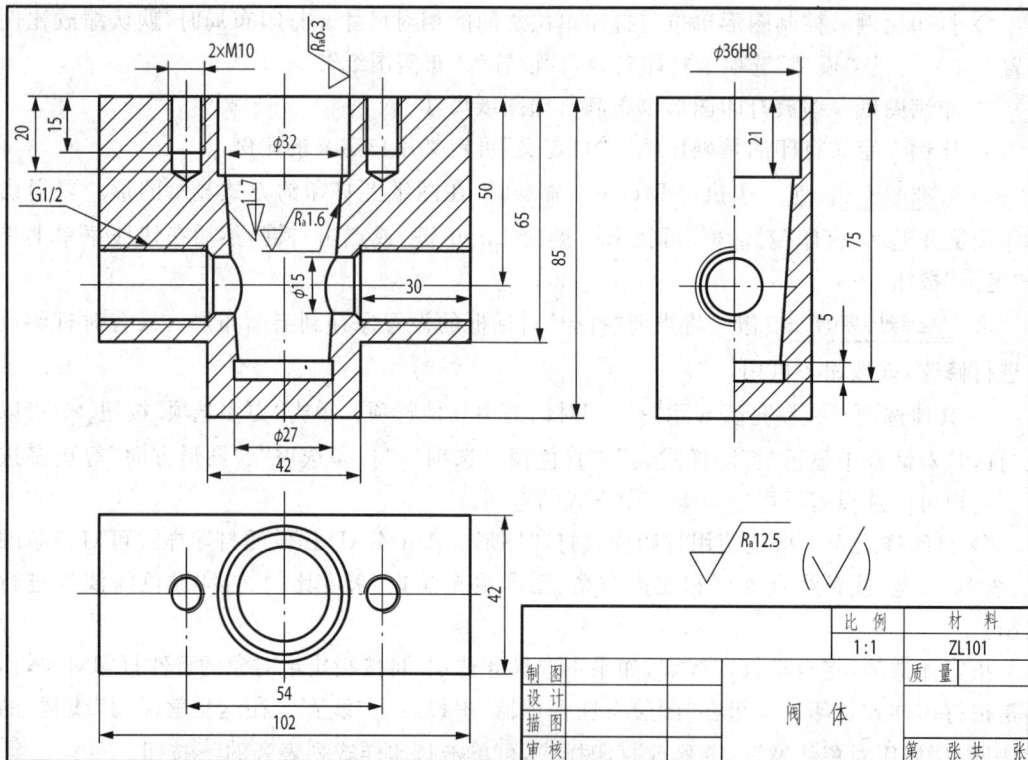

图 7 - 15　阀体零件图

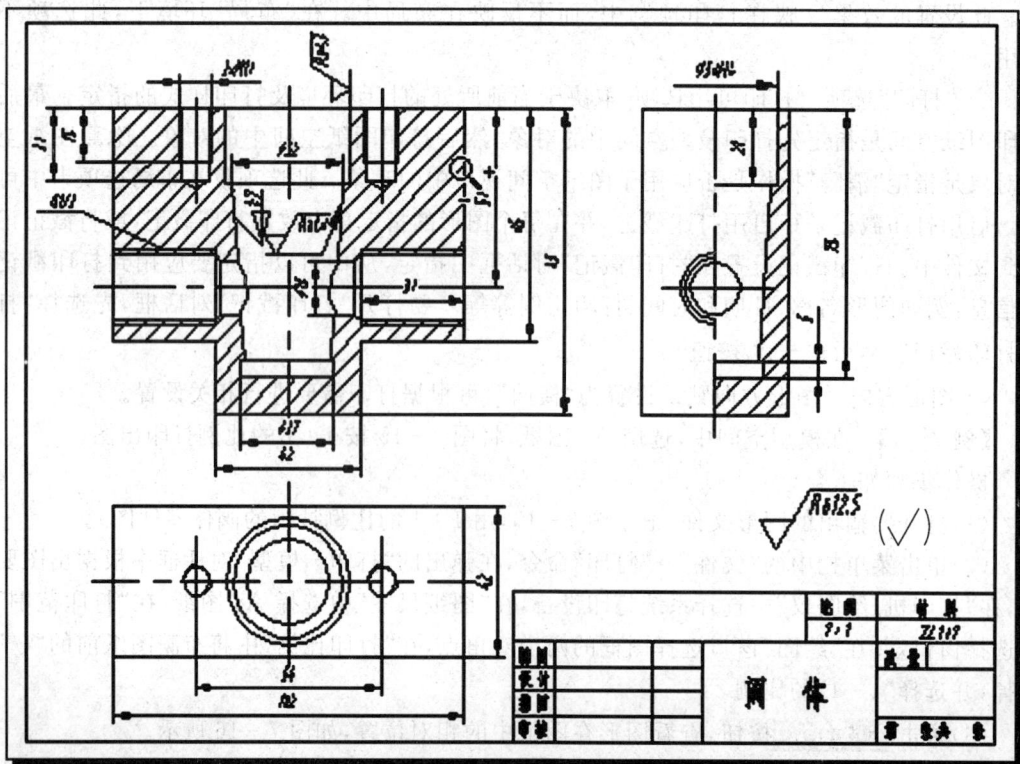

图 7 - 16　"预览"窗口显示的阀体零件图

实 训 七

实 训 目 的

1. 掌握打印设置的方法。
2. 掌握打印出图的方法。

实训内容及指导

1. 选用 A4 图纸,按 1∶1 比例,输出实训图 7-1 减速器齿轮轴零件工作图。
2. 选用 A1 图纸,按 1∶1 比例,输出实训图 7-2 减速器装配图。

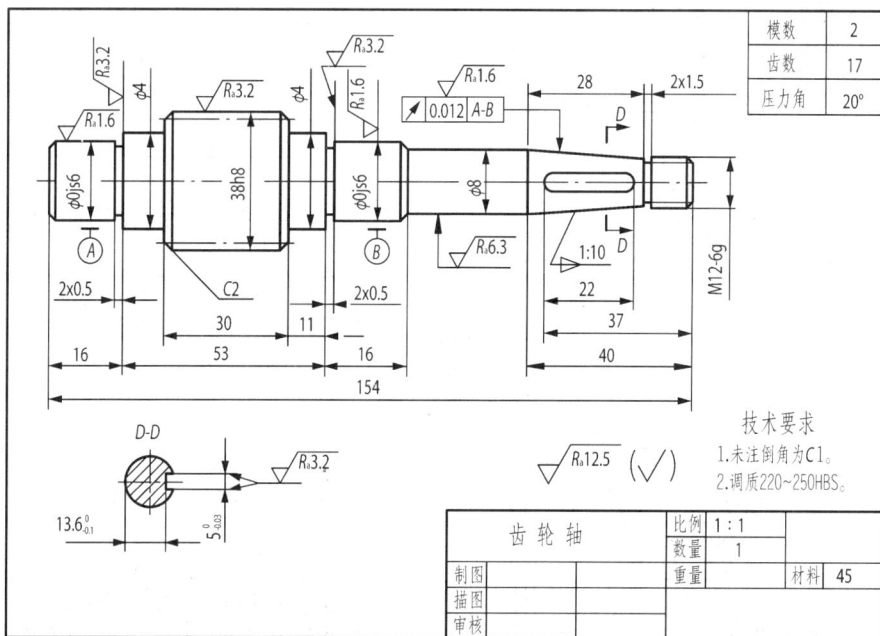

实训图 7-1　减速器齿轮轴零件工作图

技术要求

1.各零件装配前用煤油清洗干净。
2.零件装配好后机箱内按规定高度装入润滑油。
3.表面涂油漆防腐。
4.减速比55/15=3.67。

14	螺栓	4	Q235-A		M8x65
13	垫片	1	石棉		
12	透气塞	1	Q235-A		
11	垫圈	1	35		
10	视孔盖	1	Q235-A		
9	螺钉	4	Q235-A		M3x10
8	机盖	1	HT200		
7	垫圈	1	35		
6	螺栓	2	Q235-A		M8x25
5	螺母	2	Q235-A		M8
4	橡胶垫圈	1	耐油橡胶		
3	支承片	1	Q235-A		
2	油标	1	有机玻璃		
1	机座	1	HT200		
序号	名称	数量	材料		备注

减速器装配图

比例 1:1   材料 HT200   重量 1

制图   日期
审核

33	大闷盖	1	Q235-A		
32	密封毛毡	1	毛毡		
31	调整环	1	Q235-A		
30	小闷盖	1	Q235-A		
29	调整环	2	Q235-A		
28	挡油环	2	Q235-A		
27	滚动轴承204	2		GB2733-88	
26	小透盖	1	Q235-A		
25	主动齿轮轴	1	45		m=2 z=15
24	调整环	2	Q235-A		
23	大闷盖	1	Q235-A		
22	调整环	1	Q235-A		
21	从动齿轮	1	45		m=2 z=55
20	滚动轴承206	2		GB2733-88	
19	键	1	35		A10x22
18	从动齿花	1	45		
17	油封圈1	1	Q235-A		
16	垫圈	1	耐油橡胶		
15	定位销	2	35		A4x18

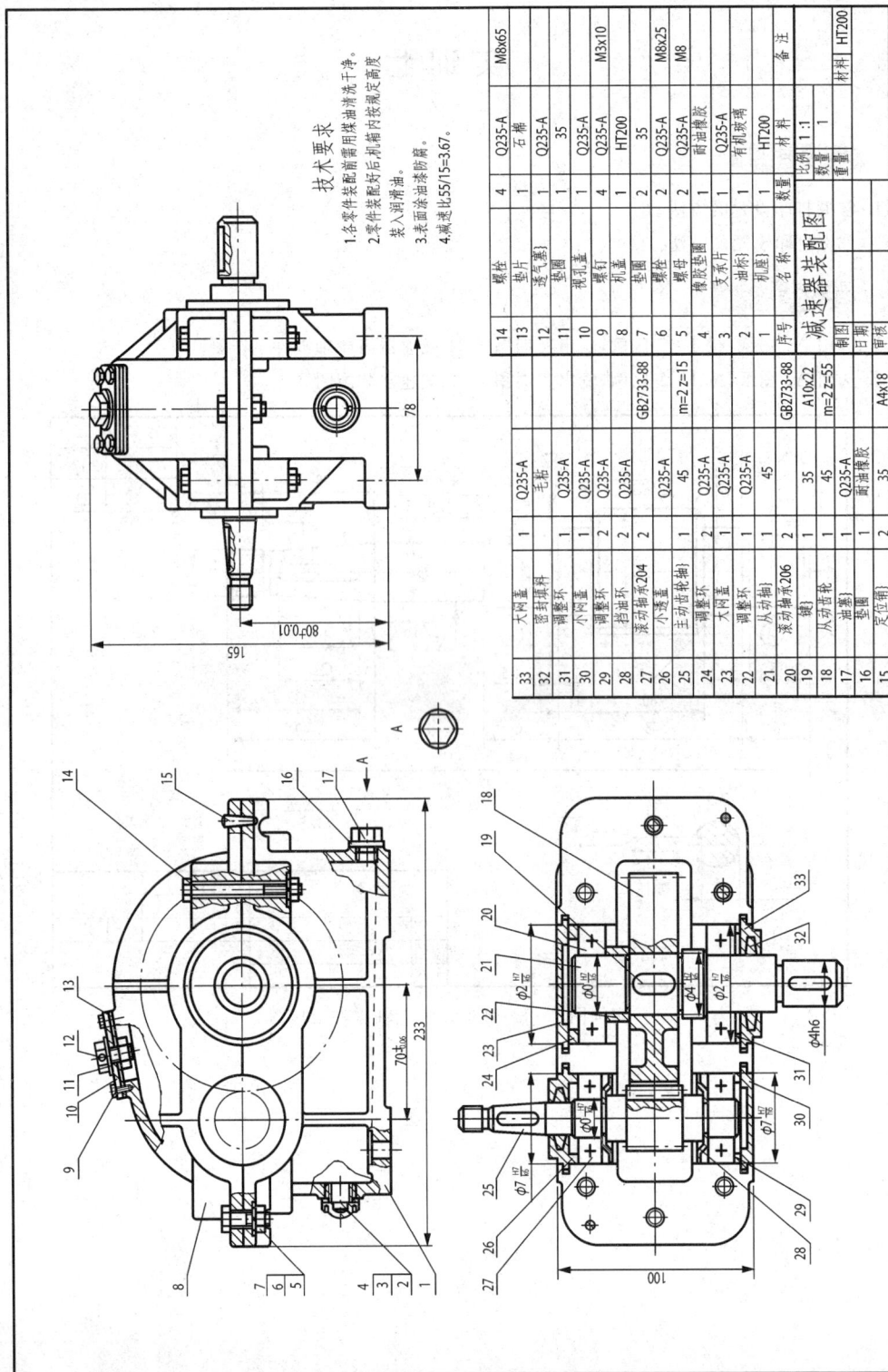

实训图 7-2　减速器装配图

参考文献

[1] 胡建生,等.AutoCAD 绘图实训教程.北京:机械工业出版社,2007

[2] 郑志刚,刘勇,何柏林.AutoCAD 2006(中文版)实训教程.北京:北京理工大学出版社,2007

[3] 胡仁喜,秦少刚,张玺,等.AutoCAD 2007 中文版机械设计教程.北京:化学工业出版社,2007

[4] 唐莉,李敏.AutoCAD 2007(中文版)典型应用108 例.济南:山东电子音像出版社,2007

[5] 王琳,崔洪斌.中文版 AutoCAD 2006 机械图形设计.北京:清华大学出版社,2005

[6] 李明.工程制图.合肥:合肥工业大学出版社,2007

[7] 贾芸.AutoCAD 工程绘图教程.合肥:合肥工业大学出版社,2005

[8] 张晓峰,常玮.中文 AutoCAD 2010 机械图形设计.北京:清华大学出版社,2009

[9] 郭朝勇.AutoCAD 2006(中文版)机械绘图基础与范例教程.北京:清华大学出版社,2006

[10] 董亚谋.新概念 AutoCAD 2006 教程.北京:科学出版社,2006